# 洞察の起源

動物からヒトへ、状況を理解し他者を読む心の進化

リチャード・W・バーン
小山高正・田淵朋香・小山久美子訳

新曜社

EVOLVING INSIGHT, First Edition
by Richard W. Byrne

# 日本語版への序

本書『洞察の起源』と前書『考えるサル』は、全般的には同じ話題を扱っています。それは、われわれが、ヒト以外の近縁動物の能力を研究することから現生人類の認知能力の起源について何を学ぶことができるのか、ということです。これらの本には二十年を超す隔たりがありますが、その間に比較認知科学では著しい活動がありました。ですから、皆さまが、この新しい本は、単にその間の情報を更新した最新版と考えても許されるでしょう。確かに、オックスフォード大学出版はそれが良い考えであると思っていた節があり、何年にもわたり、私に『考えるサル』の第二版を考えるように勧めてくれました。しかし実際は、この本は『考えるサル』の第二版ではありません。この本は違う目的をもっています。

『考えるサル』で私は、動物の知能に対する伝統的な評価（動物は学習し、ヒトは考える）が、近年になってどのように崩れたのかを示しました。そして私は、動物、特に霊長類が、研究者たちに知的だと思わせるさまざまな行動を示した分野を認知的方法によって研究しました。ヒトのどの能力がわれわれの系統樹の中で初期に進化したもの（つまり「根本的」）なのか、またどの能力がずっと最近のもので種特異的（つまり「派生的」）なのかを明らかにするために、私はそれらの証拠をどのように利用しうるかについて、子孫によって継承されたパターンを示した、強力で信頼できる系統進化にそって説明しました。それにもかかわらず、その本では、それらがいかに生じたのかという特定の考えは主張しませんでした。そして、ヒトの認知が、われわれが動物世界で見ているものよりもはるかに進んでいるのはなぜかについても、主張はしませんでした。でもそれは、私がこの話題について意見をもっていなかったからではないのです。『考えるサル』の出版から二十年を経る中で、知識の進歩は大きいものがありました。それでも、その本の中で示された構図は、概ねそのまま通用してきました。動物の能力を示す証拠、特に大型類人猿のそれは、今ではずっと頑強なものとなりました。それらは、実験と観察の両方の研究による立証で、ずっと良くなっています。さらに広い範囲の動物種で、その中にはヒトとの近縁性においてはかなり遠いものがありますが、すばらしい能力をもつことが発見されてきました。そのことは、認知的進歩を選択することができる自然環境を理解する助けとなります。種間の脳容量を比較する統計的手法が大幅に進歩してきて、初期の一般化のいくつかは、素朴とは言わないまでも、楽天的であったことが示されました。しかし、もし改訂版を出したとしても、抜本的な変更は必要なさそうです。ですから、あの最初の本をもっているとか読んだという人も、第二版を心配しなくてもよいでしょう。

改訂をする代わりに、私は何か新しいことをしたかったのです。われわれは、多くの動物の素晴らしい能力が発見されてきたことを知っていますが、それらは当該の個体がかかわった問題を理解していたかどうかは抜きにしています。つまり、理解なしの知能であったといえるかもしれません。何が実際に起こっているのかを理解するための認知装置をもたない種にとっては、遺伝的な進化と連合学習は、時に驚くほど賢い行動を生み出します。しかし、個体が状況をまさに理解しているという事実についてはどうでしょうか。それは、われわれヒトが日々頼りにしている、理解するという能力を示す最初のほのかな光といえるものです。この『洞察の起源』で私は、そういう理解する能力のほのかな光、それを私は「洞察」と呼んでいますが、その光が現れていると思われるいくつかの分野について概観しました。それは、社会的コミュニケーションのような最も現れやすいところから始めましたが、食物を処理する技術のようなより驚くべき分野を含んでいます。ですから、本書の後半は、私がここ何年か展開させてきた理論を説明しています。それは、洞察がヒトの進化の中だけでなく、手を用いた活動の中で始まったことを示したものです。また私は、進化的観点から見れば、「心の理論」を含めた社会的洞察が、他個体の計画された動作を理解するためのシステムに対しては二次的なものであることを議論しています。その結果、その次の動きが予想されます。つまり、それは他個体の意図を認識し、他個体の技術から直接学習する能力です。

証拠をもとにひとつひとつ積み上げた論拠として、「実際に起こったと私が考えていること」を発表するにあたっては、私が間違っている可能性のリスクも背負いました。私のこの議論がかなりの論争を起こし、この分野が活性化することとは、多くの研究者が反証するための証拠を熱心に探すことにつながります。さらに、科学の歴史を見れば、概ねすべての理論は、何らかの方法で最後には間違っていることがわかります。それでも理論は必要です。今までのところ行動に基づいた洞察、それもちょっと後で社会性への理解力にも当てはめられますが、その証拠は熱心に見る価値が十分にあります。それゆえ、たとえ私の理論的概念の詳細な部分にやがて修正が必要になるとしても、本書がこの種の新しい研究を刺激し、このわくわくする話題の理解を前進させる力をもつようになることを願っています。おそらくは修正されつつ、となるでしょう！

二〇一七年十一月十八日

リチャード・バーン

# 目次

## 第7章 他者からの学習 

装幀＝新曜社デザイン室

第1章

# はじめに

## 洞察とは何か、なぜその進化に関心をもつのか?

洞察（insight）という言葉は、心理学や生物学ではあまり人気がない。しかし、この本の題名にこの言葉を選んだ理由の一部は、まさにそこにある。たとえば「知性（intelligence）」「計画性（planning）」「複雑性（complexity）」「認知的（cognitive）」等の人気のある用語は、誰もが好みの解釈を入れ込んで広がり、あいまいな用語になってしまうので、新しく本や論文を書く著者は、これらの用語を使用するたびに定義づけしなければならないことになる。その点洞察は、日常の中にしっかり根付いて使われていて、深くて鋭い、眼識のある理解を意味する日常語である。洞察はもつ必要があるものなので、それがどのように進化してきたのかを明らかにすることは重要であり、この本で述べようとしていることなのである（もちろん厳密に言えば、洞察は進化していない。まだその始まりにすぎない。しかし、このような言葉上のぎこちなさは、「理解」という言葉にしても大差ない。そして、洞察という言葉を使うことで私が意味しているのが洞察をもつ能力の進化である、ということは、読者の方々にはとりわけ明らかだと思う）。

日常的な意味を超えて洞察について見てみると、すぐケーラーのサルタンという名前のチンパンジーに行き着く。サルタンの行動は、比較心理学において必ず学ぶ基本知識である。第一次世界大戦中、ヴォルフガング・ケーラーはテネリフェ島［アフリカ北西部海岸沖大西洋のスペインの島］に渡り、そこで飼育下のチンパンジーのコロニーを日々研究していたが、その時の彼の花形の研究対象だったのがサルタンである。ケーラーはチンパンジーたちに一連の課題を与えたが、その中に、チンパンジーの長い腕をもってしても届かない場所にある食物を得るために熊手を使用する、というものがあった。サルタンは熊手でかき集めることが得意だったが、ケーラーが食物に届くにはどれも長さが十分ではない短い棒を何本か与えると、途方に暮れてしまった。しばらくしてサルタンはあきらめ、棒の側にただ座り込んだ。その時、洞察が兆したのだった。何の明白な目的もなしに棒を弄んでいるうちに、サルタンはたまたま一本の棒を互いに差し込んだ。そしてより長い一本の棒を作った。サルタンは突然生き生きとし、結合した新しい道具を用いて、届かなかった食物の方へと棒を差し出し、すぐに成功したのだった！　これが多くの心理学テキストに述べられている洞察であり、「アハ！（Ah ha!）体験［何かがひらめく体験］」である。問題なのは、サルタンに何が生じて洞察を与えたのか、あまり明確でないことである。比較的刺激の少ない環境下で飼育されたチンパンジーを対象にした追実験では、子どもの時に棒やその他のもので遊ぶ機会があった個体のみに、この啓示が起こることが示された。「アハ！体験」だけでなく、長い経験も不可欠なようである。そして、いずれにせよ、「アハ！体験」の瞬間に、実際何が起きているのだろうか。それは無意識的な思考のようであり、観察された現象をさらに謎めいたものによって「説明する」のは納得がいかない。

この本で私は洞察を、現実世界のある部分を直接見る機会も知覚する他の方法もない時に、その心的表象（mental representation）を点検したり操作したりする能力として扱う。「心的表象」は使い勝手の良い心理学用語である。現実世界の、ものの心的表象は、それについて思考することを可能にさせる脳の構築物である。たとえば自宅については良く知っているので、尋ねられたら、居間から台所へどのように行くのか、客室の階下に何があるのか、食堂の窓から何が見えるのかを説明できるだろう。それは心理学用語で言うと、自宅の心的表象をもっているということであり、行動を方向づけるのに使用できるだけでなく、尋ねられた時自宅近くにいなくても、これらの質問に答えるために心の中で「操作し、点検する」ことができる、ということを意味する。この表象は、現実世界のすべての詳細を保存しておく必要はないし、実際、それはまったくありえそうもない。われわれは写真のような記憶をもっていないし、自宅についての知識でさえ、建築家の設計図と同じではない。また、そのような正確性と完全性をもったとしても、有益ではない。些細なことで身動きがとれなくなってしまうだろうからである。心的表象に重要なことは、有益な情報を符号化して、心の中で操作できることである。これは、われわれが日常会話で「考える」と呼んでいる過程である。だから、洞察について知ることは、考えることについて知ることなのである。

これをケーラーの例で詳しく説明しよう。サルタンは、課題に取り組んでいない時にも、問題について考えることができた。なぜなら、その構造の心的表象を心の中にもっていたからであり、そこには、もっと長い棒が必要だということが決定的に含まれていた。日常の言葉で言えば、二本の短い棒をつなげて一本の長い棒にできる、ということを発見した時（それは、幼少期の似たようなものでの豊富な遊びなくしては、なしえなかったであろうが）、彼はその重要性が「わかった」のである。つまり、（手中にある）より長い棒が、未解決の食物課題に関連があると気づいたのだ。より正式な言い方をすれば、彼があきらめた未解決の課題の心的表象と、どうやったら二本の棒を一本のより長い棒にできるのかという手中の証拠を結びつけることで、彼は課題の解決法を心の中で計算したのである。もちろん、彼は新しい考えを試そうと、すぐさま課題の場所へと戻り、成功した。ここで、サルタンが他のやり方で課題を解決したと仮定してみよう。彼は食物のある場所に留まり、座って考えていた。そして、幼少期に棒で遊んでいるうちに、時として、より長い棒を作ることができたことを思い出した。これもまた洞察である。この場合、成功に決定的な心的表象は、棒を延長する原理を含む、彼の幼少時の経験とその結果についての洞察的な表象であり、想起すれば現在の問題に適用できる。しかし、食物の側に留まって棒をいじり、手近にあるもので試し続けていたら、突然の成功を説明するために心的表象は必要ではなかっただろう。試行錯誤で十分役に立つ道具が与えられただろうし、洞察は必要ではないことになる。

この説明は、心理学分野のほとんどすべての人々をすぐさま立腹させるだろう。

比較心理学者たちは百年を費やして、行動を説明するために心的表象を用いる必要があるようなものを一切遠ざける学習理論を構築してきた。何人か、最も有名なところでは、アメリカにおける二十世紀半ばの心理学の大物行動学者、B・F・スキナーは、ヒトの行動に対しても公平にこのアプローチを適用し、哲学者や言語学者の怒りや嫌悪をかった。この猛反発はスキナー学派の研究の放棄という結果に終わったが、その前から、学習理論の原理だけを使って動くコンピュータを基盤とした言語モデルの作成に無残に失敗したことで、すでに衰えていた（この結果が全面的に公正なものかどうかは、他のどのコンピュータ言語モデルもうまくいっていないのだから、また別の話である）。一九六〇年代頃から、ヒトの実験心理学は認知心理学になり、心的表象の上に築かれた。認知心理学者はヒトを対象とした研究を進め、ヒト以外の動物にはさほど興味をもたなかった。動物には心的表象は使えないと仮定していたのである。おそらく、心的表象は言語をもつことと因果的に関係しており、動物種はそれをもたない、と考えられたからであろう。一方、比較心理学者は動物の研究に動物の学習理論を適用し続け、心的表象へのどんな言及も、まるで伝染病ででもあるかのごとく避け続けた。

洞察の能力が言語に先だって進化し、それゆえ現存する他の動物種にも共有されているだろうという示唆は、ほとんどの認知心理学者・比較心理学者からきわめて危険なものだと見なされるだろう。そもそもこの考え方は、認知心理学者たちを困惑させる。というのも、洞察が古い進化的起源をもつという考えは、ヒトの心的表象も、そして思考も、言語をもたない祖先に進化的歴史をもつことになるからである。そしてもしすべてが言語から始まるのでなければ、たぶん言語のルーツはヒトの発生よりも前にくることになる。この考えはまた、比較心理学者たちを困惑させる。なぜなら、それは結局、ヒト以外の動物も思考することができるだろうことを示唆するからである。この考えは心理学者にとって衝撃的だろうが、その他の人々にとってはどうだろうか。心理学者ではない人々も、ヒト以外の動物の洞察や思考という考えに驚くのだろうか。私が言える限り、多くの専門的な動物学者も含め、ほとんどの人々にとって、動物が彼らの頭の中にヒトと質的に異なった何かをもつ、という考えが思い浮かぶことはない。もしヒトが心的表象によって計算しているのなら、おそらくすべての動物もまたそうしているに相違ない［と考えるのではなかろうか］。そこで、ほとんどの動物が、お互いを含めて、どのようにものごとが働いているのかについての洞察を欠いているというこの本の議論は、彼らをも怒らせるかもしれないリスクがある。洞察はかなり特別な何かである。洞察は一握りの系統、もしかしたらわれわれの系統においてのみ、進化したのかもしれない。

洞察力を示すことは、単に適切に反応するとか新しい行為を学習するという以上のことである。洞察的な理解は、心的表象、あるいはそこに無いもののモデルをもっている、ということを意味する。心的モデルは、頭の中で計算する、つまり日常の言葉で言えば考えることによって、ものごとの解決に使用できる。その結果、行動は過去に起こったことの単純な産物というよりも、未来についての予想に基盤を置いている。

ほとんどの動物が、この洞察的な仕方では何も理解をしていないと仮定してみよう。例外はどの動物だろうか。われわれの最も近縁な種である霊長類は、明らかに可能性がある。それについて確認した後、観察者に彼らの行動が柔軟で革新的だと感じさせる他の種を見てみよう。たとえばラットやカラスである。また、イルカやゾウのように、驚く程大きな脳をもつ動物が存在するが、大きな脳は確かに思考のためなのであろうか。これらの動物のすべてをこの本で取り上げる。トカゲ類やアヒル類、トガリネズミ類［ネズミに似ているモグラに近い種］について言いたいことはあまりない。おそらく彼らは、洞察的な方法で世界を理解していないからである。あるいはそのように理解しているにしても、まだ科学者の真剣な興味をひいていないからである。それは未来の挑戦だ。

大きな脳をもつ動物はたぶん頭が良いという仮説は、特に注釈もなしに流布しているが、大丈夫だろうか。オウムは脳がクルミ程の大きさで、明らかに「もっと鈍い」哺乳類よりずっと小さな脳をもつにもかかわらず、大多数の人々に賢いと思われている。しかしオウムと同等の体長のトリと比較すると、実はその脳は著しく大きい。しばしば、脳の大きさは身体の大きさとの関係で示される。より小さな動物がより小さな脳をもつことは概ね明らかである。しかし、脳の大きさが彼らの身体に正確に比例すると予期すべきなのだろうか。脳の大きさの有効な理解にアプローチするためには、アロメトリー（相対成長、allometry）の問題に触れなければならないだろう。それは、生物の総体サイズの変化に対するその部分のサイズの幾何学的な比率関係である。また、何らかの計算論的理論 ―― 厳密にどのように計算過程が働いているのか、そして何がそれをより強力にするのか ―― を持ち込むことも必要だろう。なぜなら、洞察を示すための能力に関わるのは、組み込まれたコンピュータである脳だからである。

認知論者にとって知性的な行動を説明する最適な方法は、それを可能にする心的表象は何かという観点をもつことである。この枠組みでは、洞察の欠如は、ある行為に専念している時に知覚を記録し運動能力をコントロールする心的表象を、その行動を実際に行っていない時には吟味したり操作したりできない、ということに対応する。日常の言葉で言うと、洞察の欠如は、考えることの欠如、単純に見たり行ったりすることを超えて別の結果をもたらすことができない、ということである。しかし、洞察をもたない動物の行動を何がコントロールしているのかを述べるのに、本当にこの枠組みが必要なのだろうか。見ること、行うことに直接関係させる説明の方が良いのではないか。その方が、確かにより簡潔に思われる。

心理学の伝統的な観点では、ヒト以外の動物がその行動を現実世界に対して調整する際に行うことは、学習「だけ」である。動物は現実世界の心的モデルをもっておらず、ただ引き出した状況（世界がどのように見えるか、匂うか、聞こえるか）と、以前にうまく働いた行動レパートリー内の反応の間に、一連のリンクがあるだけである。このリンクは、おそらく遺伝子によって与えられる。コンラート・ローレンツのような、自然状態下の動物行動を研究した最初の科学者たちは、特定の引き金が行動の生得的パターンを「解発する（release）」よう働くという理論を展開した。この解発因＋固定的行動パターンの考えの有名な例が、ヨーロッパコマドリ〔鳴き声の美しいヒタキ科の小鳥・英国の国鳥〕の胸の赤色が、雄のコマドリによる攻撃を引き出す、という例である。このリンクは、単に時空間的に同時に起こることによって連合的に作られたのかもしれないし（「古典的条件づけ」）。パブロフのイヌは食時の際に必ず鳴らされたベル音に唾液を流すようになった）、試行錯誤の探索における過去の成功の結果かもしれない（「道具的条件づけ」。実験室でラットがスキナーボックスの中で常に甘いペレットが供給されるレバーを押すようになる）。遺伝子と学習は、よりよい効果のために一緒に機能するだろう。たとえば、ラットは長期のタイムラグの後でさえも、食べた新奇の食物と吐き気とを連合することができる。この現象は「学習の制約」と呼ばれてきたが、ラットの視点から見れば非常に価値がある。よりよい記述は、吐き気と通常とは異なる直近の食物というような生物学的に重要な関係に対して、遺伝子が学習を水路づける、というものだろう。また、社会的文脈が、学習を強力に助ける潜在力をもっている。多くの種が、探索すべき正しい場所、最初に行うべき正しい行動に注意を焦点づける、という生得的傾向をもつ。これらのメカニズムについては、すべて私の前著『考えるサル（*The Thinking Ape*）』（Byrne 1995a）に書かれているので、この本ではごく簡単に取り上げるのみである。もしこれらの単純な原理がすべて喚起されるのなら、驚くほど広範な動物行動が「まったくの学習」として理解可能である。なぜそれ以上の理解が必要なのだろうか。

洞察がなければ、反応はその時に知覚できることによってのみ導かれる。つまり、理解によってよりも、表面的な特徴によって導かれる。学習されるにせよ遺伝的に組み込まれているにせよ、知覚と可能な行為との結合によって完全に動かされている行動は、下記のような特徴をもつ。

1　原因となる反応を引き起こす状況は、完全に知覚的である。たとえば、そこには、ものごとがどのように因果的に結ばれているのか、という構造的な説明は含まれえない。なぜなら、それは心的表象を使用することに依存するからである。

2　行動のコントロールは、次々と引き起こされるリンクに基づいているので、一本の紐のような構造によって、行為が順次的に適用される。行為のプログラムの階層的な埋め込み構造は存在しえない。

3　結果は単に起こっただけである。過去の学習の歴史が行動を導くからである。それゆえ、結果が予見されることはない。動物が行為を始める時、予測された結果（ゴール）は存在しない。

そこで、洞察と心的表象能力の進化を研究したい。明らかなアプローチは、どれが動物の本当の認知的な部分の行動で、残りは「まさしく学習された」ものとして捨てるかを、見つけ出すものではないだろうか。そうすればこの認知的部分が、ヒトとの効果的な進化的比較のための、無駄を省いた適切なデータの蓄積を形成するだろう。切り分けが重要だ。

この選別アプローチは、現代の多くの動物行動についての考え方において支配的である。私は、これはまったく間違った方向だと思う。本書で、その理由を説明しよう。本書は、ヒトの実験心理学の歴史と、連合主義と行動主義が却下された原因にさかのぼるところからはじめる（第2章）。実際、何が十分でないとわかったのかを問う。動物行動「が」連合的に学習されるのか認知的なのかは実証的な問いだという考えを批判する。代わりに、動物行動に科学を適用するために最も有効な枠組みはどちらなのかを、決めるべきだと示唆する。私は認知的枠組みを採用するべきだと主張するが、間違っている可能性もある。今はわからないが、長い間に連合的枠組みに利があることが証明される、ということがあるかもしれない。起こりそうにないのは、動物の認知行動と連合的に学習された行動との間（または、学習に基づくたぐいの動物と、認知に基づくたぐいの動物との間）が、きっちりと分離されることである。

まったく別の理由から、認知的アプローチをとるべきだという同じ結論にたどり着くこともできる。それによって異種間の比較が可能になるからで、ヒトの認知的進化を再構築するために動物のデータを使用するには、それは不可欠である。行動主義と学習理論の原理をヒトの行動に適用するという考えは、ヒトの実験心理学において徹底的に拒絶されてきた。この事実一つとっても、動物行動への認知的アプローチが必要とされている。進化的な比較のためのヒトのデータは認知的な用語で表されているので、動物のデータもそうでなくてはならない。

第2章で少し脇道に逸れた後、洞察の証拠を明らかにするであろう状況から、動物行動の証拠を厳密に調べてゆく、という方略をとる。すべての章が大成功で終わるとは期待できないし、読者を少しがっかりさせるかもしれないが、それは避けられないことである。現実世界の心的モデルを構築することは、計算論的には問題解決の最も単純な方法ではない。そしてよく指摘されるように、進化がもしうまく機能する単純な方法を見つけられたなら、まさにそれを使うだろう。証拠を吟味してゆく手順として、最初に明らかに「魅力的な」トピック、特に社会的知性に関するものを見てゆき、私が鍵となるであろうと思うその他の分野に進んでゆく。その目的は、ある種の動物がどのように、いかにものごとが作用するかを内的に表象する／理解する能力を発達させたのか、そして新しいことを考える能力を発達させたのかについての、実効性のある理論を見つけることである。

ヒトの心的優位性は言語と発話において最も明らかなので、第3章では、最も近縁種のシステム、つまり、ヒト以外の霊長類の音声コミュニケーションを見ることから始める。多くの点で興味深いとはいえ、霊長類のコール［叫び声や悲鳴、警戒音］は意図性（intentionality）と呼ばれる重要な側面において、言語とは根本的に異なることがわかる。一方で、少なくとも類人猿の身振りコミュニケーションはそうではない。そこで第4章では、大型類人猿の身振りから、何を学ぶことができるのかを考察する。より直接的に、動物たちはお互いを理解するためにどのように必要な情報を得るのかということに関心を向けて、第5章では注視（gaze）によって個体の心が明かされる方法と、この情報を使用することが洞察を意味するか否かを見てゆく。この研究のほとんどは、お互いの理解は社会的動物にとって重要な知的挑戦であり、そのため、霊長類とその他いくつかの高い社会性をもつ種において見られる、より大きな脳の増大につながった、という考えを基盤にしている。そこで第6章では、社会的「精巧化」がどのように働くのか、そしてどのような状況下でそれに洞察が求められるのかについて検討する。第7章では社会性の効果というテーマを続け、他者の知識を利用することから得られる利益と、この単純なある種の文化がその種の知性に影響すると言えるのかどうかを見てゆく。真の社会的洞察は他者の視点からの世界を理解するための、何らかの「心の理論（theory of mind）」を意味するが、これが第8章のトピックである。この観点から、洞察の起源が―― われわれが他者の心への洞察をもっていることが、どれほど、われわれの社会的生活を制御しているにせよ ―― 全面的に社会的要求の結果ではなかったであろうという私の疑念を、読者が共有するようになることを願っている。第9章では、高い社会性をもつサル類（monkey）と大型類人猿との比較を用いて、洞察の起源が採食（feeding）、ただし賢い方法の採食に関係しているのではないかということを示唆する。心的表象と計算的思考の起源は、結局のところ、物理的世界からの圧力によって駆動されてきた――すでに大きな脳を備え、豊かに複雑な社会で暮らす動物に働いた――というのが、カギとなる考えである。しかし、賢い方法で採食する欲求が駆動力であったとして、その結果はどうだったのだろうか。第10章では、この結果が、物理的な因果関係がどのように理解されるのか、にあった可能性を調べる。しかし、弱い支持しか得ることができなかった。だがその代わりに、第11章で、重大な進歩は行動がどのように知覚され理解されるかにあった、という考えを発展させる。行動を分節する能力――それは難解で複雑なものを含む新しい技術を習得する必要のため、最初進化したのだが、――より大きなものを導いたことを示唆する。それには、たいした物理学もなしに原因を理解し、それほどのメンタライジング（mentalizing）［他者の心理を行動から想像し理解する能力］もなしに意図を理解する方法も含まれる。私はまた、ヒトは深い洞察のレベルで理解する言語的能力をもつが、今日でも、類人猿やその他の動物種と共有する種類の洞察にいまだ依存しているであろうことを論じる。このように、ヒトの進化における洞察の起源の完全な理解には、二つの異なる心的機構が必要とされるのである。

第2章

# なぜ動物は認知的なのか

## 動物行動を認知的に説明する必要性

動物行動の研究[1]は、個体が環境に効果的に対処する多くの注目すべき方法を明らかにしてきたが、そのいくつかの解釈をめぐって論争を起こしてきた。たとえば、アメリカカケスは、他のカケスとのありそうな競争に応じて、食物隠し行動を調整する。もし以前に、競合相手が食物を貯食する（cache food）ところを見ていて盗まれた経験があると、彼らは密かに貯食しなおす（Emery & Clayton 2001）。もし密かに貯食する機会がなければ、障壁の後ろに貯食することを好み、もしそれがなければ、競合者から最も遠くの薄暗い場所を選ぶ（Dally et al. 2004）。これらのすべての選択肢がない場合は、食物を何度も貯食しなおすという攪乱戦略を最後の頼みとする。最も劇的なのは、彼らはこの戦略を特定の個体に対して適用すること

[1] この章は、数年前ルーシー・ベイツと書いた意見論文に基づいている（R. W. Byrne & L. A. Bates, "Why Are Animals Cognitive?," *Current Biology*, 16 (2006), R445-48）。

である。彼らは、あるカケスにある場所に貯食するところを見られていて、別のカケスは別の場所にいたとすると、どちらの競争者が現れてもよいように再貯食を調整し、特定のカケスが見ていた方の食物を再貯食する（Dally et al. 2006）。これらの行動は、競合的な略奪者に対する行動として、大変理にかなっている。

心理学の分野では、他人の信念や知識を自分自身のものと明確に区別して形成する能力は「心の理論（theory of mind）」と呼ばれている（Frith & Frith 2005）。心の理論は幼少期にゆっくりと発達し、自閉症においてはおそらく損なわれている（Frith & Happé 2005）。心の理論は言語的コミュニケーションにとって根本的なものなので、その獲得は現生人類の進化における重大な段階だと考えられてきた。しかし、もしトリが同じ能力をもっているのなら、心の理論の進化についてのわれわれの考えは、書き換えの必要に迫られるだろう。確かに、アメリカカケスの能力は精神的な心の理論の用語で容易に説明される。カケスは競合者の視点を考慮に入れ、かつ見られたであろうことを記憶し、特定の隠し場所を見つけ出す機会をもつ特定のカケスを追い続けさえするのである。しかし、このトリの行動をまったく別様に解釈することも可能である。つまり、白ラットの学習の実験室研究に由来する学習理論の原理に従って獲得した個々の連合が、複雑に絡み合った結果だ、という解釈である（この種の説明は、時に条件づけと言われる。そして、「行動主義（behaviorism）」は、すべての学習が基本的にこのような性質をもつという哲学であり、そのようには思われない心的イメージや思考を伴う経験であっても、同様であるとする）。

このような巧妙な行動パターンに対して連合による説明で納得するためには、そのまま信用して受け入れるほかない。学習は平均的な実験室ラットと比較するとかなり急速でなければならないだろうし、特定の行動がどのように学習されたのかを説明するのに重要な変数であると（のちに）わかった環境中の特定の詳細項目について、外すことなく焦点を当てなくてはならない。飼育下の動物に科学者たちが与える単純化された環境に適用した場合には、このアプローチはかなりうまく機能するように見える。だが自然環境に拡張すると、そこは気を散らす特徴にあふれており、それらはみな異なるやり方で生き残るために重要であるかもしれず、洞察的と見える行動の連合学習的な説明は、時として過度に信じられているように見える。動物の学習理論者にとって魅力なのは、期せずして神秘化から解かれることである。連合学習は心的状態を前提とすることを避ける──他者の視点の理解や、見たことの記憶などに言及することはない。説明は、たとえば時空間的にしばしば共に起こる二つの出来事の連結や、以前に報酬をもたらした行動の繰り返しといった単純な現象に基づいている。学習理論の研究者は、印象的な動物の妙技についての連合による説明を考えるために、かなりの独創性を示してきた（Heyes 1993a, b）。さらに神経機構が、疑いなく複雑に絡み合った結合網におけるシナプス結合の相対的な強度に基づいて作用しているという事実は、連合学習が動物行動を理解するためのただ一つの、正しく適切な方法であるという考えを後押ししてきた（Macphail 1985）。

不幸なことに、連合的説明はしっかり統制された単純な場面においてのみ、実験的にテストできる。動物の自然界の複雑性に拡張すると、実験室におけるカケスの貯食行動でさえ、信念の問題になってくる。つまり、通常自然科学で期待される検証可能な予測を生みだすというよりも、歴史科学におけるように、後づけの説明に依存してくる。もちろん、連合学習を研究する心理学者は、理論により作成された予測を実験的に検証するが、予測や検証は高度に人工的な実験環境内に限られている。連合学習が、自然状態下で観察される複雑で柔軟性のある多くの特性を説明するよう広げられた時、それが十分かどうかは広く信念の問題になり、立証は難しい。単一の実験や単純な特性から、全体としての動物の心理を理解し始めようという説明になると、この問題はさらに悪くなる。単純な理論的仮定だけをするという経済的、もしくは「倹約的」であることへの誘惑は、動物の生活の全範囲にわたる説明の力と視野とのバランスがとられることを、必要とする。連合理論の明らかな簡潔性は、現実世界を説明しようとすると、たちまち御しがたく複雑になってしまいかねない。

必要なのは、別の「説明水準」、すなわち脳の神経ネットワークの大規模な複雑性と、自然界における適応的な行動の簡潔な効率性との間の、インターフェースとなりえるものである。ここにおいて、認知的な説明水準が役に立つ。認知は理論と行動との間を通訳する方法を提供する（Morton & Frith 2004）。認知科学の概念的な手段――心の理論、ワーキングメモリ、注意の焦点、認知地図、数概念、数唱、手続き的知識、目的-手段問題解決など――を用いることによって、十分理解できるだけ簡潔であり、自然環境における実験可能な予測を作るために使え、しかも行動に正確にマッピングするに十分な緊密性をもつ理論の展開を可能にする（原理的には、認知的説明は脳の構造ともうまく調和可能だが、動物研究においては実際問題としてこれは将来への願望であり、比較的自然状態のもとで使用可能な脳撮像技術の発展をまたなければならない）。

ここで、テレビがどうやって映るのかについての日常的な理解との類比を指摘できるだろう。その「行動」（視聴者から遠く離れた場所や時間に起きているものごとの動くイメージを示す）は、基本的に電子回路によって引き起こされていることに何の疑いもない。しかし、完全な電子回路図を手渡されても、教育上役に立つことはほとんどない。むしろ必要なのは、介在的水準の説明である。つまり、イメージがサラミソーセージのように薄切りにされ、線形信号として中継され、ほとんど瞬時に電位として電線を通って、そして電波として空間を横切り、最後に受像機の電子回路によって分割された画像の線の一本ごとに再構成される。この**認知モデル**（cognitive model）の助けがあってこそ、テレビ画面の妙なちらつきや画面上のイライラさせる筋の原因について知的な議論を始めることができ、受像機やアンテナや送信機の特性に関係するかどうかを決めることができる。同じことが生物学にも言える。海のナメクジであるアメフラシは二万に満たないニューロンしかもたない単純な動物であるが、その多くは個体で実験するのに十分な大きさがあり、神経結合を調べることによって直接行動を説明しようと試みることが可能である（Kandel 1979）。しかし脊椎動物の場合は、その非常に大きな脳の中の可能な神経連結の組み合わせが爆発的に急増するため、それは実行不可能な課題となる。

認知モデルは、肉と血以外の材料でも作ることができる。実際に、現代の認知神経科学の起源は、アラン・チューリングや他の研究者による「知能機械」の開発にある。コンピュータプログラムが固体素子や真空管や抵抗器、はたまた水圧応用部品によってさえ動かすことができるように、心的機能の認知モデルもハードウェアから半独立している。記憶や読解のような何らかの脳機能の認知モデルもまた、コンピュータ上で動くようにすることができる。この自由性に依拠して、一部の心理学者は認知的モデルをテストするために、広くデジタルコンピュータを使用してシミュレーションを行い、機械とヒトとの詳細な行動の対応を比較している（たとえば、チェスの対戦、形式論理学、Newell & Simon 1972; 子どもの算数の理解における発達的変遷、Young & O'Shea 1981）。現代心理学は、ほとんどすべて、行動の認知モデルに依存している。明確にシミュレーションとしてテストされたものはわずかしかないが、それでもこれらの理論から明確で検証可能な予測を作ることが可能である。それらは認知の「システム水準」で表されるからである。

説明の認知水準がヒトの行動を理解するために有効であることが証明されてきたが、最近の動物行動における最も面白い発見のいくつかが認知的見解に発していることと、偶然に一致したというわけではない。例として、動物の数に関する能力のいくつかについて考察しよう。物体の集合に対応するアラビア数字でラベルづけするよう教わったチンパンジーは、明確な訓練なしに単純な加算を解くことができることが証明された。そして、数の知識は彼らの能力を異なる面にも伸ばした（Boysen et al. 1996）。チンパンジーは通常、以下のような規則の課題をうまく解決できない。二つの食物の山のいずれか自分が指さした方を、相手のチンパンジーは食べることができるが、自分はもう一方の残った方を食べるという規則である。試行に試行を重ねても、チンパンジーは量の多い方の山を指さし、結果に欲求不満を感じることになる。彼らは、望ましい結果に自然に惹かれるのを、単に抑えることができないのである。しかし、もし食物の山をアラビア数字に替えれば、すぐに課題を解き、より低い数を指さすように切り替えることができる。もし課題が現実の食物の山に逆戻りすると、再び失敗してしまう。ヨウム［インコ科のトリ］のアレックスは、その能力をより良く調べるために多数のヒトの単語を教えられた。ヨウムなので、単語を話すことを学習できたが、アレックスは単語をただ「おうむ返し」するのではなく、適切な単語使用を理解した（Pepperberg 1999）。そのため、アレックスの数の理解は正確にテストされえた。量のラベルとして数を学習した後、彼はより複雑な一連の物体、たとえばそれぞれが二つの異なる色分けをされた、いくつかのブロックやボールを用いてテストされた。彼はたとえば「緑のボールはいくつある？」といったような特定な集合体の大きさについての質問に、正確に答えることができた。また、同じ種類の言語情報を理解することも示した（Pepperberg & Gordon 2005）。それは三歳児程度のヒトであれば印象的な能力となるものであり、オウム目［インコ科・オウム科］は、ヒトの子どもが大人との一連の相互作用のやりとりの中でゆっくりとしか発達させられない数概念を、生得的に備えているのであろう。ヒト以外の動物が数や集合の関係性や重なりのような概念をもっていたり獲得したりできるかどうかを問うことで、これらの、そしてその他の魅力的な実験は、動物が世界をどのように数えているかの隠された能力を明らかにしてきた。

今やこれらのデータが知られているので、学習理論家が動物の能力の後づけの連合による説明を考案するだろうことは明らかである。大事なことは、どんな動物の特別な妙技も、連合学習に「反証する」ものではないことである（事実、現実的に複雑な現象の連合的な説明は、やっかいなことに、反証できない）。むしろ、数や計数というトピックが動物の学習理論の立場からどのように探究されてきたのかが、まったく明瞭でないことは明らかだ。そしてまったく同じことが、この本で取り上げる、他の多くの動物行動についてのトピック ―― 社会的理解、空間知識とナビゲーション、模倣と教えること、そして道具使用や天候などの物理的システムの日常的な理解 ―― に対しても言える。認知レベルの説明を用いることの利点は、興味深い実験や新規な観察体制や、そして検証し洗練されたものにできる自然の適応的行動の理論に、たどり着きやすいことにある。

もし動物を認知システムとして扱うことの優位性がそれほど明白であるのならば、なぜこれを声高に述べる必要があるのだろうか。どこに議論の余地があるのだろうか。生物学者が認知的説明を取り入れることに対する抵抗の理由の一つは、認知、知性、意識の「間」が脱落していること ―― 動物の能力についての大方の一般向けの記事やいくつかの科学雑誌さえも――にあるのではないかと思う。

もし動物の行動が認知過程の結果として最も良く理解されるのであれば、連合学習による説明で十分とする場合よりもより多くの知性を示している、という暗黙の仮説がしばしば作られてしまう。現実はずっと平凡である。ある動物が他の動物より知性的かどうかの議論は、まず役に立たない。どのみち、知性の差異の信頼性のある尺度はないのである。ヒトの間では、知能測定は参照母集団のテスト得点との関連で統計的に表され、学業成績に対して調整される。IQ１００が母集団平均で、IQ１３０は平均より2標準偏差上であり、IQ85は平均より1標準偏差下、等々である。動物にはそのようなものはない。動物の「賢さ」の日常的な判断は、普通、動物の社会システムやコミュニケーションの仕方が、われわれ自身のものとどれほどうまくかみあうかに基づいている。

さらに悪いことに、認知的説明を用いると、それと一緒に意識（consciousness）の気配を持ち込むように見える。動物福祉の向上に熱心な人々にとって、これは天恵であろう。動物学習をそうしたものの入り込む余地のない等式として訓練を受けた者にとっては、対抗する連合的な説明に必死に励む理由として十分である。どちらも落ち着こう。どちらの態度も正しくないのだから。ヒトの意識がもつであろう生物学的機能に長年魅せられ、それを脳に求めてきたにもかかわらず、認知理論がその説明に意識を必要とすることはほとんどなかったし、その存在を説明しようとしたことは皆無と言っていい（Byrne 2000b）。日常生活においては、われわれは思考を典型的な意識活動として取り扱っているが、認知の立場からは、思考は単にその生産物により認識できる、機械論的な計算過程である。思考は、心的表象の計算によって思考者が「与えられた情報を超える」ことを可能にする。動物の意識は議論するには面白い分野ではあるが、実証的な証拠によって解決できそうにはない。動物行動への認知的アプローチはかなり異なった課題をもつ。つまり「どのように」という質問（Shettleworth 1998）に、情報処理用語で言い表された機械論的な理論を引き出し、それを検証することによって答えるのである。最終的な目的は、動物の異なる種に存在する、多様な認知システムを探究することである。

それゆえ単純な動物の行動は、単なる生得的なもの、あるいは連合によって学習したものとして問題なく説明できるものの、動物を認知システムとして扱うことは、最も柔軟なヒトに近い種にのみ適用されるべきアプローチというわけではない。動物の行動が連合的に学習されたというより認知的「である」（そして言外に「賢い」）かどうかを問うことは、まったく実証的な問いではない。これらは同じ行動を研究する二つの異なる方法であり、ほとんどの種の複雑な自然環境にあっては、認知的アプローチのみが検証可能な予測を導くのである。動物行動を認知的に研究することは、洞察の起源の探究にとりわけ適しており、われわれ自身の心の進化を理解する――霊長類の進化における認知の歴史をたどる――最高の機会を提供する。認知的アプローチはまた、他の動物系統における精巧な行動能力のさまざまな事例を科学的に扱い、またおそらく、なぜ高度な認知が時に進化するのかを理解する、唯一の可能性を提供する。そして、現代の認知心理学がその発見をすっかり認知用語で表現しているのであるから、ヒト以外の動物の心をヒトと比較しうる唯一の方法は、彼らの特徴を同じ方法で表記することである。

第3章
# はじまりは音声だった
## サル類と類人猿の音声コミュニケーション

ヒトとその他の動物との間の最大の認知的差異が言語の使用にあるということは、あまねく知られた真実である（確か、ジェーン・オースティンがこう言った）。さらに引用を続けることもできる。「我思う、故に我あり」（しかし、彼が思ったという主張に対しては、デカルトの言葉を信じるより仕方がない）。「初めに、言葉があった」（ヨハネによる福音書第一章第一節）、そして、「言語は、少なくとも大方の知性的な伝統においては、典型的なヒトの属性であり、われわれの中の、卓越していると考えられるもののほとんどの、証拠でもあり源泉でもあると見なされている」（Wallman 1990）。言葉（words）、発話（speech）、そして言語（language）は、人間らしさについての信念にとってあまりに中核的なので、ヒト以外の動物の音声信号が常に人々を引きつけてきたのも、驚くに当たらない。確かに、動物の音声信号に、ヒトの洞察能力の進化的起源が見つかるのではないだろうか。

一九五〇年代にスペクトログラフ［音響分析装置］が開発され、動物の音声を科学的に調べられるようになり、そして手頃な価格のテープレコーダーによって研究者たちはさかんに動物のコールを記録し、実験的に分析したり再生したりするようになった。おのずから、最初の研究候補の中に類人猿の音声、そして特にサル類（monkey）の音声があり、この初期の興味が、これらの群れにおける音声コミュニケーションの比類のない一連のデータにつながった。ここ六〇年間さまざまな折に、サル類のコールが次のようなことを示したとする論文が刊行されてきた。発話に似たフォルマント、指示対象のラベルづけ、他者への意図的な伝達、発声の相手個体の音声的命名、音韻的シンタックス、組み合わせによる意味の変化などである。もしこれらのすべての能力が現生のサル類に利用可能であるのならば、三〇〇〇万年（地質学的年代）以上前のサル類とわれわれが共有する祖先の種についても、同じことが当てはまるに違いない。われわれの祖先である初期のヒト属が、言語的に新たに獲得しなければならなかったことは、あまりなかったように思えるかもしれない。だが、事実は少し異なる。

ヒト以外の霊長類の音声レパートリーは固定されている。事実、新しい音を作り出したり学習したりできる哺乳類はごく限られている。ヒト、クジラ目の何種か［クジラやイルカ］、そしてアシカ亜目の何種か（オットセイとアザラシ、アシカ）のみが、新しい音声を獲得できることが記録されている。鳥類はそれと著しく対照的で、ハナドリ、コトドリ、オウムに加えて、ほとんどの鳴禽類（スズメ目鳴禽類）が、全然トリらしくないいくつかの音声さえ含めて、新しい音声を学習できる（BBCの『地球の生命（*Life on Earth*）』という番組の中で、ライフルの銃声や、車や火事の警報、そしてたぶん森の一部を刈る時に聞いたチェーンソーの音真似をした見事なコトドリは忘れがたい）。対照的にサル類のコールは、音声信号の固定されたシステムの一部である。本書で使用する用語の意味では、霊長類のコールは「生得的」である。その音声は天与で経験によってまったく修正不能というわけではないが、その発達は遺伝子に支配された潜在能力の結果なので、非常に広い範囲にわたる環境下で同じ音声が発達し、そのシステムはかなり修正への抵抗性がある。音声分野における類人猿と［真猿の］サル類、そして原猿（prosimian primates）におけるすべての異なる達成は、この点から理解されねばならない。ヒト以外の霊長類の音声レパートリーは、生物学的に固定されているのである。しかしそれは、学習と理解が重要ではないということではない。コールが**何を**意味するのか、最も効果的に向けられているのは**誰に対して**か、**いつ**コールを発するのか、**どのように**最も効果的な大きさでコールのピッチを調整すればよいのか、という細部を、個体は学習するだろう。それでも、ヒト以外の霊長類は新しいコールを獲得できない。

霊長類の音声についての最も興味深い発見の多くは、聴き手がなぜその音声を受けたのかよりは、それを聴くことから何を学習できるかに関わるものである。この方向の調査の発端となり広く影響を与えた研究が、ロバート・セイファース、ドロシー・チェニー、ピーター・マーラーのベルベットモンキー（*Chlorocebus pygerythrus*）の、捕食者に対する警戒コールを録音して再生した一連の実験である（Seyfarth et al. 1980a）。ベルベットモンキーは、異なる種類の捕食者 ―― ヒョウ、ワシ、ヒト、ニシキヘビなど ―― を発見した時に、まるでそれぞれのコールが有意味な言葉であるかのように、非常に異なる音声を出すことが知られている（Struhsaker 1967）。しかし、聴き手が純粋にコールから、捕食者が何であるかを気づいているのかどうかは、観察だけで確かめるのは難しかった。彼らは自分自身で捕食者に気づいており、コールによって危険を警告されただけなのかもしれない。研究者たちは、捕食者が周りに存在しない時にコールを再生することで、サル類が純粋にコールから情報を得ていたことを確証することができた。ヘビ警報を聴くと、ベルベットモンキーはまるで本物のニシキヘビを見つけたかのように後ろ足で立ち上がり、地上を入念に見回した。ワシ警報を聴くと、頭上にゴマバラワシがいる時にまさにするように、茂みの中に飛び込んだ。またこれらの反応は、単なる恐怖のレベルの関数ではなかった。もしそうなら、ゴマバラワシはサルたちにとってニシキヘビよりも危険なので、より恐れるはずだ。実験的に音量を大きくしたり小さくしたりしてコールが流されると、サルたちの反応はより強められたり弱められたりした。しかし、その反応の型はいつも、特定の捕食者に対して適切なものであった。特定の捕食者に対するコールの特異性は劣るものの、同じような結果が別種の真猿のサル類や原猿でも見られている。

サル類の捕食者コールの使用は、むしろ非特異的な形で始まる（Seyfarth et al. 1980b）。赤ちゃんベルベットモンキーは、ヤツガシラ［細長く下側に曲がった嘴をもつ鳥類］、サイチョウ［骨性突起で覆われた非常に大きな嘴をもつ鳥類］、落ちてくる大きな葉に、ゴマバラワシに対するのと同じワシ警報を出す。そしてヒョウ警報を、バッファローやゾウやレイヨウに対しても同じように出す。個体が発達する間に環境内の出来事が特異的なコールの変化の引き金となり、徐々に実際に危険なものにだけ警戒コールを出すように狭められていく。若いベルベットモンキーは幼体よりもうまく行い、大きくて広い翼をもつトリにのみ、ワシ警報を出す。しかしこれらの特徴をもっていても、たとえばコウノトリやハゲワシなど、危険でないものもある。最終的に、ケニアにいる大人のベルベットモンキーは、彼らのような哺乳類の主な捕食者であるゴマバラワシに対してのみ、ワシ警報を出す。成長するに従って、サルたちは明らかに経験に沿って警戒コールの使用を狭めるが、指示対象のおおよそのクラス（空中移動するもの vs 四足歩行の哺乳類 vs 地を這う長いもの）は生得的であると思われ、それぞれに対する信号もまたそうである。サルたちはまた、他の種の警戒コールを適切に判断することを学習する。たとえば、ベルベットモンキーはツキノワテリムク［スズメ目ムクドリ科の鳥類］の警戒コールに対して反応する。ツキノワテリムクは、ベルベットモンキーとは異なる範囲の種によって捕食される。つまり、小さなタカによって捕食されるが、これはベルベットモンキーを殺さない。ベルベットモンキーはヒョウに捕食されるが、ツキノワテリムクはされない。ベルベットモンキーの反応は、そのことも考えに入れることができることを示している。サルたちはまた、警戒コールを解釈する時、自分たち以外の出どころからの証拠を結びつけることができる。西アフリカの森では、ホロホロチョウも狩猟者やヒョウを発見した際に同じ警戒コールを出す。これらのトリにとって、どちらの場合でも避難戦略は同じであろう。しかし、樹上にいるダイアナモンキーにとっては、非常に異なる戦略が必要だろう。銃を持っている狩猟者から逃れるためには静かに樹冠の中に去るが、ヒョウを回避するためには騒々しく音をたてて一番高い枝まで逃げる、といった戦略である。最初にヒトの話し声またはヒョウのしゃがれ声を拡声器で聞かせてダイアナモンキーに「プライミングする」ことによって、クラウス・ツベルビューラーは、ダイアナモンキーがその時もっている知識を、数時間後に人工的に鳴らしたホロホロチョウの警戒コールを解釈するために使用したことを示すことができた（Zuberbühler 2000a）。ヒョウの音声をプライミングされた時には、ダイアナモンキーは多義的なホロホロチョウの警戒コールを聴いた直後に高いところへ逃げ、自身もまたコールを発した。ヒトの音声をプライミングされた時は、同じ警戒コールが、静かにしたまま樹冠の中に逃げる行動を生じさせた。

これらのサル類が、他個体が捕食者に対して出す音声を聴くことによってたくさんのことを学習でき、状況に応じて敏感に解釈できることは明らかである。彼らも共有する脅威を伝えるトリのコールにのみ反応し、トリの恐怖反応にただ盲目的に反応しているのではなかった。彼らは多義的な情報を解釈する時、生息域の環境についてすでに知っていることを考慮することができる。これは、コールがヒトの言葉と「同等」であることを意味するのだろうか。言語学者にとって、言葉について最も重要なことは、それらが**指示**（reference）の特性をもち得ることである。「同等」であるとは、サル類のコールが指示的であるということを意味する。われわれが言葉を指示的に用いる時、心の中の考えを、それを指示する言葉を使用して、意図して他者の心へ伝えようとしている。これはサル類にも当てはまるのだろうか。われわれが言葉を聴くことから情報を得ているように、サル類は確かに、特定のコールを聴くことで新しい情報を得ている。時には、彼らのコールが自発的であるという意味で、サル類は意図的にコールを発することがある。危険への自動的な反応に見える警戒コールもあるが、その他の多くは社会集団の他のメンバーが周りにいる時にのみ発せられ、いわゆる「聴衆効果」を示す。さらに、警戒コールを聴いた結果捕食者に気づいたサルたちは、彼ら自身はコールを発しないことが多い。それでもサルたちは、他のサルたちに考えを伝えようと意図しているのだろうか。他のサルたちの行動を変えようとさえ意図しているのだろうか。そうであるという証拠は、気がかりなほど少ない。

意図的コミュニケーションを示唆する最も注目すべき例は、おそらくスマトラ島の樹上に住む葉食いザルである、トマスコノハザルだろう。雄のトマスコノハザルは、彼の群れのすべての雌もまたコールをあげるまで、ずっと警戒コールを出し続ける（Wich & de Vries 2006）。雄は誰がコールをあげたかを記憶できるようで、すべての雌が警戒しているという確証を得てはじめてリラックスし、コールをやめるように見える。もしこれがサル類の研究で一般的な姿であるならば、ほとんどの研究者がサル類の警戒コールは少なくとも情報を伝える、あるいは少なくとも、群れのメンバーに影響する、という意図をもって行われると認めるだろう。残念ながら、今日に至るも、この発見は唯一のものである。それ以上の説得力のある観察証拠がないので、意図的使用を直接テストするための実験が考案された。もしコールの発声者が新しい考えを伝えようと意図しているならば、その聴き手がすでに危険を知っていることが明らかな時は、沈黙したままでいるはずである。チェニーとセイファース（Cheney & Seyfarth 1990b）は、飼育されているサル類を用いた実験を行った。彼らは、獣医が近づくところ（飼育されているサルにとってこれは「危険」）を母ザルが見ることができるようにして、子ザルもまたその危険を見ることができるか、または障壁の後ろで視野外にあるように、レイアウトを変更できるようにした。母ザルの反応は両方の場合で同じで、常に警戒コールを発した。母ザルが自身の子どもの危険を感じる状況は非常に緊急な状態なので、正しく弁別するための時間を浪費できない、と論じることもできよう。ヒトの場合でも、子どもがトラックにひかれそうな時、母親がまず子どもがトラックを見たかどうかを確かめてから叫び声をあげるとは、誰も予想しないだろう。それでもやはり、ここ五〇年間に行われてきた霊長類の音声行動の研究の膨大な数を考えると、コールが意図をもって用いられるという証拠の欠如は、認めざるを得ない。

意図性の証拠が不発に終わったので、霊長類の音声研究者は**機能的指示**（functional reference）として知られるようになった考え方に方向転換した。発信者が対象とする聴き手の行動を変化させようと意図しているかどうかを問うのではなく、機能的指示は、受信者と、受信者がその音声を聴くことで何を推論できるのかに焦点を当てる。聴き手の反応は、コールを聴くことで彼らが何を学習したのかを示す。サル類だけでも、広範囲な情報がコミュニケーションされていることが示されてきた。たとえば、検知された捕食者の種（または、おそらく適切な避難戦略）、コールの発信者が誰かとその動機づけの状態、視野外のコール発信者が相互作用している第三者との相対的順位関係、血縁個体がさらされている恐怖のレベル、生息場所の変更（たとえば、開けた場所への移動）、隣接する群れの探知などである。明らかに、サル類は他者のコールを指示的に解釈することに非常に長けている。

実際、機能的指示はしばしば、意図を証明する悩ましい単なる技術的困難――発話を欠く種では避けられない――を避ける便利な方法として受け取られている。それが意味するところは、「真の」サルの音声コミュニケーションは指示的であるが、それは証明しがたいにすぎないということである。しかし第4章で明らかになるように、大型類人猿の身振りコミュニケーションにおける意図性がいとも簡単に示されてきており、この解釈にはむしろ当惑させられる。類人猿は特定の聴き手の行動に影響を与えようとする意図を示すが、それは対象とする聴き手への明確な気配りによって、適切な身振り（無声で視覚的、聴覚的、触覚的）の選択を含めて聴き手の注意状態に対する敏感さによって、対象とする聴き手の反応を期待して待つことによって、そしてもし反応がなかったり不適切な反応だったりしたなら忍耐強く入念にコミュニケーションする努力によって、示される。類人猿の身振り研究は、分析されたすべての逐一の身振りが意図的に使用される証拠と言えるものであるが、まだまだ分析すべき身振りコミュニケーションを十分たくさん残している。ヒトの発話についても、もしその意図的な状態をまじめに疑う者がいるなら、意図的使用の同じような証拠を簡単に得られるだろう。では、多数の場合において明らかに機能的に指示的であるにもかかわらず、なぜ霊長類の音声コミュニケーションにはそれほど意図のサインが欠けているのだろうか。ここから強く示唆されるのは、ヒト以外の霊長類のほとんどの音声コミュニケーションが、本当の指示的コミュニケーションというよりも、非常に高度な立ち聞き状態（eavesdropping）に依存している、ということである。

この解釈は、サル類の音声レパートリーと一致している。チェニーとセイファースにより研究されたベルベットモンキーで検討してみよう。先述したように、彼らは捕食者の特定のクラスに明確に特定化された、いくつかのコールのタイプをもつ。これらのコールは「別個のもの」である（それぞれのタイプは、その他のタイプと音声的に異なっている）。しかし、他のすべてのサル類と同様に、彼らの音声レパートリーのほとんどは「推移的」である。つまり、すべてに中間段階が生じうるので、あるコールとその他のコールとの間にはっきりとした境界がない。ベルベットモンキーがこれらの推移的コールを用いる時、そこに特定の環境刺激との明確な連合はない。機能的指示は今では、その他の真猿のサル類や原猿種の多数においても知られており、そしてたとえばニワトリや地リスのような霊長類以外の動物でも記録されている。その多くは、警告を発するというよりも、他の社会的な目的のために進化した音声信号の、聴き手による解釈を反映しているのかもしれない（ベルベットモンキーはツキノワテリムクの警戒コールに適切に反応するが、ツキノワテリムクの警戒コールはベルベットモンキーの利益になるようには、絶対に進化しないだろう！）。受信者は、明らかに彼らの聴覚世界の解釈に長けているが、発信者側は彼らに情報を与えていることを自覚していないのかもしれない。たとえばベルベットモンキーの捕食者コールのように、捕食者特異的な異なるコールの存在は、行動における進化を示している。自然淘汰は、血縁と同盟仲間からなる群れにおいて、その母集団におけるコール発信者の遺伝的表現を増やすよう機能する信号を助長する。発信者が他者へ影響を与えようというどんな意図ももつ必要はないし、なぜコールに価値があるのかを理解することも必要ない。サル類の信号システムには、意図と理解が完全に欠けているのかもしれない。これは、深刻な脅威になる捕食者がほとんどいないもっと大きな類人猿よりも、見通しのよいサバンナで暮らす小さな地上性サル類（ベルベットモンキー）に、なぜより広い範囲の機能的な指示コールが見られるのかを説明するだろう。興味深いことに、立ち聞きが得意なダイアナモンキーは、チンパンジーの叫び声がヒョウに対して出されたのか、単に彼ら間の社会的攻撃によるものなのかを、区別することができる（Zuberbühler 2000b）。これができるのは、一部のダイアナモンキーである。つまり、その信頼性のある見分けは、チンパンジーの生息中心地域に住むサルたちにしか見られない。これは、チンパンジーの叫び声をどう読みとるのかという、経験からの学習に基礎を置いていることを示唆している。

ここまでの話は、霊長類の音声コミュニケーションのサル類中心の見方である。類人猿の音声コミュニケーションは少ししか研究されていない。類人猿の音声は高度な推移性を示し、捕食種特異的な異なるコールは取り出されていない。また類人猿はサル類と比較して、地理的な分布が限定されている。これらのすべては、機能的指示をうまく使って高い成功を見せるサル類と比較して、類人猿が失敗ばかりの一団であることを示唆するのかもしれない ―― あるいは、そうでないかもしれない。推移的信号は、類人猿のコールが、ヒトのウーッというなり声やメソメソ声のように、あいまいな情動を基盤にした変化に関わることを意味するのかもしれないが、確認することは難しい。音声の連続体が、類人猿自身には一連の別個に分離した信号として聞こえることはありえる。それはまさに、ヒトの母音の音素でも起こることである。すなわち、それらは音の高低の推移的な連続体の状態であるにもかかわらず、ヒトの聴き手によってカテゴリー的に知覚される。自分の種の音声をカテゴリー的に知覚することは、霊長類のいくつかの種においても発見されているので、ヒトの聴覚が類人猿の音声についてわれわれに間違った考えを与えてきたということはありえる。異なる捕食者に対する高度に特異的な信号の欠如の理由は、類人猿が彼らの仲間に危険を警告することができないからかもしれないし、銃を持ったヒトが現れるまでは、逃走することが一番の戦略であるような危険にほとんど出会わなかったからかもしれない。私は、チンパンジーたちがヒョウの巣穴に入り、赤ちゃんヒョウを連れ出してきて殺したところを見たことがあるが、母ヒョウは効果なく吠え続けるだけで、戦うために出てはこなかった。つまり、チンパンジーはいろいろなものから逃亡するような動物ではないのだ。さらに、現生の大型類人猿の希少性と制限された分布は、進化的失敗を反映しているのではないかもしれない。それが彼らの最も近縁種であるヒトとの直接の競合に関係することはほとんど確かである。野生馬（絶滅）、ロバ（希少で限定的）、ヒトコブラクダ（絶滅）、フタコブラクダ（非常に希少、人里離れたモンゴルに生息）、そしてヤク（希少、人里離れたチベットに生息）などの家畜化された動物の祖先種が驚くほど希少であることを考えてみよう。最近縁動物の過多は、長期的な生存にとって良くないのである。

類人猿の音声使用は、その聴き手に情報を伝える意図を基盤にしていることを証明できるのだろうか。未発表の研究だが、サラ・ボイセンは何年か前、隠れた危険についての実験を、サル類に替えてチンパンジーを用いて再現した。彼女は母親と幼児に替えて親しい友人のペアを用いたが、そのペアは、どれだけの時間を一緒に過ごしたか、どれだけお互いに毛づくろいをしあったかによって決められた。彼女は再び、注射器を持った獣医を用いて、危険が近づいてくるところをチンパンジーが見た時の反応を調べた。どのペアも、一方が彼の友人に危険が近づいてきているところを見ることができた時大声で長くコールしたが、それは友人が自分ではその危険を見ることができる位置にいなかった場合のみであった。もし両者がその獣医を見ることができる位置にいると、同じチンパンジーはわざわざコールを発しなかった。最近、この状況が、野生のチンパンジーのフィールド実験に拡張された（Schel et al. 2013; Crockford et al. 2012 も参照）。アン・シェルとケイティー・スロコンベ、そしてそのチームは、ウガンダのブドンゴ森のソンソのチンパンジーの群れのメンバーにとって非常に現実的な危険そのものに似せた、本物に見える模型の毒ヘビを用いた。ヘビを葉の間に隠して、研究者たちは標的のチンパンジーが近づくのを待ち、それからヘビを動かすために紐を引っ張ると、その結果はたいてい、驚愕と警告の劇的な反応を保証するものだった。興味深い疑問は、次に何が起こるかであった。なぜなら、チンパンジーたちは緩やかで拡散した形で、しばしば他個体とくっついたり離れたりしながら動き回る習性があるからである。遅れてその場所に到着したチンパンジーは、もしヘビが再び動かなければ、ヘビの存在について知らないという危険にさらされる。それが動くところを見た誰かが警告を発することで助けられるだろう。彼らは警告を得ただろうか。答えはイエスである。友人や仲間が現れてヘビの場所に向かって歩いていくと、すでにそこにいたチンパンジーたちは警告の吠え声を発した。この証拠は、音声を用いた意図的なコミュニケーションの能力がチンパンジーたちにあることを示している。彼らは対象とする特定の集団——今ある危険に気づいていないであろう友人たち——が警戒して戻ることを願った。チンパンジーたちが用いたコールが、機能的指示のやり方で、それを聴いた他者にとっての脅威の性質（ヘビ）の何らかの合図となったかどうかはわからない。コールの発信者が、友人がヘビに気づかないことを理解していて、それを伝えようと意図したのかどうかも確信できない。それでもこの実験は、自然の動物のコミュニケーションにおける（本当の）指示を示す非常に近いところまできている。この解釈に一致して、飼育下のチンパンジーとその他の大型類人猿がアメリカの手話言語（ＡＳＬ）の身振りの使用を教えられ、彼らは確かに、指示的に身振りを使用するように見えた。たとえば、彼らは要求する時にＡＳＬを使用したが、続いて起こる彼らの行動から、彼らが要求したものは実際に彼らが欲していたものであったことが示された。少なくとも、類人猿が自然状態下で何らかの指示的コミュニケーションの概念をもたない限り、そのような行動は可能でなかったであろうと論じることはできる。

これらの研究は、霊長類、特に大型類人猿の音声コミュニケーションには、一般的に知られている以上のことがあるかもしれないことを示唆する。しかし、今日霊長類音声の文献は膨大に存在するが、洞察の進化的起源の理解に対してはほとんど役に立たない。サル類は、同種のコールでも他種のコールでも、彼らの聴覚的世界に存在する微かな含意にもすぐに反応する。そして、通常と異なる危険な状況の合図があった時には、適応的に反応する。しかし、これらのこと単独では表象的理解を意味しないし、また発信者自身がどのように他者の行動に特別な方法で影響を与えようと計画しているのかの説得力ある証拠も、先に述べた実験を超えては示していない。このような背景の中で、大型類人猿の身振りが明確な意図的な方向性でなされたという発見は、多くの興味を刺激してきた。第４章ではこのトピックに転じよう。

第4章
# 大型類人猿における身振りコミュニケーション

なぜ「大型類人猿における」と限定するのか。ヒツジやラットにおける身振りコミュニケーションは、誇示行動として明確な機能をもつ狭い範囲の姿勢や顔面表情は別として、そもそもそれほどないことは明らかだろう。では、サル類ではどうだろうか。きっと彼らの手は、類人猿やヒトと同じように器用に違いない。事実は、否である。

しかし本章で大型類人猿に焦点を当てるのは、手の特別な解剖学的構造の違いを反映してのことではない。実際、親指と他の指の相対的な長さから、親指と比較して短い指をもつヒヒは、「バナナの房」のような指と小さな親指をもつチンパンジーより器用だと予測されるだろう。しかし、手先の器用さが精巧なのは、大型類人猿のみなのである。その理由は簡単だ。両手は脳の運動皮質によりコントロールされていて、運動皮質における両手の表現が大型類人猿においてはずっと広がっているからであり、その広がりは大型の動物から予測される脳の大きさの絶対的な増加から見ても、不釣り合いなほど大きいからである（Deacon 1997b）。結果として、姿勢による誇示行動や手先の身振りのかなり広範囲なレパートリーをもっていて、それをコミュニケーション的に用いるサル類も少しはあるかもしれないが（Helsler & Fischer 2007）、彼らには新しい身振りを学習する能力がない。

大型類人猿にはそのような制約はない（テナガザルとその近縁種などの小型類人猿の対応する能力についてはほとんど知られていないので、今後しばしば簡潔に「類人猿」と言及する）。新しい身振りを学習する類人猿の能力は、一九六〇年代と一九七〇年代に行われたいくつかのプロジェクトで、最も明確に実証された。飼育下の類人猿が、多くはヒトと同じような環境下で、目の前で見本を例示して見せたり、明示的に訓練したりして、ASLを学習するよう促された（Gardner & Gardner 1969; Gardner et al. 1989; Miles 1986; Patterson & Linden 1981）。これらのプロジェクトの目的は、ヒト以外の大型類人猿が、機能的にヒト言語に近い何かを獲得できるかどうかを見出すことであった。前章で述べた制限、つまり類人猿は新しい音声を学習できないという制限を回避するために、身振りが使用されたのである。ASLプロジェクトによって類人猿が多少でも言語を生みだすことに成功したかどうかは大いに議論の余地があるところではあるが、類人猿が自然の行動レパートリーには存在しないたくさんの身振りの使用を学習したという事実については、論じるまでもない。

## 意図して特定の受け手に向ける

その上、霊長類の音声における意図性を証明するのが難しいのとは対照的に、類人猿が情報を与えるというコミュニケーション的意図をもつことを示すのは、身振りの場合簡単であった。マイケル・トマセロとジョゼップ・コールは、チンパンジー、ボノボ、ゴリラ、オランウータンの身振りコミュニケーションの意図的で目標指向的な性質を詳細に記録した。どの種も、身振りは特定の受け手に向けて行われることを彼らは示した。発信者は決まって、「反応待ち」と彼らが名づけたことを行う。つまり、望んだことを受け手がしようとしているかどうかを見極めるために、しばしば間を置くのである。そしてもし期待した反応が起こらなかったら、類人猿はさらなる身振りをしたり、または何か他の方法を試すなどしたりして、彼らの目的を達成する粘り強さを示す（Call & Tomasello 2007; Genty et al. 2009; Hobaiter & Byrne 2011b; Liebal et al. 2004a; Tanner & Byrne 1996; Tomasello et al. 1985）。もしこのような意図的な身振り使用についての証拠がごくたまにしか見られなかったとしても、きわめて理解しやすいだろう。何といっても、われわれの発話のほとんどは意図の明確なサインなしに行われるし、誰もその意図的な基盤を疑わない。しかし事実として、類人猿の身振りにおける意図性の証拠はきわめて豊富である。近年の研究では、意図性を裏づける証拠を示す身振りの例、たとえば特定の個体を対象にする、反応待ち、粘り強さ、入念さなどだけに分析を限定できるようになった。研究者たちには、まだ分析する何千もの身振りが残されている。たとえば、三つの動物園と一つのフィールドでの二年間にわたるゴリラの研究では、意図的使用の証拠を示す身振りを最初の９５４０の行為からやっと５２５０へ集約したと主張している（Genty et al. 2009）。

類人猿の身振りは随意的にコントロールされ意図的に繰り出され、顔面表情が比較的非随意的なものであることと対照的であり、明らかに類人猿自身もこの違いに気づいている。ジョアン・ターナーは、ゴリラが奇襲して驚かそうともくろんで他個体にこっそり近づく時に、秘密を暴露してしまう「プレイフェイス〔遊びに誘う時の顔〕」の表情を消したり覆ったりするために、何度も両手を使用するのを記録している（Tanner & Byrne 1993）。プレイフェイスはさしずめ社会心理学者が「漏えい（leakage）」と呼ぶもので、個体が隠しておきたい情報を漏らしてしまう。ヒトのコミュニケーションにおいては、手は「ポーカーフェイス」よりも情報を漏らしやすい。たぶんゴリラたちは、彼らの顔のコントロールに精通していないのであろう。しかしヒトの間でさえ、意図的に作った顔面表情はそれほど説得力をもたない。

さらに、大型類人猿が身振りを行う時、対象としている特定の受け手の、注意の状態を認識している。これは、彼らが用いる身振りの選択により知ることができる。身振りは、それらが検出されるであろうモダリティ（感覚様相）によって、三つのカテゴリーに分類できる。一つ目はすでに発信者を見ている受け手だけが検出できる**無声の視覚的**身振り、二つ目は注意を向けているいないにかかわらず受け手にコミュニケーションを自動的に強制する**触覚的**身振り、三つ目は見られることもあるが、音声が気づいていない受け手の注意をとらえる**聴覚的**身振りである。チンパンジーとゴリラの両方の研究において、身振りカテゴリーの選択が対象個体の注意状態に合わせて調整されることが示された。もし対象となった受け手が発信者を見ていたら、無声の視覚的身振りが用いられた。触覚的身振りは、発信者を見ていない受け手に対して用いられた（Genty et al. 2009; Hobaiter & Byrne 2011b; Liebal et al. 2004b）。最初はいくつかの聴覚的身振りは単に「注意を引く」機能をもつもの、つまり、顔面表情やそれに続く（無声視覚的）身振りによって示されるような、身振りの発信者の振る舞いが伝える意味情報に注意を向けさせるものだと考えられていた。驚くことに、証拠はこの推測を支持しなかった。実際、聴覚的身振りを与えるのは、対象の受け手の注意状態に応じて細かく調整されていないように見える（Hobaiter & Byrne 2011b）。聴覚的身振りを選ぶよりも、チンパンジーは自分自身が対象の受け手の視野へと移動したのである（Liebal et al. 2004b）。これは実験的にも調べられている。ヒトに食物をせがむ課題をチンパンジーに与えたが、その人物の状態は①面と向かっている、②横を向いている、③顔を背けているがその後頭を回して、身体は向いていなくても顔を向けることができる、のいずれかであった。チンパンジーとアフリカゾウは、人物の身体が完全に彼らに向いていない時 ── おそらく食物を与えたくないという意思を示唆している ── を除いて、身体の向きに関係なく顔が彼らに向いている人物に食物をせがんだ（Kaminski et al. 2004; Smet & Byrne 2014）。対象の受け手がそれを見るであろう場所で、視覚的信号が行われる必要があることを理解できるのは洞察能力があるように見え、たぶん類人猿やゾウの大きい脳に関係している。そのため、キャロライン・リストウが小さな渉禽類であるフエチドリが似たような能力を見せることを示しているのは、興味深い（Ristau 1991）。捕食者が「羽を怪我している」仕草 ── 明らかに怪我をしている親鳥の方におびき寄せて、攻撃されやすい巣から引き離すよう進化したトリの誇示行動 ── に反応しないと、トリは捕食者の視野内に飛び、再びそれを行う。このトリが捕食者の心がどのように働くかの洞察を本当にもっているかどうか、その能力がかなり原始的なもので、トリやゾウや類人猿が共通祖先を共有した遠い昔に進化したのかどうかは、まだわからない。

大型類人猿の受け手の理解は、さらに先を行く。エリカ・カートミルは、動物園で飼育されたオランウータンを研究し、受け手の理解レベルを実験的に完全、部分的、まったくなしに変化させた（Cartmill & Byrne 2007）。飼育係が、足元に二つのボウルを置いて座った。一つは好きな食物（たとえばバナナなど）がいっぱいのボウル、もう一つは嫌いな食物（たとえばキュウリ）のボウルであった。オランウータンは、好む食物の方に向けて熱狂的に身振りを行った。飼育係は、もちろんカートミルの指示通りに、キュウリかバナナ、またはちょうど半分のバナナのいずれかを渡した。飼育係がキュウリを渡して、明らかにあらゆる身振りの背後にある意図を完全に理解できなかった時、オランウータンは戦略を切り替えた。彼らはまだ身振りをし続けたが、新しい身振りのタイプを導入したのだった。しかし、飼育係が半分のバナナボウルを差し出して明らかに意図に沿っている時には、同じタイプの身振りを続け、その熱心さと頻度を増しただけであった。ヒトのジェスチャーゲームにおける行動との類似は、驚くべきものだった。われわれはチームがどのくらい正解に近く、あるいは見当はずれでジェスチャーを解釈しているかによって戦法を変える。オランウータンは、そしておそらく他の大型類人猿も、身体的な身振りを検出する可能性に加えて、身振り信号の受け手の理解レベルを評価することができる。

## 遊びにおける身振り

他の何よりも多くの身振り――そして多くの身振りの連鎖――を誘発する状況がある。遊びである(Genty et al. 2009)。未成熟の類人猿が大人よりも遊ぶという事実は、身振りや身振りの連鎖が未成熟個体で高頻度に報告されていることを間違いなく説明している。若い類人猿のわんぱくに転げ回る遊びでは、多数の異なる種類の身振りが用いられる。遊びで重要な点は、正しい激しさで、正しい参加者と共に、ただ相互作用を継続することである。両者または参加している者すべてによる身振りは、重い手押し車に加える力と方向を絶えず調整するような仕方で、進行中の活動を継続的に調整して合わせるために用いられているように見える（Genty et al. 2009）。この両者または参加している者すべてによって行われる刻一刻の調整と絡み合いを、バーバラ・キングは「ダイナミック・ダンス」と呼び（King 2004）、与えられた信号の単純な特質としてではなく、いかにコミュニケーションの意味が参加者たちによって交渉されたり協同で構築されたりするのかを描き出した。

身振りは遊びにおいて広く用いられ、したがって動物が遊ぶための自由な時間をより多くもち、逼迫した生物学的な必要がない動物園の環境で顕著に見られるため、生物学的に重要な状況における身振りの重要性を過小評価することになったのかもしれない。このことを劇的に示したのが、キャット・ホバイターである。彼女は、二個体のチンパンジーの大人雄のコンソートシップ作りに同行することができた（Hobaiter & Byrne 2012）。コンソートシップは、雄が雌に何日か一緒にいるよう強いたりなだめすかしたりする交尾戦略である。チンパンジーはいくつかの交尾戦略をもつが、コンソートシップは最も危険性が高く、しかしながら最も成功率が高い戦略である。危険性が高いというのは、ペアは通常他の雄たちによる妨害を避けるために中心から離れた場所へ行かなければならないが、そこでは、別のコミュニティの危険な雄集団に出くわすかもしれないからである。動物園における雄のチンパンジーの研究ではほとんど身振りをしないことが指摘されてきたが、ここではその様子は劇的に違っていた。ホバイターの全研究の中で記録された大人雄のすべての身振りの三分の二は、この二個体の雄のコンソートシップ中に見られたものだった。彼らが用いたほとんどの身振りは無声視覚的、またはもし音声を伴っても、かなり静かなものであった。これは理にかなっている。どんな大きな音声も、競合雄や別のコミュニティの雄の歓迎せざるべき注意を喚起し、ペアが暴力に巻き込まれる結果に直結するかもしれないからである。

## レパートリーの発達

ヒトの言葉は社会的背景の中で学習されるので、言語はしばしば文化的アイデンティティを最も強力に示す。大型類人猿の身振りにも文化的伝統があるのだろうか。最も単純な意味で、答えは明らかに否である。地域個体群が他個体群とまったく異なる身振りのレパートリーをもつという証拠はないし、特定の個体群に特有な多数の身振りがあるという方言に相当するようなものの証拠さえもない。もしそのような地域的な方言があるなら、個体群内よりも、個体群間により変異が見られるはずである。これがチンパンジー（Tomasello et al. 1994）、ボノボ（Pika 2007b）、ゴリラ（Genty et al. 2009; Pika 2007a）、オランウータン（Liebel et al. 2006）で調べられたが、すべての調査において、変異は個体群内も個体群間も同じだということで結果が一致している。したがって、類人猿の身振りのほとんどは、文化的に獲得されたのではないと確言できる。しかし興味深いことに、これらの研究のいくつかでは、ごく少数の身振りのみではあるが、集団独自の使用の文化的パターンを示すことが報告されている。ゴリラの身振りでは一〇二のタイプのうちの六つ（Genty et al. 2009）、ボノボの身振りでは二〇のタイプのうちの二つ（Pika 2007b）、そしてオランウータンの身振りにおいては二九タイプのうち少なくとも一つが報告されている。さらに、チンパンジーで文化的に獲得したと見なされる行動のいくつかは、コミュニケーションの身振りであった（Whiten et al. 1999）。環境的か遺伝的か説明するという「除去による」文化の同定は、第7章で見るように議論が残るところではあるが、コミュニケーションの身振りに関してはその困難は最も少なく、おそらく大型類人猿の身振りレパートリーには、文化の貢献はあるが、それは小さいことを受け入れなければならないだろう。

けれども全体としては、身振りの発達的起源について別の説明が探求されなければならない。チンパンジーの群れのレパートリーを異なる動物園で調べた初期の研究では、個体間、さらには同じ個体の異なる発達上の時期においても、大きな特異性（idiosyncrasy）が報告されている（Tomasello et al. 1985; Tomasello et al. 1989; Tomasello et al. 1994）。しかしながら、特異性が何を意味するのかが問題である。ここでは、ある身振りがたった数ヵ月の特定の研究期間に、ある個体によってのみ用いられたと記録されたことを意味する。これは日常的な言葉の感覚とはかなり異なる。特異的な身振りはある使用者に特有のもので、他の個体では決して見られないものでなければならないだろう。すでに述べたように、身振りは若い個体によってより多く用いられる。したがって、もし短期間の大人の観察で、その個体の幼少期に記された特別な身振りが記録されなくても、その身振りが忘れられたとか、レパートリーから消滅したとかを意味しない。

トマセロたちは彼らが発見した特異性を、身振りが個体学習により獲得されたことの証拠と解釈した（Tomasello et al. 1994; Tomasello & Call 1997）。具体的に言うと、各身振りは身体的に有効な動作として、社会的な状況において、言うならば個体Ａから個体Ｂへというようにして始まったのではないか、と提案した。それから、一連の相互作用の中で、Ｂは——Ａの事前の意図的動きや効果的に行った動作連鎖の最初の部分に基づいて——Ａが何を望んでいるのかを予想し始め、そして「早く」反応すると、トマセロたちは示唆した。次に、ＡはＢの予想に依存するようになって、そしてわざわざ意図的な動きをしたりその一連の動きの最初の部分だけをしたりするようになる。この時点では、Ａの動作はもはや身体的に有効なわけではないが、まさに一つの身振りとして儀式化されている。彼らはこの過程を、個体発生的儀式化（ontogenetic ritualization）と呼んだ。この考えは、フランス・プローイユの初期の示唆に基づいていた。彼は、野生のチンパンジーの母子相互作用を研究し、母親が幼児の意図をより早くとらえるようになるにつれて、幼児の行動が省略されていくことに気づいた。彼はそれを「慣例化（conventionalisation）」と呼んだ（Plooij 1984）。個体発生的儀式化による獲得は、いくつかの結果をもたらす。一つ目は、身振りとして学習した動作は、各個体で同じである必要はないということである。それら身振りの形は、発信者がその文脈において行った動作に関係する限り、恣意的であってよい。これが重要な点である。つまり、身振り使用における特異性を説明できる。もちろん、同じ動作が異なる個体によって一つの身振りに儀式化されることもありうる。二番目に、学習は特定の二者関係において一方向的である。一方の個体は、他方の個体から強化されることでそれぞれの身振りを学習する。そうなると、対話者が異なると、同じ目的を表す異なる身振りが学習されることになるかもしれない。三番目に、その身振りはまさにAにとってBに対して効果的であるのであって、BにとってAに対して有効に働くことを意味しない。そのためには逆の個体発生的儀式化の過程が起こる必要があるだろうが、たぶんそのようなことは起こらない。たとえ起きたとしても、Bにとっての身振りとして、異なる動作が儀式化される結果となるだろう。どのような「一方通行の身振り」の事例も、個体発生的儀式化による獲得を高度に示すだろう。しかしながら、二個体の類人猿が同じ目的のために、同じ意図的動きや、似たような一連の効果的動作を行うことはありうるが、実際問題として、一方通行の身振りが共通のものとなることは決して期待できない。

かつて効果のあった動きの儀式化による個体発生は、ゴリラで報告されている「アイコン（図像）的」

身振りを理解するのに特にふさわしいかもしれない。ジョアン・ターナーは、サンフランシスコ動物園のゴリラたちの長期にわたる研究において、いくつかの身振りが、他のゴリラが望む運動パターンの身体形態をもつことを見出した（Tanner & Byrne 1996. ボノボの身振りについて同様の主張がなされている Genty & Zuberbühler 2014 も参照）。たとえば性的遊びにおいて、ある雄が雌に向かって、彼の正面から彼の性器へと手をサッと動かす身振りを行った。それは、応じる雌がとるであろうと思われる軌道であった。これは、雌の未来の動き（雄がそうあってほしいと思っていたこと）のアイコン的な描写、または彼が彼女にそう動いてほしい場所を示すもののように見える。しかしその動きの軌道はまた、本物の雌の身体がないために生じた、雌をある位置へ移動させるために手を自分の性器の方へ強く打ちつける動きの軌道でもあり、雌との過去のやりとりから儀式化されて学習された可能性がある。同じ雄が、この身振りを、彼の生涯で集団構成が変わった異なる機会に三個体の異なる雌に対して用いた。そしてすべての雌たちは、明らかに彼の意味を理解した。そのことは、この仮説にとって致命的な証拠とはならない。一番最初の雌の行動が、彼女を性的な位置へ誘う身振りとしての雄のアイコン的な動きを一度強化すると、彼が同じアイコン的行動を後のパートナーにも繰り返すことは自然であろう。彼女の方も適切に反応し始めるようになるだろう。ターナー自身もそうであったようだと論じ（Tanner & Byrne 1999）、ゴリラは彼らが予期した、あるいは意図した動作を運動パターンへと「マップする」能力をもち、パートナーからそれを促進する適切な反応を得て、それが個体発生的儀式化によってコミュニケーション的な身振りへと発展したのであろうと指摘している。もしそうであるならば、動作のマッピングは大型類人猿に、真似行動——特に他者にしてもらいたい動作の真似——をする、限定的な能力を与えるだろう。アン・ルッソンは、不法に捕獲されたオランウータンが最終的に野生に戻ることを助けるリハビリテーションキャンプから得られた山のようにたくさんの観察資料を分析し、まさにそのような種類の真似行動を報告している（Russon & Andrews 2011）。それは、身振り以外のコミュニケーション努力が失敗した時に、たまに用いられた。たとえばルッソンは、若いオランウータンが葉っぱを摘み、彼女とアイコンタクトを保ちながら、それを使って自分の額の泥をぬぐい、それから顔をきれいにするのを手伝ってほしいと、その葉っぱを彼女に手渡したと述べている。

しかし概して、個体発生的儀式化は大型類人猿のレパートリーがどこに由来するかの理解に必要ではない。私にとって、この物語は、エミリー・ジェンティと私が二つのヨーロッパの動物園と北コンゴのべリ・バイで行ったゴリラ身振りの研究から始まる。われわれはかなり精密に違いを分類し、一〇二の異なる身振りタイプを区別した（Genty et al. 2009）。たった一つの研究場所を分析した時には、他の研究者が報告しているように、特定の個体に特異的であるように見える多数の身振りを発見した。しかし他の研究場所を加えるに従って、これらの「特異的」な身振りが何度も現れたのである。結局、すべての研究において特異な身振りとして残ったのは、一つだけであった。そして重要なことは、おそらくその身振りは、ヒト、つまり動物園の飼育員のうちの一人だけになされたものであった。多くの身振りがすべての研究場所で見られ、いずれの使用される頻度も、どれだけ多くの研究場所でそれが見られるのかを予測するものであった。つまり、それが見られなくても、実際にないというより単なる標本サイズの関数なのである。また、われわれが探した、「一方通行身振り」の痕跡は、唯一、飼育員がゴリラの身振りを返して使用しなかった場合を除いて、見つからなかった。身振り使用の非対称が見られた時は、いつも年齢や性別によるものであることが明らかだった。たとえば、赤ちゃんゴリラは母親に対して自分を抱き上げてという身振りをするが、その逆はない。

われわれは、ゴリラの身振りの大部分は種に特有なもので、生得的な能力の結果であり、儀式化や模倣によってその形を学習することなしに、種のすべての個体がそれぞれの身振りに対して同じ特有な動きを発達させると結論せざるをえない。トマセロたちは一貫して、いくつかの大型類人猿の身振りは種に特有で、その動物の単なる生物学的産物であると認め、ゴリラの胸たたきはその明らかな例であるとした。しかし彼らは、これらの生得的信号は固定された文脈において与えられ、意図性を示すどんな証拠もないと考えた。われわれはゴリラのレパートリーを、身振りの形から判断して意図的な動きに起源をもつとするのが合理的だと思われるものと、そうではなく、種に特有なものと見なせるものとに分けることを試みた。たとえばゴリラの胸たたきは、他の集団のライバル雄を退けるもので、もし彼らがメッセージを了解しなかったとしたら、攻撃したり噛んだり叩いたりするだろう。しかし、噛んだり叩いたりすることが儀式化によって胸たたきへと変わるという明らかな方法はない。そこでわれわれは、「儀式化されたと推定される」一連の身振りと、明らかに種に特有なセットとを比較したが、その間に違いはまったくなかった。どちらも、コミュニケーションの意図の明確なサイン ― 粘り強さ、反応待ち、特定の受け手に向けられていること、受け手の注意の状態に対する適切な使用、によって判断される ― とともに、いくつかの文脈にわたって柔軟に用いられた。一番明確に種に特有な身振りと思われるものが、最もたやすく「儀式化された」と見なされたものと同じくらい意図的に、かつ柔軟に使用された。われわれはほとんどすべてのゴリラの身振りが、それらを生みだす種の生得的な能力の結果であると結論づけた。文化的学習と同様、儀式化は獲得の可能な手段ではあるが、例外であって常態ではない。

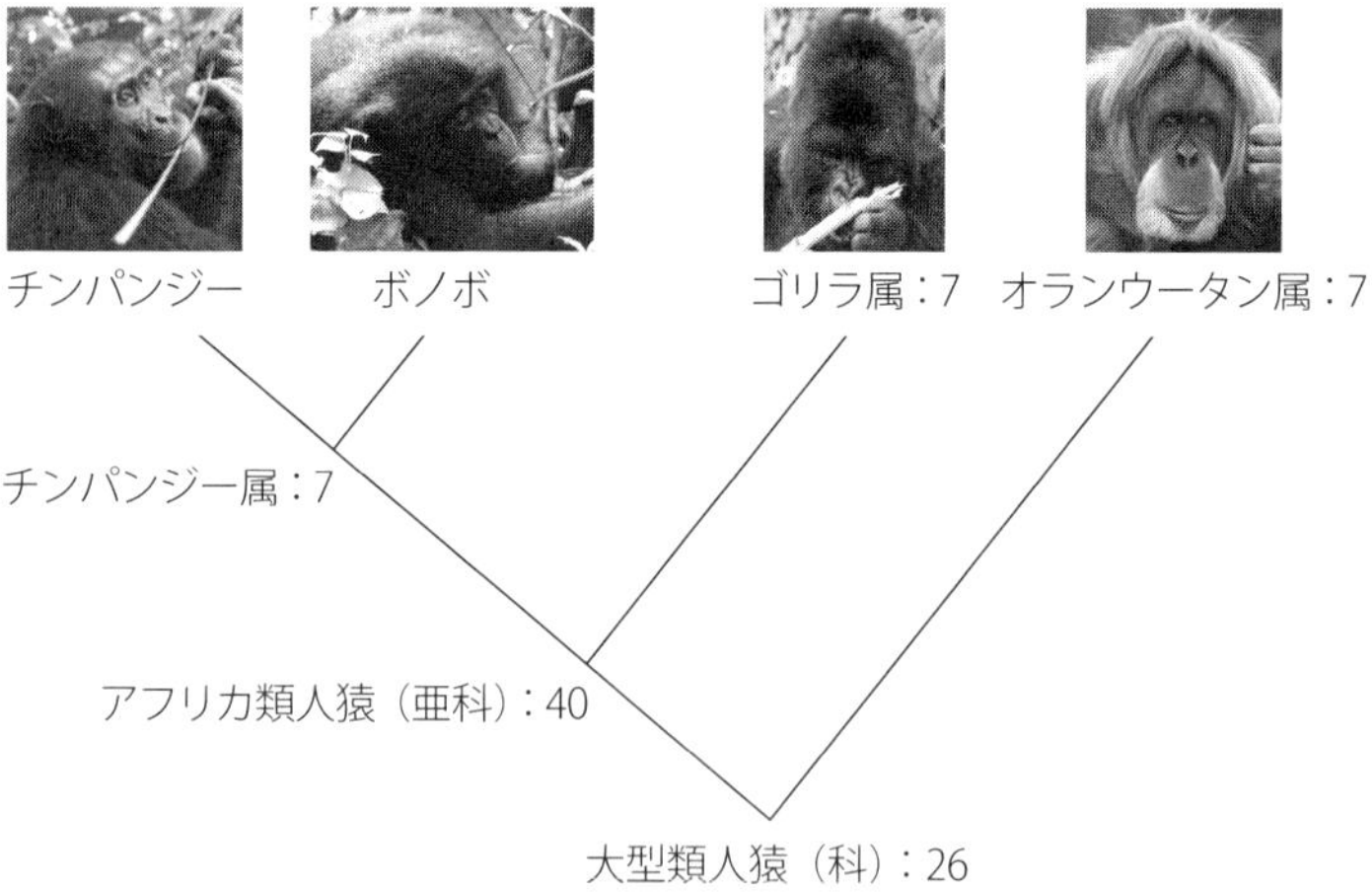


**図 4.1　現生の大型類人猿の種間に共有される身振り**

この図4・1はセント・アンドリュース大学研究グループ（エリカ・カートミル、エミリー・ジェンティ、キャサリン・ホバイター、リサ・オール、カースティ・グラハム、ジョアン・ターナーそして私自身の実証的研究に基づく）のデータのみによる、大型類人猿に共有されるレパートリーの証拠を要約したものである。そのため、これはまだ研究途上のものである。今までのところ、われわれが研究していない種の身振りについての他の研究者の事例についてもすでにわかっており、もしそれらも含めれば、共有の度合いはより大きくなるだろう。しかし、一つの調査グループのデータに分析を限定する利点は、各種が同一基準を用いて記述されていることを保証できるところにある。数字は現在の見解において明らかに各属に特有の身振りの数を示す（一番上の行）。下に図をたどってゆくと、チンパンジーとゴリラの間、そして最後にすべての大型類人猿間で共有される身振りの数を示す。もう一つの身振り（遊びを誘う「頭に物体を置く」身振り）は、ゴリラ属とオランウータン属のみで記録され、チンパンジー属には見られなかった。明らかにこれは、種の重複は共通の系統による遺伝に起因するという考えに反している。しかし、同じ行動がチンパンジー属の遊び行動で記録されている。大型類人猿レパートリーについてより多くの情報を得るにつれて、図の一番上の行の数字は減り、下の方の数字は増加するともちろん、ゴリラがほとんど完全に種の生得的な能力に依存した身振り体系をもっているというのは異例だ、ということもありえる。彼らはヒトとの近縁性がチンパンジーよりもほんのわずか遠く、より単純な社会構造の中で暮らしている。しかしキャット・ホバイターがウガンダのブドンゴにおいて野生チンパンジーの身振りレパートリーを記録した時、彼女は同じことを見出した（Hobaiter & Byrne 2011b）。彼女の研究過程のすべてにわたってそのレパートリーがどのように発達したのかを調べることにより、それが漸近線 ── さらなる観察を重ねても新しい身振りが加わらない状態 ── に近いことを確証した。漸近線にある時、ブドンゴで記録された一連の身振りは、他のチンパンジー生息地域でこれまでに報告されてきた身振りのほぼすべてを含んでいた。確かに、他の研究は身振りに特化したものではないが、身振りそのものは長期間研究された九つのすべての生息域で記録されていて、そのいくつかでは、個体に密着した観察が四〇年をこえている。さらに、ホバイターは、ブドンゴでは身振りの特異的使用をまったく見出していない。彼女が記録したすべての身振りが、少なくとも二個体以上によって用いられた。ゴリラ研究と同様に、彼女は儀式化の「明らかな」候補となる身振りと、明確に種特有の身振りとを比較し、ここでもまた、意図性、受け手に対する感受性、柔軟性に違いがないことを見出した。ゴリラと同じく、チンパンジーのレパートリーは、生得的能力に基盤を置く種に特有なものであるが、高い意図性と柔軟性をもって使われている。そしてゴリラのレパートリー同様、その数は大変多い。

これらのレパートリーは単に種に特有であるだけでなく、「［分類学上の］科に特有な」ものである。オ

思われる（チンパンジーとボノボは分離されていない。ボノボのデータは十分に分析されていないからである。もしそれを含めると、擬似的エラーを持ち込むことになったであろう）。

ランウータン属（*Pongo*）、ゴリラ属（*Gorilla*）、チンパンジー属（*Pan*）について、われわれ自身のものも含めて公表データを比較したところ、「ブドンゴチンパンジー」のレパートリーはゴリラのレパートリーの約八〇パーセント、そしてオランウータンのレパートリーの約八〇パーセントを含むことを見出した。他のどんな行動の分類とも同様に、分割や統合の最適レベルを決めるのは難しい。二つの研究集団が完全に一致することは絶対にない。セント・アンドリュース大学の研究グループのデータのみを用いると、最終集計でアフリカ属［チンパンジー属、ゴリラ属］で四〇の身振りが同じであった。そして、大型類人猿の三つの属［チンパンジー属、ゴリラ属、オランウータン属］において二六以上の身振りが共通すると証明された（図4−1参照）。これらの三つの属は少なくとも一二〇〇万年前（一五〇〇万年前という説もある）に共通祖先から分かれた。したがってわれわれは、現生の大型類人猿の祖先に何千年間にもわたって築きあげられた、とても古いレパートリーを見ているのである。もちろん、種間の身振りに違いはある。これらの大型類人猿たちは、いくつかのアイコン的身振りや真似において生じたように、遺伝的なレパートリーを儀式化、または模倣――それは文化的に学習されたように見える少数の身振りを説明すると思われる――によって増大させる能力をもっている。しかし、レパートリーのほとんどは、遺伝的な潜在力が、広範囲の環境にわたって事前に方向づけられた形に発達するように導くという意味で、生得的である。これはほとんどの動物にとって真実であるが、その多くはそれほど大きなレパートリーをもたない。ゴリラは七四のレパートリーをもち、二つのチンパンジー属は合わせて内容がわずかに異なる七四、そしてオランウータンについては、すべてのコミュニケーション状況を抽出できる自然状態においてはまだ研究されていないものの、三三が見出されている（Cartmill & Byrne 2010）。われわれが知る限り、ほとんどの動物が、コミュニケーションの意図を示す方法で身振りを用い、今のところ受け手がどれほど理解しているかを理解するというところまでは、コミュニケーションの見通しをもつ能力を示さない（フエチドリの例は、こういう否定への警告であろう。しかし、そのレパートリー内のどれとも無関係なある一つの技を示す種――一芸しかできない子馬――の場合に関しては、進化は何ら理解に頼らない特別な解決を作り出すことがいつでも可能なのである）。

## 意図された意味

ほとんどの動物の信号は、発信者からの意図性についての証拠がない。そこで、生物学者たちは尋ねる。信号の機能は何なのか。機能とは、行動が動物のダーウィン適応度［自然淘汰に対する個体の有利・不利の程度を表す尺度］を増加するよう、どう働くかの簡潔な言い方である。たとえば、ズアオアトリが囀る時、歌の機能は独身の雌を引きつけることであり（歌声の主とペアになることを選択し、つがいになり、協同で巣作りし、幼鳥を育てるだろう）、そしてライバル雄を思いとどまらせる（自分のテリトリーを侵すなら戦う意志を告知する）ことである。ズアオアトリの適応度を増加させるためにこれらの傾向がどのように働くのかは明確だが、トリ自身にこの論理が理解されていると考える理由はない。同時に、テリトリーを支配した時の歌の（聴き手にとっての）「意味」についておおまかに語っても、ライバル雄がその意味を推論しそこを離れたのか、単に歌を聴いて退いたのかは無関係である。

大型類人猿の身振りは、選択された対象の受け手に影響を与えるため意図的に行われるので、別の質問をするのがふさわしい。その身振りは何を意味するのか。つまり、身振りをする者自身が、どんな効果を意図しているのだろうか。不思議なことに、これまで組織的にその意味を調べた研究はほとんど発表されていない。非公式に尋ねられれば、長期に身振りを研究してきた何人かは、それぞれの異なる身振りによって何を実現しようとしたのかを類人猿は理解している、と確信している。本や論文にそんな注解を付けている者さえいる。しかし、われわれは実際には支持されないのに、動物の信号に豊かな意味を読みがちであることに警戒しなければならない。一般的に思われているのとは反対に、われわれはとりわけて動物の形態にバイアスを受けるわけではない（「擬人化」）。ボブ・ミッチェルは、学生の実験参加者に動物について同じ物語（ただし登場する種は、ヒトの子ども、ウサギ、カワウソ、ラット、チンパンジーに変えた）を読ませ、これを実証的にテストした（Mitchell & Hamm 1997）。彼は、人々の精神的な状態の帰属――行為者を「親切」「罪深い」「賢い」「気の毒」と呼ぶ――は、種によって有意に変わらないことを示した。しかしわれわれは、ヒトの行動を思い起こさせることを動物がする時には、どんなことにも人間らしい特性を付与する傾向がある。

この大いに人間らしい特性を警戒するためには、意図された意味の操作的見解をとることが無難である。身振りの意図された意味は、対象となった受け手の反応が発信者を満足させるかを見ることで見極められる。エミリー・ジェンティと私は、このアプローチをゴリラに適用し、類人猿の身振りが何を意味するのかの最初の研究を行った（Genty et al. 2009）。身振りに偶然気づいた他のすべての個体の反応は発信者の意図とは関係がないので、このアプローチは対象となった受け手を見分けることを要求する。幸運なことに、類人猿の身振りの意図された対象となった個体は、容易に確認できることが多い。おそらく望んだであろう反応を対象となった受け手がした時に発信者が身振りをやめたら、発信者は満足したと判断した（もし対象となった受け手が発信者を攻撃したら、その時も身振りをやめるだろうが、そのような反応を得ることは決してないだろうと仮定した）。さらに幸運なことに、類人猿は反応を得るまでしばしば身振りを続けることが多く、それゆえ分析するための大量の相互作用を得ることができた。もし対象となった受け手が検出できるような方法で反応しなかった場合は、発信者が満足しているように見えたとしても、相互作用について何も言えない。もちろんそれは、子どもに「それって魚だ」と言う時のように、身振りに叙述的な意味を検出してしまうかもしれないことを意味する。このアプローチの一つの弱点である。

結果はきわめて驚くべきものだった。われわれが期待したように、満足した結果のパターンは各身振りによって典型的に異なっていたが、ほとんどのゴリラの身振りは「多機能」であるように見え、発信者はいくつかの異なるタイプの結果に満足した。また、これらの結果は身振りの間でかなり重複していた。ゴリラたちは、彼らの身振りの在庫に多数の異なる身振りをもっているにもかかわらず、かなり少数の種類の結果を達成しようと試みていたように思える。エリカ・カートミルはこのアプローチをオランウータンにまで広げ、いくつかの異なる動物園でオランウータンの身振りコミュニケーション研究を行った（Cartmill & Byrne 2010）。構造的な基礎により六四の身振りが確認され、そのうちの四〇の身振りで、意図的な意味を決定づけるのに十分な証拠を得た。ここでもまた、ほとんどすべての身振りが一つ以上の目的をもって使用されており、そしてゴリラの時と同様に、身振りがなされる一連の目的は、身振りの範囲よりもずっと狭かった。たとえば、親和的な相互作用（遊ぶ、接触する、または毛づくろいする）を始めるため、何か物を要求するため、その物を共有したりそれへの注意を共有したりするため、または一緒に移動することを提案するためなどである。さらに、「負の」結果をもたらすものとしては、パートナーを戻らせようとする、行為をやめさせようとする二つの身振りがあった。ゴリラとオランウータンの両方の研究において、遊び的な身振りと本気の身振り使用が一緒に分析されたが、遊び的な文脈が他のいずれにも勝っていた。

一つ問題がある。動物園では食物が限られておらず、捕食者はいない、天候は多少ともコントロールされていて、つがいになるかどうかでさえ飼育員によって介入される。そこの住民にとって、遊びが身振りコミュニケーションで優位な状況になっても驚くことではない。そしてまさに遊びの本質によって、遊びにおいて得られる信号はそれらの本当の意味では使用されない。もちろんそれが遊びの本質であり、多くの動物のように大型類人猿ははっきりした「プレイフェイス」をもっている。それは、誇示行動とコミュニケーション信号がもっている通常の意味を、とりあえず脇に置いておくことができるということを示している。しかし、もしそれらの身振りが何を意味するのか理解したいのであれば、遊び的な身振り使用と本気の身振り使用とを区別することが重要である。つまり、遊び的と本気の身振り使用は、分析する際に混同されるべきではない。もし混同されたなら、身振りの本当の意味を不明瞭にする危険性がある（そしてまた、すでに指摘した、身振りコミュニケーションがほとんど遊びに関わるという印象は間違っている）。

大型類人猿が何を達成するために身振りを使用するのかについてのよりよい考えは、野外におけるチンパンジーの身振りを大規模に集めた研究によって与えられる。キャット・ホバイターと私は、遊びのデータを分離して分析することにより、先述の問題を避けることができた。対象となった受け手による反応が明らかに発信者を満足させた場合を、明らかな満足結果（ＡＳＯ：Apparently Satisfactory Outcome）として定義づけ、チンパンジーのコミュニケーションにおいて一九のASOを確認した。ASOの大多数は相互作用を始めることを促進したが、オランウータンのデータでは、二つが以降の相互作用を止めさせるものだった（遠くへ逃げる、やめる）。一〇個を除くすべての身振りが一つ以上のASOのために使用されたが、ほとんどの場合（六六の身振りのうち五七）、これらの意味のうちの一つは遊びに関連していた。遊び行動を脇に置くと、ほとんどの身振りが一つか二つのASOとのみ対応していた。そしてしばしば「異なる」ASOが実際にはかなり似ていた（たとえば接触する、近づく、一緒に移動するなど）。このように、ASOのローデータの計数は、身振りがどのように解釈されるべきかに関する実際の曖昧さを強調するものである。身振りの三分の二が、その時間の半分以上を単一の望ましい結果に向けて用いていた。重要なことは、身振りの意味は、それを引き起こすASOのパターンという意味では、発信者間で異ならないことである。身振りの意味は個体群全体にわたるものであり、特定の派閥や家族に限られた私的なものではない。この結果の最も簡単な説明は、身振りの形同様、身振りの意味は、種に特有なものであるということである。その種のすべてのメンバーがある程度認知して理解し、そしてその逆も言える、広い範囲の身振りを生みだす能力が、若い類人猿には遺伝的に備わっている。

特別な意味がどのように信号化されるのかに関して、他の面から見てみよう。意図された意味が単一の身振りで信号化されるか、あるいは明らかに同等の意味をもつ複数の身振りのタイプで信号化されるかについて、われわれはかなりの多様性があることを見出した。意味の「冗長性」の度合いは、意味自体の潜在的あいまいさと共変動するように見えた。これはある程度、こうした状況を解明する助けになるだろう。典型的に単発身振りによって伝達される意味は、しばしばよく定義されており、一意的である。たとえば、毛づくろいを開始するなどである（大きく派手にひっかくようにする）。対照的に、いくつかの異なる身振りによって伝達できる意図的な意味は、望まれる結果がしばしば交渉や説得を必要とするものである。たとえば、親和的な接触の要求（いくつかの身振りが用いられる ― 抱擁する、尻つけ、握手、噛む）は、常に適切であるような一つの反応の形をもつわけではない。確かに、発信者が身振りをすることによって正確に何を欲しているのかは、しばしば、さらに相互作用や交渉を経てやっと明確になる。個体の社会的関係の微妙な調整は、チンパンジーの繁殖戦略の重要な部分であり、両性の関係のある、または関係のなかった個体との強固な同盟が形成される。これらの関係は交配の成功に強い影響を与え、個体の適応度に貢献する。社会的交渉に含まれる意味に対して複数の身振りを当てられることは、特に微妙な区別を可能にし、結果を目指した交渉を巧みに進める余地をもたらす。興味深いことに、遊びにおいて用いられる身振りのほとんどは、相手に断りを入れるタイプである。単純でよく定義された意味の身振りは、遊びにおいてはあまり用いられるようには見えない。遊びは、社会的で繊細なコミュニケーションを探究するために用いられるようだ。身振りの意味が基本的には種に特有であっても、若い類人猿は、特別な社会的文脈において身振りを使う適切性について多くを学習しなければならないだろう。

## 連続した身振りの使用

大型類人猿は、しばしば同じ受け手に対して一つの連続した身振りを行う。これはヒトが言葉でしているのと同じように、彼らが新しい、もしくは複合されたメッセージを作り出すために、意味ある方法で身振りを結合することを示しているのだろうか。チンパンジーとゴリラの両方でこの問いが研究されてきたが、どちらの種においても答えは否であった。代わりに、連続した身振りは二つの異なる効果の結果であり、どちらも、意図されたメッセージの受け手による理解を増加させることを目的としている。受け手の反応待ちによる比較的長い中断によって分離されたひとしきりの身振りは、最初の失敗に直面して粘り強く継続した結果であるように見える（Liebal et al. 2004a）。小休止の後の最初の身振りは、大多数が、直前にしたものと同じである（Hobaiter & Byrne 2011a）。そしてその休止は、目的が達成されたかどうかの査定を可能にする。ヒトの観察者はそれらを連続した身振りとして扱ったかもしれないが、大型類人猿自身にとっては、それらは同じ目標に向けた、別々の（失敗した）試みであったのだ。

他の機会には、類人猿がその結果を査定できる休止なしに身振りがなされた。これらのやつぎばやの「連鎖」の構成は異なっていた。同じ身振りの反復というよりも、彼らはそれらを構成する身振りに、高い変動性を示した（Hobaiter & Byrne 2011a）。身振り連鎖は若い類人猿でより多く行われるが、連鎖の使用が成功裡の結果を得る機会を増加させるわけではない。成功は、どの年齢層においても、単発身振りから得られるように見える。年長の動物たちはこの成功をより容易に得ており、それは彼らが大きくてより力があるということだけが理由なのではない。むしろ、用いる「正しい」身振りを選ぶ傾向があることに故がある。これらの「正しい」身振りは、若者であっても用いられればまさに効率がよいが、若い個体ではそれらをあまり選択しない傾向があるのだ。

何が起こっているのだろうか。若い類人猿が、多数の異なる身振りを行う潜在能力を生物学的に備えていることを、思い出してほしい。いくつかの身振りの意味は重複していて、そのため、いくつかの異なる身振りを同じ目的で用いうる。われわれが思うに、類人猿が身振り連鎖を用いる時――大部分は若者だが――、そこで起こっているのは自己発見の問題である。ある意味に対するすべての身振り的「同義語」が、等しく有効というわけではないだろう。実際、いくつかの単発身振りが、他のものよりも有効であることをすでに指摘した。しかし、どれが有効な単発身振りなのだろうか。若い類人猿は知らないだろう。若い類人猿がやつぎばやの身振り連鎖を使用するのは、それらの身振りのうちの、少なくとも一つが結果を得るようにするために見える。成長するにしたがって、どの身振りを用いたらよいのかがわかるようになってゆき、そうして身振り連鎖のすべてをしなくてすむようになる。おそらく、彼らが最初にひとまとめにして行った身振り連鎖への反応に気づくことから、相対的効果を学習するのであろう。大人になるまでに、身振り連鎖はより少なく用いられるようになる。しかし、雌を集団の他のメンバーから離れて彼に一緒についてくるよう誘う雄のチンパンジーにとっての難事［コンソート］のように、特別に扱いにくい問題に対しては、再び身振り連鎖が用いられる（Hobaiter & Byrne 2011a）。

この発達的理論はまた、多数の研究において指摘されている。大人で記録されている実際に使用される行動レパートリーが、若い個体のそれよりもずっと少なく、しかし若い個体は幼体より多いという事実をも説明する。発達過程にある類人猿は、まず自身の（潜在的な）レパートリーを探索し、活発にどんどん多数の身振りを連鎖的に用いる。どの単発身振りが最適に働くかわからないからである。最終的にその追加の知識を獲得するにしたがって、身振り連鎖の使用は減少してゆき、多くの身振りがまったく使われなくなり、そのため大人のレパートリーは乏しいように見える。しかし彼らは、以前用いていた身振りを忘れてしまい、今では捨ててしまったのだろうか。「身振り模倣」の研究によれば、そうではない。

## 身振り模倣

観察による新しい技能の学習に関しては、第11章で見るように、大型類人猿の能力は明らかに制限されている。しかしある特別なタイプの実験で、注目すべき学習能力が報告された。これは身振り模倣と呼ばれていて、類人猿はヒトの実演者による行動をコピーするように要求された。その動作は、ヒトと類人猿のどちらにとっても、通常のコミュニケーションの身振りや［報酬を得るなどの］道具的手続きにない行動であった。そして類人猿にとっては新奇な動きのパターンであるよう、意図的に選択されていた。

最初の実験は家庭で飼育されたチンパンジーで行われたが、デビー・カスタンスは、動物園において何個体かのチンパンジーでその結果を追試した際に、より精密な方法を開発した（Custance et al. 1995）。実験参加チンパンジーは、まず「これをやって」という指令を、食物報酬を用いた一連の行動訓練によって教えられた。その後カスタンスは、同じ指令と対提示して新奇な複数の行動を導入し、チンパンジーがしたことをビデオ録画した。先入知識のない採点者がその録画を見て、チンパンジーが各試行で実際に見た動作がどれであったのかを見つけ出した。採点者はもとの新奇なデモンストレーションを「知らない」のに、容易に正しい行動を見極めることができた。しかしカスタンスは、チンパンジーのコピーがデモンストレーションと一致したものの、それらがしばしばより不十分な一致であることに気づいた。たとえば、両手で両耳を覆う行動が、片手のみで覆われた模倣になった。とてもよく似た結果が、大型類人猿の他の二つの属でも見られた。一つは家庭飼育のオランウータン（Call 2001）、もう一つは動物園飼育下のゴリラで（Byrne & Tanner 2006）、おそらくは動物園での退屈しのぎに、報酬なしで自発的に行動を模倣したのだろう。どちらの場合も、先入知識のないヒトの採点者による盲検スコアリングによって確かめられ、模倣はデモンストレーション動作と明白な関係をもっていた。だがそれらは、デモンストレーションとピッタリ一致したわけではなかった。

これらのデータは通常、大型類人猿が任意に新奇な動作を模倣できる証拠として解釈されているが、別の可能性もある。類人猿は生物学的に自然に備えられた幅広い身振りのレパートリーをもっており、そのデモンストレーションは、すでにレパートリーの中にある身振りを促進させた、もしくはその呼び水になっただけなのかもしれない。大人になるまでに、類人猿の潜在的な身振りレパートリーの多数またはほとんどが通常使用されなくなり、比較的少数の効果的な一連の身振りが活動的なレパートリーとして好まれることを思い出してほしい。研究者たちは、彼らが計画した「新奇な」動作が確かにすでに対象個体のレパートリーにないことをチェックした時、こうした活動的レパートリーにあるものを除外しただけで、ずっと大きな活性的でない潜在のレパートリーを考慮しなかったと思われる。この推測は、なぜ「コピー」がしばしばそれほど正確でなかったのかを説明できるだろう。なぜなら、それらは新奇な動作のコピーではなく、近年は使用されていなかったが、実験者によってなされるのを見たことで促進されて引き出された、対象個体の身振りだったからである。

これは、おそらくありうることである。だが、どのように確かめたらよいのだろうか。何年もの徹底した観察を基盤にして、対象個体のほとんど完璧なレパートリーを手に入れることによってのみ、この考えは検証されうる。注目すべきことに、一個体に対してまさにそれが行われている。ゴリラのズーラは、ジョアン・ターナーによる一一年にわたる身振り研究の対象のうちの一個体で、自発的にヒトの動作を「模倣した」個体であった。ズーラの身振りレパートリーは、すべての実験期間にわたってビデオに録画された。そこで確認するために、その一個体のゴリラについての長期間の膨大なデータベースの掘り下げた調査に乗り出した（Byrne & Tanner 2006）。そして、すべてのデモンストレーションされた身振りは、このゴリラの群れとの経験を基盤にして、ターナー自身によってズーラにとって「新奇」なものとして特別に選択されていたにもかかわらず、それらのすべてが、以前にズーラの身振りとして用いられていたことが見出された。証拠は、古いデータのファイルに潜んでいたのだった！

正確に言えば、ズーラはずっと昔に自発的に行った身振りを、デモンストレーションに反応して生みだしたのであり、新しいコピーではなかったのである。これは、ズーラがなぜいくつかのデモンストレーションで正確に合致させることに失敗し、細かい部分で異なっていたのかを説明する。したがって、非常に広いレパートリーにおける滅多に使用しないアイテムの呼び起こしが、身振り模倣を示したすべての大型類人猿の行動を説明すると思われる。彼らの行動は、見せられたものから作り上げられたというよりも、デモンストレーションを見ることによって「選択された」のである。そしてそのことは、類人猿が成長過程の間に探索し放棄した身振りは、消失したのではなく、不活動の身振りレパートリー内に残っていることを示している。おそらくは、類人猿は身振りの意味に気づき、もし身振りが他個体によって用いられたら、自らはもはやそれを用いていなくても、それらを認識するのであろう。

## まとめ

類人猿の身振りについて発見すべきさらに多くのことがあるのは疑いもないが、現在われわれが知っていることが描き出す図式は困惑させられるものである。類人猿は特定の受け手に影響を与えるために、身振りを意図的かつ自発的に行い、受け手の注意の方向を明確に認識し、どの身振りを使用するかの選択においてそれを考慮する。これらはヒト以外のどんな種の動物が示してきたよりも、コミュニケーション過程への深い洞察を示す。やつぎばやに与えられる身振り連鎖は若い類人猿の遊びにおいて顕著であり、絶えず変化する関係を継続的に調整し、それに適合することができる。それはちょうど、重い手押し車を押す時に力を変化させ続けるのと似ている。とても親密なパートナーとの間で意味を「交渉する」機会は、彼らだけに通用する微妙な解釈という結果に終わるかもしれない。しかしながら身振りはまた、野生チンパンジーの危険を伴う配偶者行動のような、進化的に重大な状況においても用いられる。発信者が身振りを用いることによって伝えようと意図する意味は、ヒトの言葉と比較すると、比較的少なく単純である。レパートリーのサイズの大きさと、それが符号化する意味の数の対照的な小ささのため、類人猿の身振りは意味的に非常に重複しており、冗長である。

おそらく最も驚くべきは、身振りの個体発生過程である。時に類人猿は疑いなく、決まった二者関係での相互の条件づけ ―― 個体発生的儀式化と呼ばれる ―― によって、身振りレパートリーに特異的な動作パターンを加えることがある。しかし、これはかつて考えられていたよりも明らかに希であり、野外の

（チンパンジーの）身振り研究においては、まったく何の証拠もなかった。疑いなく、時には特定の社会集団に独特な身振り使用の地域的な伝統が発展しうるが、これもまた比較的希であるように思われる。類人猿レパートリーにおける身振りの大多数は――そしてそれは、他のほとんどのヒト以外の動物と比較してとても多いが――特定の身振り形態を発展させ、それを特定の、制限された範囲の目的のために使う潜在力が種の生物学的遺伝の一部分であるという意味において、生得的である。それは、適切な発達環境があれば、種のすべてのメンバーから引き出されるだろう。若い個体は、どの身振りが目的のために最も効果的かの明確な確信がもてないので、同義のいくつかの身振りを用い、そのためやつぎばやの身振り連鎖を生みだす。経験を積むにつれ、だんだん最も効果的な単発身振りを選びとるようになり、「散弾銃」式の身振り連鎖戦術の使用を減らす。その結果、大人は若い個体よりも、はるかに少ない身振りを用いることになる。大人のレパートリー獲得の過程は、まず生得的に種に備わっている膨大な数の身振りを探索する過程である。それから、ずっと少ない、最終的な（現役の）レパートリーへと次第に制限されてゆく。大人は、身振りの全体の、今は隠れているレパートリーを忘れてはいない。もし状況が変われば、この潜伏レパートリーがもう一度表れ出ることが可能なのである。身振りの模倣が実験的になされると、この膨大な潜伏レパートリーから身振りが引き出される、あるいは促進される。なぜなら「模倣」は実際、個体自身のレパートリーの一部だからであり、デモンストレーションとの一致はしばしば完全ではない。

まだ解かれていない問題が残されている。家庭で育てられた類人猿の「類人猿言語」研究に最も明らかに示されるように、大型類人猿は新奇な手の身振りを学習できることをわれわれは知っている。ではなぜ、彼らは日常の身振りコミュニケーションでは、それらを学習しないのだろうか。

大型類人猿は身振りレパートリーを新しい表現で増強する主旨を理解しないということはありうる。もしこれが正しいなら、これらの種がわれわれと同じ仕方でコミュニケーションを理解しているか、という問いが持ち上がる。もっと寛容に見るなら、大型類人猿の生得的なレパートリーはとても広いので、コミュニケートするのにさらに何か必要だというところに決して至らないということもありうる。どちらにせよ、想像力の欠如を示唆している。多くの幼児教育者に知られた状況との類似を指摘できるだろう。二人の子どもが読み書きを学習している。一人の子は賢いがやや失読症があり、この過程の手順を習得するのに困難があったが、達成可能な読み書きを本当に楽しんでいる。もう一人はすぐに技術を学習したが、想像力が欠如しているため、書くことはおろか読むことの意味がわからない。おそらく大型類人猿は、コミュニケーションするために身振りを使用することが特段に阻止されているというより、想像力に一般的な限界をもつのであろう。

それでもやはり、特にこのような否定的な結論をする時には、これまで発見しえたことには実際的な限界があることを思い起こさなくてはならない。すべての野生動物のコミュニケーションの研究は、ヒトが彼らのシステム上の完全な一部分とはなりえないという論理的な困難によって、限界がある。音声の場合は、再生実験は仲間や捕食者の信号をシミュレートでき、有効である。しかし、実験者の関わりが通常視野にない発信者から得られる情報に限定される一方で、多くの動物の音声コミュニケーションは短い範囲にある。身振りに関しては、部分的にでさえ、ヒトが「システムの一部になる」可能性はない。ヒトが類人猿のコミュニケーション的信号を模倣したり、それらをビデオで示したりすることが、自然の対話者として受け入れられるという兆候はない。

しかしながら、社会的コミュニケーションの重要な側面は、より綿密に研究されうる。つまり、どのように動物個体が他個体を理解しているのか、という側面である。他個体についての情報は、彼らの注意をたどることや、彼らの過去の行動や相互作用を思い出すこと、他の状況からの情報を使用すること、未来に起こるであろう動作を推論することにより、得られるだろう。続く諸章では、動物たちがこれらのすべての情報源から何を得ることができるのかについての証拠を調べることにしよう。

# 第5章
# 他者の理解
## 他者が見るもの、知っていることへの反応

ヒトでは、他者の視線（eye-gaze）に気づくことが、他者が何を考え、何をしようとしているのかを理解する中核をなしている。この、情報を得て用いることが、心の理論をもつことと密接に関わっている。幼児が初期から視線追従能力を示すことから、四〜五歳で心の理論の能力をもつと推測される（Brooks & Meltzoff 2015）。だが視線追従は、われわれがほとんど自動的にしてしまうものである。もし誰かが空を熱心に凝視し始めたことに気づいたら、上を見ないではいられない。これは他人をからかう時に用いられる、よくあるジョークである。この種の自動性は、視線追従がわれわれの認知の「原始的な」側面であるかもしれないことを示唆する。つまり、われわれ自身の種よりずっと昔において進化し、その有用性ゆえに保持されてきたということである。現生人類として、われわれはかなりの程度視線をコントロールできるし、他者の意図的な視線の意味について論じることもできる。しかし、視線追従の基本的なメカニズムは、こうした「トップダウン」機構が存在しなかった、われわれの祖先の時代に由来すると思われる。

もう一つこのことを示唆するのは、われわれの両眼が視線追従されるようにデザインされていると思われることである。白い強膜［眼の中の白眼の部分］は、目の方向と頭の方向のくいちがいを容易に見分けられるようにしている。大型類人猿の中のわれわれに最も近縁な種は、典型的に茶色の強膜と濃い茶色の虹彩をもつ（Kobayashi & Kohshima 1997）。そのため視線が頭の方向と逸れた時、視線を追従することがより難しい。われわれがこの派生的な形態学的特徴を有するという事実は、意図についての情報をほとんど明かしてしまうということであり、進化的見方からすると奇妙である。自然淘汰は個体に相対的に有利であるように働き、それは、意図を隠蔽するというような、他者を操作するための適応であると容易に説明できる（Dawkins & Krebs 1978; Krebs & Dawkins 1984）。われわれの白い強膜は、潜在的に自己を犠牲にして他者を益する。それは、血縁への強い利益のために進化したことを示唆する。つまり、正確に視線を解釈することの利益が、競争相手へ情報を明かすことで生じる避けられない損失に、勝るのである。ヒト系統における視線使用の進化的な歴史に肉づけするため、ヒト以外の近縁種、特によく研究されている霊長類種からの証拠を用いることができる。

## 動物による視線追従

ヒトだけでなく他の動物種もまた、視線追従が可能でありその傾向があることを、たくさんの実験が示してきた。しばしば研究者自身がテスト刺激となってきたが、その手続きは考えうる困難と考えうるバイアスを持ち込んだ。ヒト以外の種は、ヒトの視線では失敗しても、同種他個体の視線を追従できるかもしれない。そして、自然状態下の視線追従能力をヒトの視線に移行することの難しさは、その種がわれわれにどの程度似ているかに依存しているようであり、最近縁種を高く評価してしまうバイアスを生みやすい。霊長類からのデータは、これらの懸念が現実であることを示している。

研究者が実験参加個体に、頭の方向とは異なるヒトの視線を追従するように要求した場合、霊長類における結果は概して否定的だった（たとえば Povinelli & Eddy 1996）。対照的に、頭の方向でヒトの視線方向を追従する実験では、大型類人猿は首尾一貫して視線を追従できることを示した（Tomasello et al. 1999）。サル類の結果はずっと一貫性に欠け、キツネザルのような原猿（*Strepsirrhines*）では、一貫して失敗が報告されている。一方で、研究者が［視線呈示者として］同種他個体を用いるようにした時には、写真の静止画像を提示された場合でさえ、真猿のサル類とキツネザルは容易に視線追従ができた（Ruiz et al. 2009; Tomasello et al. 1998）（キツネザルでの発見は、観察から得られた証拠を裏づけた。つまり、社会的相互作用の中で、キツネザルは他者の視線方向に追従する顕著な傾向を示す。Shepherd & Platt 2008）。そのため、種に公平な妥当な視線追従の定義 ――「同種他個体の頭が向いている方向を追従する」というような ―― を するならば、すべての霊長類がその能力を有すると言える。これは、視線追従が少なくとも現生の霊長類の共有祖先の時代、つまり約六〇〇〇万年前にさかのぼることを示すが、しかし、さらにさかのぼるかもしれない可能性がある。これに答えるためには、霊長類以外の動物種が視線を追従できるかどうかを問う必要がある。

わかりやすい候補の一つは、イヌである。いくつかの品種では「ポインティング」［指し示すこと、たとえばポインターは獲物の位置をヒトに知らせる鳥猟犬である」のために選択交配されてきたので、イヌが視線追従をもできるかどうかは、長い間飼い主たちの興味をそそってきた。多数の研究が認めるところは、イヌはヒトの視線を頭の回転で示されるなら追従できるが、視線が頭の方向と合致しない時には追従できない（Reid 2009 参照）。この点でイヌは、大型類人猿と同様ということである。しかし、イヌはわれわれと少なくとも一万四〇〇〇年（Clutton-Brock 1995）かそれ以上もの間生活を共にしてきたので、彼らのこの能力は人工的に選別されてきたのかもしれない。あるいは、単にヒトとの共生というニッチ（生態的地位）を利用する適応として、進化しただけなのかもしれない。イヌはオオカミの子孫である。オオカミはヒトの視線を追従できるのだろうか。いくつかの研究が、ヒトの飼育期間が異なるオオカミを用いて（生まれた時からヒトと暮らしているペットのイヌとの比較で、オオカミに公平であるように）行われたが、イヌならば簡単にできるヒトのポインティング身振りに追従することでさえまったく異なる結果であった（Udell et al. 2008; Viranyi et al. 2008）。オオカミが視線だけで追従できるという強い証拠は見つからなかった。他方ヤギは、同種他個体の視線を追従できたが、ヒトの視線追従はできなかった（Kaminski et al. 2005）。

いずれにせよ、オオカミやヤギよりもヒトに遠縁のいくつかの種が、視線追従できることが知られている。鳥類である。多数のトリは長い嘴をもち、そのため多くの哺乳類のようなほぼ球形の頭をもつ種よりも、頭の方向を追跡する技術的な難しさは、ずっと少ない。ほとんどのトリは、頭部内でごくわずかしか眼を動かせないので、嘴の方向が視覚的注意のとりわけ正確な指標となる。たとえば、ホオアカトキは長くて下に曲がった嘴をもち、模型のトキの「視線」の追従に長けていることが証明された（Loretto et al. 2010）。視線に追従できることは、おそらくトキのように社会的なトリが効率的に採食するために役立つのではあろうが、他の場面においても、役立ちうる。アメリカカケスは、後で回収するよう余った食物を安全に貯食するためにプライバシーを頼りにしていて、他個体に見られたか否かに対応していることがわかった（Dally et al. 2005）。この研究はアメリカカケスが視線方向を追従できることを示してはいないが、見られている時により遠い場所や薄暗い場所を貯食に用いることから、視線の特性をある程度理解していることが示唆される。砂州に群棲の巣を作るハチクイ科のトリは、もし捕食者が近くにいるならば、巣穴に入るのを避ける。ミリンド・ワトベたちは、小さなハチクイ科のミドリハチクイ（*Merops orientalis*）の行動を詳しく調べ、捕食者が巣穴を見ることができる状況で、捕食者が単に視界にいるだけかトリそのものを見ている場合よりも、彼らの頭が巣の方向に向いているかどうかによって明確に反応することを示した（Watve et al. 2002）。

トリと哺乳類が祖先を最後に共有したのは三億年前なので、視線追従は遠い昔に進化したのだろう。陸ガメによる視線追従の発見は、この仮説を支持する（Wilkinson et al. 2010）。視線追従はいくつかの利益をもたらす。社会的採食をする場合に、他個体が見つけた食物に注意を引きつけることができる。同じ場所の競争相手に食物を奪われるリスクを、仲間の個体に警告することができる。また時には、自身に視線を向けている捕食者からの攻撃という、より大きなリスクを警告することもできる。これは、これらの種がこの機能を、われわれと同じ方法で実際に理解していることを意味するわけではない。視線追従は、多数の動物において生得的で自動的なようである。それはヒトも同じであり、混み合った歩道で立ち止まって上を見始めると、いかに簡単に大混乱を起こせるか、ということからもわかるだろう。しかし進化した形質と、その能力をもつ動物がそれを理解しているかどうかとは、何の関係もない。その如何にかかわらず、視線を追従する動物の注意は、世界の中の有用な情報に引きつけられる。洞察の進化をもう少し深く探究するために、この情報がどのように用いられるのかを問わねばならない。

## 視線の使用

もし視線追従の能力がある種の中で進化してきたのならば、それは明らかに、それが利用可能にした情報に適切に反応する能力を、種のメンバーに与えたからである。つまりその能力は、どこで食物を探すか、食物を競合しそうな他の個体、あるいは捕食者による突然のリスク、といったことに注意を向ける能力である。不思議なことに、安定して視線追従を示す種においてでさえも、視線からの情報の使用を研究するために特別に組み立てられた実験では、しばしば否定的な結果が得られてきた。たとえば、動物にいくつかの箱のうちの一つの中にある食物を見つける課題を呈示し、「ヒント」が与えられた。つまり研究者が、正答の箱に身体を向けて、じっと見たのである。サル類と、チンパンジーでさえ、腕でポインティングして研究者の視線方向をより明白に示しても、この「対象選択」課題をうまく行うことができなかった（霊長類学者にとっては当惑することに、イヌはこれをもっとうまくやってのける。この能力にはヒトの意図を追従するように選択交配したことが関わっていると思われるが、ある研究者たちは、ヒトが飼育したオオカミもまた、ヒトのポインティングに追従できることを示している）。

この謎の解決は、エイプリル・ルイズたちによるキツネザルの研究からもたらされた。従来の研究では、視線追従と対象選択の能力を研究するためにはそれぞれ別のパラダイムが用いられていたが、この研究ではそれとは対照的に、二つの能力が同じ実験内で測定された（Ruiz et al. 2009）。キツネザルに同種他個体の写真を示すと、その頭の方向と同じ方を見て視線追従を示したが、彼らの行動には変動があり、決して百パーセントの信頼性はなかった。同種他個体が見ていた場所を探すことを選択する（「正しい」答え、つまり食物が常にそこにあった）場合には、彼らの能力はさらに不安定に見え、ほとんど有意な効果はなかった。しかしルイズが、実験参加個体がどの方向を見ていたかにしたがって探索の選択を分析すると、結果は明確で単純だった。キツネザルは彼らの視覚的な注意が引き寄せられた場所を探し回る選択を行っていた。「信頼性のない」対象選択は、主として先立つ視線追従の変動の問題であり、それに加えて、見たのと同じ方向を探したか否かという付加的な変動があったためであることが示された。キツネザルが実際にチンパンジーよりも上手に対象選択を行うようには見えない。よりありうるのは、もしチンパンジーのデータが視線追従について再分析されたならば、類人猿もサル類もまた、彼らの視線が引かれた方向の対象を選択する傾向があることが、明らかになるだろうということである。

これらのデータの最も単純な解釈は、キツネザルは社会的採食をする時の個体の効率性を増加させるように進化してきた、二つの生得的傾向を備えている、というものである。視線追従は、頭と身体の動きに示される他個体が興味を示した対象に視覚的注意を引きつけやすく、これまで見てきたように、これは動物種間に広く存在する能力である。そして二つ目は**視線プライミング**である。プライミングの考え方にはすでに触れた。つまり、脳内表象が活性化され、次の行動に自動的に影響することを言う。この場合では、視線プライミングによってキツネザルの視線が焦点化された場所の脳内表象が活性化され、キツネザルの注意をその場所に引きつけ、その場所を探索する可能性を高める。そのため、もしこの場所に食物が隠されているなら、すぐに見つかるだろう（もちろん、もし視線プライミングされた対象が捕食者として認識されたのであれば、採食行動ではなく対捕食者行動が引き起こされるだろう)。

他個体がなぜ特定の方向を見ているかについての理解を動物がもつ必要性については、何も論じてこなかった。自然状態下での採食でも特別な実験室での課題でも、起こっていることへの洞察は、成功のために必要ではない。しかし多くの動物が、個体が何かを見る時に、何が起きるのかについて何の洞察ももたないというのは本当なのだろうか。われわれにとっては、心的メカニズムはあまりにも明らかであるように見える。われわれの注意が何かに引きつけられる時、われわれは見ることが知ることへとつながることを理解している。そして、最終的にわれわれの次なる行動を変えるのは、この知ること、つまり知識なのである。われわれの注意はたぶん自動的に引きつけられるが、それによって見ることは、問題解決思考とその後の想起において利用できる。他の動物種では、大きく異なるのだろうか。

## 見ることについて知る

過去二〇年にわたって、科学者たちのこの問い —— ヒト以外の種は知ることを理解しているか —— に答える試みは、しばしば論争を呼び、そして、「否定的なデータ」、すなわち動物が与えられた課題に失敗した事例を使うことに一種の教訓を与えてきた。先駆的な実験はダニエル・ポヴィネリにより考案され、「推測する者 - 知る者(guesser - knower)」パラダイムと名づけられた(Povinelli et al. 1990)。チンパンジーが、四つのうち一つの場所のみに食物がある課題に慣れさせられた。また、食物を得るためには、たった一度きりの試行しか許されないことも学習した。だから確率は良くない[25パーセント]。しかしその後、二人の馴染みのない人物からのヒントが与えられた。一人は実験者が装置に食物を入れる時に部屋にいて、チンパンジーは見ることができなかったが、その人物の視野内には食物が入れられた場所があった。もう一人の人物はその時部屋の外にいた。部屋の外にいた人物を「推測する者」と名づけ、対照的に、見ることができる場所にいた人物を「知る者」と名づけた。テスト試行において、両方の人物は異なるありかを指さし、触った。チンパンジーはどちらを選択しただろうか。実際、確実に正しい方を選択する傾向が見られた。つまり、食物を入れるところを見ることができた人物によって指さしされた方である。テスト試行は「弁別的報酬」であった（実験参加個体はもし正しければ報酬を得られ、さもなければ得られなかった）ので、ポヴィネリたちは、素早く学習する動物であるチンパンジーにとっては、食物が入れられた時にその場にいたことと正しい選択とを、単に結びつけているだけである可能性に気づいた。誰であれ、そこにいた者を選べばうまくいくだろうという「無条件の」ルールである。そこで彼らは、両方の人物とも食物を隠す時にそこにいるが、今度はそのうちの一人が頭にバケツをかぶせられて視線が妨げられるようにした、転移テストを用いた。もし何が行われているかを見ていなければそれについて何も知らないだろうということをチンパンジーが本当に理解しているのならば、部屋の外にいたケースとちょうど同じように、その人物のアドバイスを避けるだろう。そして、彼らはそうしたのだ。チンパンジーは食物を入れるところを見ることができた人物のヒントに従うことを選択し、見ることが知ることを導く、ということを理解するという結論となった。リスザルもまったく同じパラダイムでテストされたが、失敗に終わった（Povinelli et al. 1991）。知識は知覚からくるという洞察は比較的最近の適応であり、大型類人猿の系統のみに見られるように思われた。

これらの結論の欠点は、すぐに明らかになった。チンパンジーが転移テストを理解して正しい情報提供者を選びとったという証拠は、一連の試行の全体的な結果に基礎を置いていた。そこで一つの批判は、この一連のテストもまた、弁別的報酬ゆえに、たとえば頭にバケツをかぶっている人物は決して信頼できないというような「無条件の」ルールを訓練することになったのかもしれない（Heyes 1993b）。真実のテストは、転移テストの最初の一試行のみである。そこで最初の一試行のみが分析されたが、実験参加個体はどちらの人物からのヒントにも等しく従っていた（Povinelli et al. 1994）。チンパンジーは、見ることと知ることについて、何の手がかりももっていなかったのだろうか。それとも状況の奇妙さ ── ヒトが突然頭にバケツをかぶる ── がとても気を散らし混乱させるので、それが公正なテスト構成を難しくしたのだろうか。この実験には、他の欠点もある。情報提供者としてヒトを用いることは大いに便利だが、しかしそれは実験参加個体が他種のコミュニケーションを理解しなくてはならないことを意味する。つまり、動物にとっての問題は異種間の無理解にあるかもしれず、見ることが知ることにつながることの理解の失敗ではないのかもしれない。さらに悪いことに、他種のコミュニケーションを理解する能力は、分類学上の距離とともにより弱くなってゆくだろう。したがって、サル類がわれわれの最も近縁種であるチンパンジーよりも成績が悪かったことに、何の不思議もない。最後に、実験参加個体が聡明に行動したとしても、結果は疑わしいかもしれない。ここでの問題は、情報提供者、つまりヒントを与えた実験協力者は、ヒントが正しいか誤りかをはっきり知っていた。賢いハンスという有名なウマのケースは、動物がヒトの振る舞いを読むことに、とても長けていることの今も有効な教訓である（Pfungst 1911）。オットー・プフングストはそのウマの非凡な数学的才能を調べた心理学者であるが、設定された掛け算や引き算の答えにウマの蹄打ちが近づいた時に、「質問者のある姿勢や動き」が「そのようなサインを与えているということをまったく知らずに、無意識に与えられた」と結論づけた。彼は質問者が答えを知らない時、またはウマが質問者を見ることができない時には、そのウマは当惑することを示した。そのウマが数学に秀でているのではなくヒトの行動読解に秀でていることは明らかであり、原理的に、もしウマにそのような知覚力があるならば、チンパンジーにもあるだろう（もっとも、実際には、チンパンジーがヒトの振る舞いを読むことが上手だという証拠はない。ウマの家畜化に関わる自然の、そして人工的な淘汰が、群れの速い機動力に適応した有蹄類の生まれつきの能力に作用し、どんな霊長類をもはるかにしのぐ行動読解能力を生みだしたのだろう）。

ポヴィネリは有名な推測する者－知る者実験を断念して、実験参加個体が単に二人の人物のうちの一人にせがむ必要があるという単純な計画を採用した。二人のうちの一人は実験参加個体を見ることができたが、もう一人はできなかった。実験参加個体を見ることができた人物にせがんだ時にのみ、彼らは報酬を手渡された。再度チンパンジーを実験参加個体として、ポヴィネリは情報提供する人物の視線の方向を多様な方法で操作した（Povinelli & Eddy 1996）。情報提供者は実験参加個体の方に顔を向けたり、背けたり、横を向いたりした。頭と身体が同じ方向の場合もあれば、横を向いたり、後ろから肩越しに見たりした。目は開いた場合、閉じた場合があった。また、目が目隠しで覆われたり、または目隠しが目ではなく口を覆ったりした。頭は穴が開いたバッグやバケツで覆われている場合もあり、その穴は目に沿っていたり、そうでなかったりした。大規模な実験が行われたが、結果は単純なものであった。つまり、類人猿はこの課題にお手上げだったのだ。濃い色の強膜をもつチンパンジーが、ヒトの目がどの方向を見ているのかにうまく気づくとは期待されていなかった。つまり、頭の方向と一致しない時に、目の方向によって視線追従することには問題があると見なされていた。しかし、目が開いていたか閉じていたかに気づいて適切に反応することにさえ失敗したことから、彼らの問題はより根本的であるように思われた。実験参加個体が鋭敏だった唯一の操作は、全身の身体方向で、彼らの方を向いているか逸れているかであった。視線追従の事例においてまさに見たように、何が起こっているかの洞察が欠如しているチンパンジーにとって、この成功はより生得的で、効果的な行動を生みだすために進化した傾向だと思われる。多くの人を驚かすだろうが、チンパンジーは見ることから知ることがもたらされるという理解をもたない、と研究者たちは結論づけた。ヒト以外の類人猿は環境から情報をいかにして得るかを改善するために効果的な適応力を備えているが、なぜそのメカニズムが効果的なのかという洞察を欠いている。

しかし、観察による研究からの証拠はこの図式とは異なる。このような実験が考案される以前でさえも、霊長類で記録されてきた戦術的騙し ― 個体が自身に有利になるよう他個体を誤らせるために役立つ通常とは異なるやり方 ― の分析から、サル類と類人猿は他個体の視線方向に敏感なことが示されてきた。たとえばいくつかの注意深く観察されたケースで、サル類と類人猿とは競争相手や捕食者がその場所からは彼らを見ることができないと思われる位置へと、巧妙に移動した。これは「もし私が見ることができなかったら、あなたも見ることができない」というだけの事例ではない。なぜなら、二個体が相互に視覚的接触をしていたケースがいくつかあるからである（Byrne & Whiten 1990）。ハンス・クマーは、雌のヒヒが、彼女がそこにいることをハーレムリーダーの雄が見ることができるが、こっそり若者雄を毛づくろいしているところは見えない場所に、じわじわと巧妙に移動したと記述している。彼女の両手は、岩の障壁の背後でリーダー雄から見えなかった。他個体の視点から何が見えるのかを見積もる能力は、彼らが知っていることについての理解と同じではないが、次の行動のための見ることとの特権的地位を理解していることを、示唆している。もう一つの希少だが印象的な観察も、これと一致している。フランス・ドゥ・ヴァールは、雌に性的接近をしていた劣位のチンパンジー雄が、優位雄が近づいてきた時に、勃起したペニスが委縮するまで、どのように攻撃を避けたかを記述している（de Waal 1982）。第4章で見たいくつかの動物信号の観察もまた、関係している。ジョアン・ターナーは、ゴリラが遊びの攻撃を加えようと他個体のすぐそばまで近づくために、顔の下半分を隠して、あからさまな「プレイフェイス」が見られないようにしたと記録している。これは一度きりのケースではなく、遊びにおいてよく用いられる作戦だった。そのゴリラは、遮るものがない他個体からの視線と自身の知識との関係について理解していただけでなく、御しにくい身体が情報を漏らしうることにも気づいていたようだった。キャロライン・リストウは浜辺に棲む鳥類のフエチドリを研究した。フエチドリはすべてのチドリがするように、捕食者を巣から遠くへ導くために「怪我をした羽」の誇示行動を使う。そのディスプレイは、固定化された一連の刺激によって引き起こされる、危険への自動的な反応を示唆する仕方でなされるだけではないことを、彼女は見出した。というのも、もし捕食者が怪我したふりをしたトリを追いかけない時は、そのトリは捕食者の視線方向に入るまで飛び戻って、再度試みるのである。ミリンド・ワトべたちは、小さなハチクイドリが、もし捕食者が彼らの巣を見ることが可能な位置にいるならば巣へ行くことを避けるが、巣とは違う方を見ていれば、巣に入ることが多いことを見出した。この時決定的なのは、巣への視線であって、視線がハチクイドリ自身に向いていることではないことに留意されたい。

これらの観察のそれぞれは、何らかの「特別な目的」の説明によって片付けられるかもしれない。しかしそれらを合わせるならば、大型類人猿と多数の他の動物種が、見るという行為と、知るという結果とを結びつけることができるという強力な事例を提示している。しかし観察データはしばしば、実験心理学においては二流と見なされ、このような事例はほとんど無視されてきた。いくつかの実験はこれらの観察的データと一致したにもかかわらず、である。たとえば、チンパンジーは実験者が見ていた対象を、それがチンパンジーにとって障壁の後ろにあってさえも、興味をもって探すことが知られていた（Tomasello et al. 1999）。明らかに、チンパンジーは他個体の視線方向の幾何学を理解しており、視線がもたらす結果を理解できない動物にとっては、この「幾何学的な」能力が何の役に立つのかの理解は、きわめて難しい。

それにもかかわらず、ついに、観察的データの一つに一致する実験が考案されるまで、見ることの理解はヒトに独自の達成であるという見方が定説となっていた（Tomasello & Call 1997）。ヒヒが岩を障壁として用いるクマーの観察の類似した実験として、ブライアン・ヘアたちは、所定の場所に小さな障壁のあるアリーナの両側に、二個体の競合するチンパンジーを待機させた（Hare et al. 2000）。実験者は劣位雄チンパンジーが見ている時に食物を落とし入れた。優位雄は、ある試行においてはこの給餌が終わるまでアリーナを見ることが許されず、その他の試行では劣位雄と同じように見ることができた。劣位雄はわずかに先だってアリーナに放たれたが、彼の決定した結果は一貫して、優位雄が実際に見た時にのみ食物について知っていると理解していることを示した。二つの食物選択状況では、一つは食物が障壁の劣位雄側に置かれ、もう一つは食物が見通しの良い場所に置かれた。劣位雄は、優位雄も食物隠しを見ていたのでなければ、優位雄が見ることができない方を確実に選択した。もし見ていた場合は、トラブルを避けて劣位雄は完全にしり込みした。もし障壁が透明であったらこの効果は消失し、劣位雄はそこに障壁がないかのように行動した。障壁の役割は障害物としてではなく、視覚に影響を与えるところにあった。チンパンジーは彼ら自身の見え方と異なる場合に、他個体が何を見ることができるのかをはっきりと見積もることができる。彼らは他個体の知識についても理解しているのだろうか。実験が修正され、アリーナへの給餌を優位雄が見られるようにし、その後、順位が先ほどの雄と同等に優位な競合者と入れ替えた（Hare et al. 2001）。もし劣位雄が優位雄に食物を見られたという理由で単に怖がっているだけで、見ることが何を導くのかを理解していないならば、アリーナに放たれても取りに行くのをためらうはずだ。結果はそうではなく、食物があるのを知らない新しい競合者の機先を制して、障壁の後ろの食物にまっすぐ突進したのだった。

これに続く他種による研究は、見ることが知ることにつながるということを理解する能力と、見なかった個体は知らないということを理解する能力とが、幅広く他の動物にもあることを見出した。飼育下のワタリガラス（*Corvus corax*）はアメリカカケスと同様に、視線の意味を理解する証拠を示した。経験のあるカラスは競合者の存在と視線方向に注意を払うが、それは彼らが見られていない間に食物を貯食する場合のみであった。または、もし他に選択肢がなく、とにかく貯食するしかなければ、競合者から可能な限り遠くて薄暗い場所を選択し、誰にも見られていない最初の機会がくると、戻って貯食しなおした（Bugnyar 2002; Dally et al. 2005）。すでに第2章で述べたが、特別印象的な実験がある。アメリカカケスが、競合者が見ている中で貯食することを許されたが、そこには相次いで現れる二羽の競合者がいた（Dally et al. 2006）。競合者＃1が見ている時は、カケスは一つの場所にのみ貯食することが許された。＃2に入れ替わった時、その貯食された場所には覆いがされていて、カケスは他の場所へ貯食することが許された。続いて、競合者のいずれか一羽がいる時に、食物を回収することを許された。カケスは特定の競合者が隠すところを見ていた食物の方を明らかに選択的に回収し、見られていないところに貯食した方はそのままにした。つまりカケスは、誰が何を見ていたかを覚えていたのだ。ワタリガラスもチンパンジーのように、他個体の幾何学的な視点に立って、障壁を回って視線を追うことができることを実験において示した。彼らは、どこに貯食したかを競合者が見ることができたか否かによって、はぐらかす行動をとった。そして、傍観者であってもこの区別を生じさせた。このことは、区別的な行動が、単に隠したトリが隠す時に見ることができたことに基づいているのではないことを示している（Bugnyar et al. 2004; Bugnyar & Heinrich 2005, 2006）。鳥類が、見ることは知ることにつながることを何らかの形で理解していない限り、これらのデータのいずれも、説明することは難しい。

先駆的な推測する者－知る者実験も、飼育されているブタもまた視線の結果を理解できることを示す研究で再現された（Held et al. 2001）。異種間のコミュニケーションの問題点は、情報提供者としてブタを使用することで解決された。一個体はどこに食物が置かれているのか「見えなかった」が、もう一個体は何が行われていたかを見ることができた。クレバー・ハンス効果についての心配は、すべての「情報提供」ブタに、実際に何を見たかに関係なく、特定の場所へ食物をとりに行くよう訓練することによって、緩和された。その結果、見ていなかったブタと見ていたブタの両方とも、等しく意欲的だった（ただし、同じくらい迷った）。そして、テスト試行による潜在的訓練については、訓練に「探索」試行を差し挟み、結果判定のテスト試行が弁別的に報酬を得ることのないようにして、打ち消された。［十固体中の］ほとんどのブタが、実験するには大きくなりすぎる前に（家畜化されたブタは急速に成長し大きくなるよう、高度に選別されている）、知識の帰属についてテストできるほどにまで到達することはできなかったが、［到達した］二個体のうちの一個体が、他のブタが知らないことの知識を識別する安定した能力を示すことができた。

以上の歴史は、一九九〇年代に繰り返し行われた「無能な種」という確信的な主張への告発である。この主張は、実験の考案者たちが描く心的能力を特別にテストするものと考えられた特定の課題に、少数の個体が失敗したことを基礎にしていた。今だからわかることだが、このような土台に基づいて基礎的な計算能力について結論を出すのが思慮に欠けることは明らかである。実験室課題の失敗は、多数の他の理由から起こりうる。たとえば、不十分な動機づけや、課題材料を実験者とは異なって知覚している、そして課題を何か異なるもの「について」であると解釈する、などである。しかし何度も何度も、名だたる研究者たちが、「チンパンジーは〇〇をできない」とか「ヒト以外の動物は〇〇をできない」と結論づけてきたが、数年後には間違いであることが証明されてきたのだった。このようなケースのほとんどで、最初の結論はより自然な状況からの結果と矛盾していたが、観察による結果は、実験による結果と等しい位置にあるとは見なされていなかった。

## まとめ

われわれは今では、非常に広い範囲の動物種が、同種他個体の視線を追従でき、そうする傾向があることを知っている。視線追従は、個体の注意の焦点を場所や物体や他の動物種に方向づけ、それらの対象を心的に強調する。これは、視線プライミングと呼ばれるメカニズムである。視線追従と視線プライミングとが結びついた傾向は、個体に新しい食物源や競合者の可能性、そして隠れた捕食者への注意を喚起する力をもち、明らかに価値がある。これらの傾向はおそらく自動的であり、それゆえ、それらの操作手段へのどんな洞察とも関係がないかもしれない。それは多数の動物種にとって言えると思われるが、大型類人猿といくつかの鳥類からの結果は、ある動物たちは、他個体がいかに知識へのアクセスをもっているか（たとえば彼らの視線方向を見積もることによって）、そして知らないままでいるとどのような結果になるかを理解できることを示している。そして、自然環境下における動物の行動を見つめてきた研究者たちと、問題指向の実験室課題で彼らをテストしてきた研究者たちの何年にもわたる論争の末、今では意見に一致がある。いくつかの動物種は、他個体の位置からの視野は自分自身のものと同じではないこと、そして見ることが知ることにつながるということを、明らかに理解している。彼らは知らない競合者と知っている競合者とを区別し、自身の大切な資源を競合者が知らないでいるようにする。

これらの能力が見出された種の範囲は、研究対象に最も選ばれてきた種を反映している。知識の実験において飼育下のチンパンジーがよく選択されるが、霊長類の戦術的騙しの分析結果は、サル類と類人猿よりずっと広い分類学上の範囲の種が、知識－無知の区別が理解できることを示唆している。記録された多数の騙し戦略が、隠蔽と他個体の注意の操作に関わることは偶然ではない（Whiten & Byrne 1988a）。鳥類の間では、アメリカカケスとワタリガラスという二種のカラス科から、ほとんどの結果が得られている。カラス科と霊長類は多数の特質を共有している。彼らは比較的大きな脳をもち、多数の種が社会的に暮らす（ワタリガラスでは幼鳥のみだが）。そして彼らは、動物認知の研究者が選択するお気に入りの種である。

何であれ、これらの特性のいずれが、知識をもっていることと無知であることへの洞察の明確な証拠を発見するために重要であるのか、それはまだ明らかではない。ハチクイ科のトリにおける似たような能力の発見が、大きな脳が必ずしも重要ではないことを示唆する。しかし霊長類では、その種が騙しに依拠する戦略を用いる可能性は、新皮質の大きさによって厳密に予測される（Byrne & Corp 2004. 第6章で、この問題に立ち戻る）。集団の大きさは新皮質の大きさを予測する傾向があることが知られており、大きな集団で暮らすことは騙しが価値あるものとなる機会が明らかにより多いが、その効果は社会的集団の典型的な大きさによって決定されない。それゆえ、すべての霊長類が、隠蔽と騙しによって競合者を無知のままでいさせられることを理解しているが、しかし、より大きな脳の種はこの普遍的な洞察の応用を学習するのがより早く、そのため彼らの能力がより容易に霊長類学者によって見つけられるのだろう。無知と知識の違いの理解に社会的集団生活が関係していると考えたくなるが、より単純な代わりの説明は、単独の種は、その洞察を示す機会がより少ないというものである。

根本的な問題は、小さな脳で社会的な種が、あまり研究されていないことである。研究者はカイツブリ［水鳥の一種］よりもワタリガラスの方を、アルマジロよりもサル類の方を選んできた。家畜化と、時には囲いの中で孤立して飼われてきた結果として比較的小さな脳をもつ飼育ブタでさえも、非常に賢いと広く考えられていて、社会的な生活を営む野生のイノシシから系統を引いている。種に公平なテストが、霊長類やカラス科の種よりも魅力の少ない広範な種にも実行されるようになるまでは、彼らの知識と無知への洞察が実際広く存在している可能性を、除外することはできないだろう。ワタリガラスとチンパンジーの共通祖先は三億年前に生きていて、ほとんどの陸生の脊椎動物にとっての祖先である（そして読者が正しくも想像されるように、サカナの知識と無知の理解についての研究はまだない！）。

最後に、もしヒト以外の動物が、他個体が無知であることを理解していて、他個体があることについて知るのを妨げるため隠蔽したり、注意をそらせたりすることによって、どのように状況を操作すればよいのかを知っているとしたら、まさにこの認知的能力はどれほどのものなのだろうか。そのような知識は、他者の信念や誤解、そしてあなたが彼らを見ているのと同じようにして相手があなたを見ているという事実への洞察も含めた、一般に言う「心の理論」を意味するのだろうか。第8章で動物による個体間の理解の証拠をさらに探る前に、この章で述べた能力以上のものをもたない種が、どのように世界を表象しているであろうかの説明を展開する必要がある。その過程で、「賢い」行動を示すかどうかについての動物間の観察された多様性が、どれだけ脳の大きさの量的な多様性に帰属できるのかを調べよう（第6章）。そしてどれだけ多くの「特別の手助け」が、単に社会的集団において暮らすことからもたらされうるのかを調べよう（第7章）。

# 第6章
# 社会の複雑さと脳

動物の社会行動の大部分は、われわれ同様、個々の個体がお互いについて考えているように見える。だとしたら、ヒト以外の動物が、お互いの心を洞察できるかどうかという疑問に答えるために、入念な実験が必要なのだろうか。もちろんわれわれの日常的な印象は、いくぶん、動物にいろいろな能力を帰属させてしまうことに「寛大だ」という人間の自然な特質を反映しているだろう。科学者にとっては弱みとなる。この種の弱みは、通常感情に動かされやすいペットの飼い主に見られるが、この点では何年も野生の社会的動物、特に、ヒト以外の霊長類のコミュニティを研究している研究者もまた、寛大な解釈をしている。もちろん、彼らもまた間違っているかもしれないが、この観察に基づく証拠を調べることが重要である。証拠から、社会的動物がもつ洞察はどういう場合に提示されるのだろうか。この質問はすぐに、別の質問に行き着く。よりヒトに近い心の理論がその根底にあるということを認めるには、行動がどの程度精巧なものでなければならないのだろうか。この代わりになる説明が、どの程度ありえるだろうか。

## 「簡潔な」説明

動物の能力に対するこのような寛大な帰属を受け入れるのに代わる、科学的な説明は何だろうか。この問題は、説明の簡潔性、実験心理学者たちに伝統的に呼ばれてきた「節約」の問題である。この概念の起源はいろいろあり、不必要な説明を剃り落とすというオッカムのかみそりで知られる十四世紀の哲学者ウィリアム・オッカムもその一人である。最も明確な言明は、十九世紀のウィリアム・ハミルトン卿によるものである。彼は節約の法則について、次のように述べた。「証明された必然性がないなら、実体、力、原理、原因が増えるのを禁じる。とりわけ未知の力を仮定することを、その現象をそれらの力によらない既知によって説明できる場合に禁じる」（Hamilton 1855）。これは至極賢明な考えであるが、節約が、ヒト以外の動物に見られる証拠に対してあまりにも都合よく適用されるので、まるで、ヒトの優位性の神聖さを保つために用いられているように見えるほどである。野生で記録した魅了される行動や実験で実験参加個体がもたらした思わぬ成果に最も簡潔な説明を探すには、だまされないようにすることが肝要である。それには、その動物がさまざまな特質を進化させてきたとか、何らかの個体の歴史を経てきたと仮定することが含まれるが、それはまさしく、不都合なデータを「うまく言い抜ける」ことを可能にしてしまうので、率直に言って信じがたい。だが、そういった極端なことを避ければ、節約の法則を駆使することは有効である（Shettleworth 2010）。現在の目的にとっては、問題はわずかな特質 —— その各々はあまりに広範な価値をもち、必要とする情報処理は非常に少ないので、その進化が大いにありえそうなもの —— に基づいて動物の社会的知能に関する既知の事実をどこまで説明できるかである。霊長類については、この章の最後のセクション「社会的知能はどのように機能するのか」でこれに取り組む。しかしまず、証拠を見ることにしよう。なぜ研究者たちは、霊長類の社会的複雑さにそれほど心を動かされてきたのだろうか。

## 霊長類の社会的複雑さ

複雑さを定義するのは難しいし、それを測るための認められた基準もない（Cochet & Byrne 2014; Sambrook & Whiten 1997）。しかし、いくつかの要因が結びついて、サル類と類人猿が平均的なヒト以外の生き物よりも複雑な社会で暮らしていると科学者たちを確信させてきた。サル類と類人猿のほとんどの種が半永久的な群れで暮らすことがわかっており、個々の個体は確かにその群れの他の個体を認知し、覚えていて、個々に対して一貫して別の行動様式をとる（Dunbar 1988）。たとえば、交尾をする時や餌をめぐって直接対決する時、ほとんどの動物が一度に同じ種の一個体とやりとりするが、サル類や類人猿では第三者がしばしばそれらの出来事に影響を与える。ハンス・クマー（Kummer 1967）は、雌のマントヒヒがどのようにわざと雄のリーダーの前に座り、ライバル雌を威嚇し、そうすることで、彼女に向けてやり返される威嚇がそのたくましい雄にも向けられることになるかを記述している。ここでは、第三者は受動的な役割を果たしているが、味方が積極的に介入することもよくあり、短期の「連携」と長期の「同盟」の両方が、多くの種に見出されている（Harcourt & de Waal 1992）。第三者の重要性は、個体にとっての社会的支持を非常に大切なものにすることである。自分の力と備え持った武器だけを使う動物が多いが、サルや類人猿は力を発揮し影響を与えるために、群れの他のメンバーとの同盟に頼る頻度がずっと多い。こうした同盟はしばしば近縁者間で最も強いが、それに加えて近縁者でないもの同士の友情も見られ、何年も続くことがよくあり、両者にとっての利益になる。時には、物々交換に見られるように、それぞれの参加者で利益が異なることもある。

旧世界のサル類や類人猿が同盟を作るために用いるいわゆる「交換通貨」は、毛づくろいであったり、ケンカで助っ人をしたり、価値ある餌場所で見せる寛容である（サル類や類人猿が健康上の必要以上に毛づくろいをするのは、このためである）。サルは、誰彼かまわずに毛づくろいをしているわけではない。近縁者は別として、好みの毛づくろいの相手は、助けてくれる力をもった個体である。たとえば、雄のマントヒヒは、血縁のない雌や上位の雄を毛づくろいする。毛づくろいされた方が雌なら、後で交尾を許してくれたり、雄なら争いで助けてくれる。役に立つ同盟をもつことが賢明であり、数ある候補者たちの中から同盟者を選ぶことができるのは、哺乳類の中で唯一霊長類だけである（Harcourt 1992）。個々の毛づくろいの相手や同盟の一般的な関係だけでなく、二個体間の直接的な原因－結果に基づく関係がある。サルは常に近縁者の苦痛のコールに反応するが、近縁者以外のサルに直近で毛づくろいされた場合は、数分後であっても、その個体の苦痛のコールを再生するプレイバック実験において、より敏感に反応する（Seyfarth & Cheney 1984）。糖蜜を使った巧みな実験で、毛づくろいされたから将来援助するという因果関係の方向が見られることが示された（Hemelrijk 1994b）。実験者が、捕獲したサルの毛にこっそり糖蜜を少し垂らした。当然、そのサルは他のサルたちを惹きつけ、その中の何頭かは糖蜜を垂らされたサルの背中の毛づくろいをして過ごした。しかし実際は、毛にへばりついた糖蜜を剥がして食べていたにすぎなかった。にもかかわらず、毛づくろいされたサルは、明らかに、彼らの毛づくろいを好意のしるしと解釈し、後に闘いで彼らを助けたのだった。毛づくろいされるのは間違いなく気もちよいが、「社会的接着剤」としての機能は重要で、相手に投資する時間でもある。他の個体に時間を捧げることは、欺かれることのない約束手形を与えることである。というのも、サルが他のサルを毛づくろいしている時、食物を食べることができないからである（Dunbar 1992a）。サル類や類人猿は、特定の相手に毛づくろいするという手段によって、将来の援助や支援を頼ることができる同盟のネットワークを構築しているのである。

しかし、最強の絆であっても競争によって崩れることがある。些細な争いで大切な同盟関係が脅かされそうだと見ると、最近争った敵対者同士が後でわざわざ親和的行動を示したり、毛づくろいしたりして和解する。損傷を修復するのである（Cords 1997; de Waal & van Roosmalen 1979）。和解は手当たり次第、誰彼かまわずに行われるのではなく、長期にわたって重要である関係に対して行われる。サル類に対する調査が大部分を占めているが、私たちにもっと近い大型類人猿も明らかに毛づくろいを用いて同様の仕方で和解し、適切な仲間と強い関係を構築し、保持している。サル類や類人猿は、網の目のように張り巡らされた影響と義務が個体にとって重要な結果のほとんどを決定する暮らしをしている。

## 霊長類の社会的知識

霊長類学者は、霊長類の社会を理解するために、各個体の血縁関係、仲間関係、そして社会的順位に関する知識を駆使する。今では、サル類と類人猿もまた、同じようにお互いを分析していることがわかっている。社会的知識は、直接的な二者関係をこえて、幅広い第三者との関係にまでわたる。争いで敗れた者は、自分より弱い第三者にイライラした攻撃の「矛先を変える」ことがある。これは類人猿に限らず、ヒトも同じだ。よくある笑い話だが、会社で矛先が次々下に向けられ、一番下っ端はネコを蹴飛ばすしかない。興味深いことに、争いの後の攻撃の矛先変えは、数種のサルで、規則性があることがわかっている（Cheney & Seyfarth 1986; Jude 1982）。攻撃された個体は、身内の年少個体やより力が上の攻撃者の手下に対して攻撃の矛先を向ける。攻撃された本人の血縁が、争いに巻き込まれていなくても攻撃側の血縁者を攻撃することさえある。このサルの復讐劇における攻撃相手の選択は、誰が他個体の血縁者であるかをよく認識していることを示している。何らかの方法で、サルは社会組織の中で他個体の血縁関係を表象できるのである。ヴェレーナ・ダサーは、サルに対して、与えられた見本写真と合致する写真を選ぶ訓練をする実験を行い、サルの社会的知識を調べた。最初の訓練では、例示された写真と特定の血縁関係をもつサルの写真を選ぶ反応に報酬を与えた。それから、そのサルが実験下で血縁概念を理解していたかをどうかを見るために、その前のテストでは出されていない組を見せた（Dasser 1988）。結果は、サル類と類人猿は、特定個体の母親が誰か、きょうだいが誰かといった血縁関係のさまざまな側面を区別していることを示した。音声プレイバックによる野外での実験（Cheney & Seyfarth 1990a; Crockford et al. 2007; Kitchen et al. 2005）では、サルは誰が誰より優位か、誰が隣接集団の一員か、第三者との相互関係はどうなりそうか、などについても敏感であることが示されている。サル類と類人猿は、社会的複雑さの網の目の中の単なる駒ではない。彼らは社会的知識をもった主体的行為者でもある。霊長類は相対的地位や他個体の力を知るために、社会的相互作用に自分自身で参加しなければならないわけではない。ダリラ・ボヴェは、サルに知っている個体と知らない個体との相互作用を見る機会を与えた。その後、実験参加個体のサルがその知らない個体と対面した時、自分が順位の中でどこに位置するかすでにわかっていたことは明らかだった（Bovet & Washburn 2003）。

霊長類という種に広く備わっている能力に加え、個々の霊長類個体は、自分たちの必要に応じて、たとえば、欲しいものを手に入れるために、騙しを使うなどの操作的戦術を発達させるようである（Byrne & Whiten 1990）。たとえば、ゴリラは小さな群れで暮らし、力のある雄が雌に対して他の劣位の雄との交尾を禁じているが、そんな中で雌ゴリラは、自分の望み通りにするために策略をいくつも用いることがある。交尾をする前にリーダーから見えないようわざと「後ろに残る」ことがある。あるいは、好みの相手に自分についてくるように誘い、いつものような交尾の声を抑え、通常と異なる静寂の中で事に及ぶことがある。このような騙しの策略は、時に実際、実に抜け目がないと思えることがある。アンドリュー・ホワイトゥンと私は、子どものヒヒが貴重な食物を持っている大人に出くわした時に、怪我をしたかのような叫び声をあげる騙しの策略を時折用いることに気づいた。すると子どものヒヒの母親がやって来て、「攻撃者」を追い払い、子どもは食物を手に入れる。子どものヒヒは、母親が視界にいない時、しかも母親より地位の低い相手に対してだけ、この策を用いた。このような賢く見える策が研究されづらいのは、同盟作りや和解と異なり、これがきわめて珍しいという点にある――当然だが、四六時中「オオカミだ！」と叫んでいれば効果がない。そのため研究者はそういう報告を出版しようとせず、面白い逸話として書き留めるだけにしておきがちとなる。われわれはこういう困難を乗り越えるため、大勢の経験豊富な霊長類学者から霊長類の騙しの策の観察情報を集め、繰り返し起こるパターンを調べた。そして、すべての霊長類の群れが、時折先に述べたような騙しを用いることがわかった。ただし、正確な策略やどのくらいの頻度で用いられるかは、種や個体間でまちまちであった（Whiten & Byrne 1988b）。

以上のように、ヒト以外の多くの霊長類が、他の哺乳類には見られないかなりの社会的精巧さと技能をもっていることを示す強力な証拠がある。この図式は二十世紀後半に行われた霊長類研究の数多くのフィールド調査でますます記録され、知能の進化は社会的挑戦と関係があるという提唱を数多く呼び起こした。

## 社会的知能論

一九五〇年代には、マイケル・チャンスとアラン・ミード（Chance & Mead 1953）が霊長類の雌が「雄を」幅広く受け入れること、それが雄たちの間に闘争を引き起こすことを指摘した。二人は、雌と、雌を得るために争う雄の双方の動きを考慮に入れることは、特に困難な問題を引き起こすと論じた。この問題を解決することとの複雑さが、霊長類の新皮質の容量の増大をもたらしたと二人は示唆した（彼らは知能についてては明示的に述べていない）。一九五〇年代はじめには、性をめぐる闘争が霊長類の社会の基盤と見られていたが（Zuckerman 1932）、その後、このもっぱら雄同士の争いが知能を発展させたとする主張は次第に支持を失い、チャンスとミードの推測の衝撃も弱まってしまった。それでも、社会的生活こそが一つの課題であるという考えは消えなかった。

アリソン・ジョリイ（Jolly 1966）はマダガスカルでキツネザルの研究をしたが、同じくらいの大きさの群れで暮らしている種でも、キツネザルは真猿サル類の知能をもっていないと指摘した。これは、その当時の主流であった長期にわたる群れでの生活にはサルのレベルの知能が必要であるという考えと相容れない。そこで彼女はその代わりに、群れでの生活は、知能をもつことの強い必要性がなくても始まるが、後に知能が［進化的に］選択されるようになる傾向があると指摘した。

とりわけ影響力があったのは、ニコラス・ハンフリー（Humphery 1976）の、サル類と類人猿は日常の採食や遊動のためには、「過剰の」知能をもっているようであるという議論である。サル類は賢いということが広く受け入れられていたにもかかわらず、彼は霊長類の野生での暮らしを見て、ほとんど知的な挑戦がないことがわかった。進化によって過剰の能力が淘汰されることはないので、霊長類（そしてヒト）の知能は、社会問題の解決に適応した結果だと指摘した。群れでの暮らしでは、個体間の競争が生じることは避けられないが、競争が各個体にとっては利得となるに違いないし、そうでなければ競争は起こらないだろうと論じた。このことは、各個体にとって、群れの他の仲間を犠牲にして自分に利益をもたらすために社会的操作を用いることが好まれるが、それは、群れにおけるその個体の集団への帰属が危険にさらされないようになされる、ということを意味する。もちろん、犠牲となった個体が自分の損失を知ったら、将来も操作されないように調整するだろう。だから最も有益な操作は、ある種の騙しのように、損失を負った個体がその損失に気づかないようしておくこと、もしくは、ある種の協力関係のように、埋め合わせの利益があるようにして、全体として見れば損失が知覚されないようにすることである。社会集団の中で巧妙な形の社会的操作を工夫することへの淘汰圧による進化の結果、霊長類の知能が増大した。淘汰圧は群れのすべての個体にかかるので、進化的軍拡競争が始まり、知能がうなぎ登りに急上昇することになる。ハンフリーは、この種の知能は心理学者の実験室にある装置ではうまく調べられなかったと指摘したが、これは動物間の知能の違いを見つけられなかった多くの歴史上の失敗を説明している（Macphail 1982; Warren 1973 参照）。

これらのさまざまな社会的知能に関する理論は、それぞれ異なり、別々に生まれたことは明らかである。しかし、それらは、社会的複雑さが因果的役割を果たして知能の進化をもたらしたとする共通の特徴をもっている（Kummer 1982 も参照）。そこに共通する要素は、サル類や類人猿にとって、社会的な仲間という「動く標的」を扱うのは狡猾さを要する、という考えである。それに対して、食べるために葉や果物を摘み、その土地に食料がなくなれば他へ移り、捕食動物に対し油断せずに警戒するといった物理的世界で起きる問題は、もっと単純だと見なされる。すべての説明は「社会的知能」、あるいは「マキャベリ的知能」という包括的な用語でまとめられる（Byrne & Whiten 1988）。なぜマキャベリ的なのだろうか。ニコロ・マキャベリは、政治家に個人の利益のために社会的な操作を用いるよう推奨したことで有名である。「たとえば、情に厚く、信頼に足り、心優しく、非の打ちどころがなく、信心深く見えるようにすること――そして、そうである――ことは有用だが、そうである必要がないなら、その真逆に変えることができ、実際そうするという心構えでいることが役に立つ」（Machiavelli 1532/1979）。したがって、最も効果的な操作人は、しばしば、社会の中で最も協力的で尊敬される人である。マキャベリ的知能の別表現である社会的知能は、これらの「向社会的」特質を強調してはいるが、究極的には遺伝的利得は利己的なものである。次に、もう少し詳しくこの理論を見ていくことにしよう。

## 問題としての群れ生活

ともあれ、なぜ霊長類は群れで暮らすのだろうか。確かに、群れで暮らすことで食料、交尾、他の資源の競争にさらされることになるではないか。まったくその通りではあるが、個体にとっては捕食を避けることの方が、同種内の日常の争いよりもっと切迫して重大なことなのである。捕食を避けるには、(1) 偶然、捕食者を見たり、声を聞いたりするとか、群れの仲間の反応から間接的に「危ない場所」を発見し、行かない方が良い場所を学習したり (Willems & Hill 2009)、(2) 警戒コールや、捕食者のコールや臭いなど危険が迫っていることの直接の手がかりに、適切に素早く反応すること (Taylor et al. 1990) である。群れで暮らす限り、捕食者の回避についてはかなり効果がある。捕食者の存在に関する直接的な手がかりしかもっていなかったら、最初の手がかりを見出した時がその最期となってしまうかもしれない。

群れでの生活は、いろいろな種にとってたくさん利点がありえる。しかし、霊長類に見られる群れでの生活は、主に捕食される危険への対処として進化したと考えられている (van Schaik 1983)。利点のいくつかは明白で、絶えず警戒する多くの耳目が警戒コールや他の個体の反応から捕食者の情報を拾い、一定程度大きな種では、集団での防衛が実現できる。さらに、一個体あたりの危険が「少なくなる」ので、群れで集まることが割に合う。できるだけ多くの個体といることが単体でいるより常に安全である ── なぜなら、捕食者が代わりに他の誰かを食べるだろうからである ── という、常識に少し反する事実を最初に指摘したのは、ビル・ハミルトンであった (Hamilton 1971)。個体でいるより群れでいることはより目立つので捕食者が簡単に獲物を得るにしても、この原理はほとんどの場合に当てはまる。個体にとって、群れの大きさが二倍になるたび、危険は半減するし、群れがそれだけ見つかりやすいということもそれほどはない。

しかし、同種の動物と密接して暮らすことは、資源を直接争うという不利をもたらす。同種というのは、食物と交尾の両方において、ある種最悪の競争相手である。その結果もたらされる合流と分裂の間の緊張は、多くの捕食者たちと居住域を共有している乾燥したサヘル草原地帯に暮らすサバンナヒヒ（*Papio papio*）の日常的な分裂‐合流によく示されている（Sharman 1981）。ヒヒは夜になると数百頭の集団が一緒に眠るが、採食時はこの群れが三〜八頭ずつの小さな集団に分かれる。そして一日の一番暑い時に、他の下位集団からの大きなコールに誘導され、日陰の水飲み場で再度集団を作る（Byrne 1981）。群れの中で分散したり再結集したりして、食物のある場所での競争が減る一方、捕食者に対して最も危ない時に「群集の中の一個体である」という希釈効果から利益を得ることができる。たとえば、熱帯の鳥類の種に常に見られる多数種からなる大集団が作る群れは、種が異なれば占める採食ニッチも異なる傾向があるので、競争による損失を最小にし、警戒と希釈によって捕食動物からも守られる（Teborgh et al. 1990）。一時的でかつ多数種からなる集団は他にも知られている。たとえば、ヒヒとインパラは一緒に連合し、霊長類と有蹄類の強みとなる知覚が異なるおかげで忍び寄る捕食者を避けることができる。新熱帯地区［北回帰線から南の南北中央アメリカ・西インド諸島・メキシコ熱帯地方］の鳥類の群れに関して言えば、餌の違いが競争を最小化し、同種の長期にわたる群れの場合と比べて一緒にいることの損失を減らしている。

餌の取り合いは群れを分裂させやすいため、常時群れで生活することは、厳しい進化上の選択肢である。

しかし、哺乳類には長期にわたる社会的群れがはっきりしている科がいくつかある。霊長類目の動物、クジラ目、食肉目の動物、ブタ、ウマ科（ウマ、ロバ）、長鼻目（ゾウ）である。社会的知能、すなわちマキャベリ的知能理論の鍵となる考えは、こっそり、もしくは協調戦術で資源を手に入れるために知能を利用できる個体は、より永続する基盤に立った群れでの生活の利益を保持できるだろうということである。この論理は、社会集団が準永続的な集合の場合にのみ当てはまる。湖にいる野生のアヒルの群れ、移動する有蹄動物の群れやオキアミを食べる魚群のような一時的な群れは、上記のような知能への選択的効果を有しているとは考えられていない。すべての社会性が認知的に高度な技能を要するとは限らない。哺乳類に見られる明らかに「賢い」行動の報告は、ほとんどが準永続的に社会的である種の哺乳類に関するもので、社会的知能に関する提案と一致している点は興味深い。残念ながら、比較心理学は有効な「動物用知能テスト」を見つけていないため（Warren 1973）、研究者たちは社会性の影響をさらに調べるため、脳容量の測定に転じたのだった。

## 社会的脳

サル類や類人猿は、同じ体の大きさの典型的哺乳類の平均して二倍の容量の脳をもち、ヒトは六倍の脳容量をもつ（Jerison 1973）。ヒトの並外れた脳容量がつつましくもはるか昔の霊長類の祖先の社会問題に端を発していると最初に論じたのは、神経科学者のレズリー・ブラザースであった（Brothers 1990）。だが、この考えを裏づける証拠のほとんどは、野外調査のデータ分析によるものである。霊長類の間では、脳容量に見られる差異は、主としていくつかの種における増大した新皮質の関数である（ただし、ほとんどの種で新皮質の増大は小脳の増大の陰に隠れている）。ロビン・ダンバーは、霊長類では、新皮質の容量は（絶対量で測っても、脳の他の部分との割合で測っても）典型的な社会的群れの大きさによって変化することを示した（Dunbar 1992b）。これに対して、生息地域、日中の行動時間、食事の種類、食物の入手方法などの環境の複雑さを測定しても、脳容量とは関係がないことがわかった。そこでダンバーは、霊長類の種における典型的な群れの大きさは、各個体が直面する社会的な複雑さを測る格好の指標であり、種における新皮質の容量によって、その種の個体が長期にわたって暮らすことができる社会的な群れの大きさが決まると論じた（各個体は安全のため群れに留まる必要があるので、分裂か合流かによって群れの大きさが調整されることがたまたま実際に起こりうる。短期間なら、個体は最適とは言えない大きさの群れで暮らすことを余儀なくされる）。進化という時間の中では、その関係が逆転している。社会的脳の仮説によると、群れが大きくなりその結果の社会的な群れの複雑さが霊長類における新皮質増大を促す選択圧となった。

霊長類の研究結果に加え、他の哺乳類の群れ（食虫類、翼手目類のコウモリ、食肉目、クジラ目）において、社会的な群れの平均的な大きさと新皮質の容量の間に明らかな相関関係が見られる（Barton & Dunbar 1997; Dunbar 1998; Dunbar & Bever 1998）。偶蹄目の有蹄類にこの結果が見られないことは、重要な点である（Shultz & Dunbar 2006）。これらの種の群れはサルやマングースの群れとはまったく違うので、この点は理にかなっている。ほとんどの偶蹄目の有蹄類は群れで暮らしているが、群れていても個体同士が知っているという明確な兆候はない。彼らは他個体と出会うたびに、直接的な状況からの手がかりに基づいて反応する。群れの中で、個体は実際互いに関係をもたない。ただ一緒にいるだけである。これは霊長類や社会的な肉食動物、ハクジラ、ゾウ、ウマなどの準永続的な群れの暮らしとはまったく異なる。準永続的な群れでは、識別された社会関係が発達する。すなわち、誰が誰と血縁関係があるのかを知り、過去に誰が助けてくれたかを覚え、毛づくろいをした相手を見失わないようにする等々に注意を払うのである。群れが相互に識別される関係をもつ個体からなる種にのみ、群れの大きさが重要な計算負荷となり、より大きな新皮質の進化という結果をもたらした。さらに、いくつかの霊長類の種（旧世界サルや類人猿）の中には、群れの大きさが個体の毛づくろいをする時間数と相関関係があり（Dunbar 1991, 1998）、これらの種では個体がさらに大きな群れ生活をすることになれば、将来の同盟ネットワークを築くためにさらに多くの時間を割く必要があることが示唆される。

この図式は素晴らしい進化の論理を示している。だが、これは行動そのものよりは、知的行動の必要性という間接的な証拠に基づいている。しかしながら、まさにたまたまながら、動物が社会的操作を利用するのを直接評価する機会があった。その一つが例の、霊長類による戦術的な騙しである。われわれがすべての種に及ぶ霊長類の戦術的な騙しの相当な量の記録を集めたこと、そして騙しを用いる頻度が種によって体系的に異なることを思い出してほしい（Byrne & Whiten 1990）。その相違の一部は、間違いなく、種によって観察者の努力に偏りがあったという事実を反映していた。たとえば、地上に住むサル類と類人猿は、樹上性のサルや類人猿よりかなり頻繁に、ずっと念入りに研究された。しかし、騙しの頻度の生データに努力に応じた修正をしても、その種が騙しを用いるのをどれほど観察されたかという点での違いは残された（Byrne & Whiten 1992）。これらの相違は新皮質の容量によってうまく予測されることが明らかとなったが、脳の他の部分の容量による影響はない（Byrne & Corp 2004）。このことは、霊長類の種が複雑な操作戦術に依存する程度に脳容量が直接影響を及ぼしていることを示している。

これらの事実によって、社会的知能の理論は広く受け入れられることになった。社会性哺乳類の脳が拡大していく進化上の主たる刺激となったのは、複雑な社会関係のネットワークを把握する必要性を含めて、より有効な社会的操作を促すより大きな新皮質領域が必要であったというのが、今や「主流」となった（Brüne et al. 2003; Goody 1995; Seyfarth & Cheney 2002）。すなわち、より大きな脳が進化したのは、より高度な社会的技術が必要になったためであった。脳容量が増したことによって急速な学習が可能になり、それがすべてのサル類と類人猿が共有する社会的精巧さの基礎となった。

## 社会的知能は「脳領域に固有」か？

効率よく巧みに社会的操作をするという強みが、脳の対応する場所である新皮質の増大につながったとするなら、その結果は、他の認知課題は不得意でも、社会的問題を解決することに特殊化した脳ということになるのだろうか。この疑問は、心理学における昔からの議論と呼応している。すなわち、知能はあらゆる種類の情報を扱う単一の能力なのだろうか、それとも、さまざまな技能に応じて異なる複数の「知能」があるのだろうか。この歴史的な議論は、たった一つの数値、「g（一般知能）」の値がヒトの知能を表すのか、それとも、知能はモジュールで構成され、そのため各モジュールに多かれ少なかれ力の差があるのだろうか、という疑問を投げかけた（Sternberg 1985）。心理学が人間の心理測定の問題を解決しなかったことは認めねばならない。そういう議論がしばしば、対抗した統計学による方法論の擁護に陥ってしまったというのが大方の理由である。だが、動物種の知能に関しては、さらに進歩する可能性がある。ヒトの個人間の微妙な差より、動物種の能力における差はもっと大きなスケールのものであると予想されるからである（Byrne 1995a）。

動物の精巧な認知能力に関する証拠を見てみると、最も印象的な例の中でも、確かに社会関係の理解と社会的操作に関わるものが多い。特に、社会関係における微妙なニュアンスに気づきコミュニケーションするサルの能力は、物理的世界での反応に見られる外見上の不器用さとまったく対照的である。ドロシー・チェニーとロバート・セイファースは、研究していたベルベットモンキーが警戒コールから素早く効率的に情報を取り出す能力があることに感心し、捕食者の存在を示す他の手がかりのシミュレーションを試みた（Cheney & Seyfarth 1985）。彼らは野球のボールで「ニシキヘビの通った道」を作り、木にアンテロープの死骸を吊した（観光客であれば誰でも知っているが、ヒョウが獲物を貯蔵するやり方である）。乾燥地帯のカバのように、明らかにおかしな状況をシミュレーションするために、音声再生を用いた。これらのどれに対しても、ベルベットモンキーは反応しなかった。ベルベットモンキーは、一番の捕食者の存在を示すこれらの状況に関心すら示さなかった。ヒトが作った刺激は決して完璧ではないとも言えるだろう。おそらく、彼らは本物のニシキヘビの跡と偽物を区別できるのではないか。逸話的証拠は、そうではないことを示している。本物のニシキヘビが通った跡があり、研究者たちには巨大なニシキヘビがそばにいるとわかった時でも、彼らは反応しなかった。それどころか、その跡を踏みつけて歩いて行った。チェニーとセイファースはこの比較に基づいて、サルは脳に社会的知能という「モジュール」をもっているが、（われわれヒトと異なり）環境に関する知能モジュールに欠けていると指摘した（Cheney & Seyfarth 1990a）。

しかし、［見られなかったという］否定的な証拠から確固たる演繹的推論をするのは常に難しい。おそらく、サルが捕食者のすべての形跡にいちいち大げさな反応を示すと考えるのは、ほとんどの人が壮年になるまでに死亡する主要なリスクである自動車の形跡を見て大げさな反応をする以上に非生産的だろう。サルは他動物種の指示的コールを利用し、そしてまた、直近の出来事の記憶を駆使して、不明瞭な警戒コールから実際にどの危険が存在するのかを推論する（第3章を参照）。これらのことから考えると、サルが自然環境内に起こった出来事に常にあまり気づかないという提案は、疑問視される。

モジュール理論では、新皮質の容量が社会的操作を良く予測することが示されてきたので、新皮質はおそらく社会的知能に適応しているのだろう。だが霊長類では、実際に大きな新皮質をもつことが、仲間から社会的学習をする、道具を使う、行動レパートリーを新しく作るというような、知能の他のサインを示す頻度と相関していることがわかっている（Reader & Laland 2001. 第7章を参照）。少なくとも霊長類では、新皮質の容量は特定の社会的モジュールというよりは、一般知識という点から最も良く理解されそうである（Deaner et al. 2006）。だがそれでも、大きな脳の発達をもたらしたのは、進化が社会的操作における技術を選択したからかもしれない。しかしそうであっても、その結果生じた問題解決能力は、まったく別の分野でも成果をあげている。

カラス科でも、発達した認知は領域一般であることが示されており、非常によく研究されている食物確保や食物貯蔵の領域に限らない。たとえば、ミヤマガラスやコクマルガラスにおける協力関係は、相互援助や闘争後の宥和（Seed et al. 2007）も含めて、霊長類の同盟のいくつかの特徴を共有している（Emery et al. 2007）。マツカケスは第三者を観察するだけで、他個体の社会的順位がわかる（Paz-y-Mino et al. 2004）。

また、霊長類と同じように──大量のアマチュアによる文献のメタ分析から──革新の頻度と道具としての物の使用という測度によって、トリの脳の増大と密接な関係があることが示されている（Lefebvre et al. 1997; Lefebvre et al. 2004）。しかし、霊長類の場合と異なり、脳の増大と社会的な群れの大きさの関連を示す証拠はないので、カラス科の社会的技術の進化の起源は、社会的生活の挑戦ではなかったようである（Emery & Clayton 2005）。カラス科と霊長類の間のいずれの社会的技術の収斂も、領域一般知能のレベルにあるに違いなく、おそらく、それぞれ異なる進化の淘汰圧によってもたらされたのだろう。オウムは非常に脳が大きいもう一つのトリの分類群であるが、そのかなり広範囲の能力は、ここでも領域一般知能を示している。しかし、オウムの自然環境での行動に関する知識が欠けているので、その知的能力の進化の起源について、証拠に基づいて推論することができない。

## 脳容量とその意味するところ

脳容量が賢い行動や挑戦を克服する測度と相関することを示すこれらの例を目の当たりにすると、脳の増大は普遍的に素晴らしいことであると考えたくなる。だが、生命はそんなに単純ではない。哺乳類や鳥類のような動物の群れの大多数では、脳容量が体の大きさに相関する一般的傾向を示す。対象集団の成員であることとその特定の大きさだけから脳容量を割り出すのに、アロメトリー（相対成長）尺度が用いられる。この予測された容量を当該種の（計測された標準的な）実際の脳容量と比較することができる。動物の脳容量の研究の先駆者であるハリー・ジェリソンは比率を使って比較し、それをＩＱからの類推によって脳化指数（encephalization quotient: ＥＱ＝測定値／期待値）と呼んだ（Jerison 1963, 1973）。その後多くの研究者が、ＥＱ比もしくは体の大きさに対する脳容量の相対的な指標が、種の知能の適切な指標だろうと考えてきた。

しかし、脳が動物の「内蔵されたコンピュータ」である限り、どのようなコンピュータ装置にも共通する（つまり外側のケースや電源の大きさや重さについては含まない）作動原理に従わなければならない。ジェリソン自身気がついていたように、むしろ構成要素の数が知力の重要な決定要因でありそうだ。あるいはおそらく、コンピュータ機能のための「余分の」コンポーネントの数、歩行や消化を制御するなどのルーチンワークに携わる神経細胞に対して余分な構成要素の数が重要かもしれない。あるいは、神経細胞の相互連結の豊富さかもしれない。相互連結が多数である方がより効率の良い計算が可能になるからである。現時点では、これらのパラメータのどれが最も影響するのかの解答はないが、これらすべては、体の大きさに対する脳容量を評価するのではなく、脳領域の**絶対的**大きさが計算力のよりよい測度を与えることを示している。

個体間の競争がダーウィン適応度にとって重要な機能を司っているどんな脳領域も、進化的時間を経て大きくなると期待するかもしれない。しかし、脳が大きくなるとリスクを伴うのである。脳の組織は体の中で一番エネルギー消費の高い組織である。唯一、同じレベルの代謝によるエネルギー消費をするのは消化器官だけである。活発なイオンポンプによって維持されている脂質膜という不安定な構造のせいで、脳は「使用」されていようがそうでなかろうが、容赦なくエネルギーの補給を必要とする。また、室温ではエネルギー供給が止まるとすぐに変性が始まる。相対的な脳容量は動物にとってのリスクの指標として見るのが最も良いだろう。ある体の大きさに対して脳容量が大きくなればなるほど、リスクもそれだけ大きくなる。サル類は大きな脳のおかげで賢いという利を得ている。ナマケモノやアリクイは体の割に脳は小さいが、大方の点でより幸せな生活を送っている。

このリスクは三つの仕方で減らすことができる。一つは、ある部分が大きくなって他の部分が小さくなるというように、脳内でトレードオフが起こることであろう。この視点では、真猿類（サル類と類人猿）の嗅覚領域が小さくなったのは、真猿の進化において嗅覚が重要でなかったからということにはならないということがわかる。脳全体の中で大幅な増大が起こった視覚より重要でなかっただけである。嗅覚と視覚のトレードオフがあっても、真猿類は哺乳類並みの比較的大容量の脳をもっているので、脳の増大が特に有益だったに違いない。第二は、食物が変わることでエネルギーがより確実に、より楽に、得られるようになることである。たとえば、人類進化の初期段階では、生肉を食べること、もしくは、調理をすることへの食事の移行（Wrangham 2009）のどちらもが、脳の急速な増大を可能にしたと思われる。第三は、種の身体サイズが大きくなっても脳が大きくなる必要がなければ、リスクは減る。類人猿の身体を大きくした淘汰圧の要因の一つは、大きな脳に適応しなければならないという差し迫った必要性からくる、この種のリスクを軽減するためだったかもしれない。

これらすべてが、まるでそれほど複雑ではないかのように思えるかもしれないが、鳥類が含まれると、事態はぐっと複雑さを増す。問題は明らかである。トリの脳は絶対的に小さい。実際、空を飛ぶほとんどの種は、飛ぶために必要でない身体部位が増大するのを厳しく抑止しなければならない。それでも、鳥類の小さな脳は、課題解決能力に関して哺乳類の大きな脳と同じく非常に良く働いているように思われる。

カラスやオウムは類人猿よりかなり小さな脳しかないが、多くの同じような能力を示す。鳥類の中でもカラスのグループは、脳が一番大きな科の一つである。ところが、一番大きなカラスであるワタリガラスの脳でもクルミ大である。オウムの場合も同じである。といって、われわれは似たもの同士を比べているのであろうか。鳥類は哺乳類とはまったく異なる脳の構造をもつ。しかも、共通祖先から分かれたのはおよそ三億年前である。鳥類と哺乳類の脳に相同的構造を認めるには困難があり、哺乳類との直接の比較を試みた研究者はしばしば混乱する（Healy & Rowe 2007）。しかしながら、現在の証拠からは、鳥類の脳のニドパリウム帯と他の前脳部の構造が哺乳類の等皮質と相同であると言える（Jarvis & Consortium 2005）。そしてカラス科のニドパリウム帯は、ハトなど他の同じ大きさのトリと比べて、かなり増大している。ネイサン・エメリーは、カラス科では他のトリの同じ部位より神経がかなり密集しており、神経の数が多いので、これが謎を解くかもしれないと論じている（Emery 2006）。神経の数は、たとえばハトの二倍である（Voronov et al. 1994）。これらすべてを考慮に入れれば、カラスと類人猿の機能的に同等な脳領域の神経数が同じだと言えるかどうかは、まだわからない。

## 社会的知能はどのように機能するのか —— 洞察なしの対処

サル類は長い時間をかけて、同盟関係を作り上げる。彼らは、優位性や血縁関係を考慮しながら、最も役に立つ連合関係を見定め、時折の不和を修復しながら、仲良し集団を維持しようと懸命に努める。ビジネスの会議や学会で見られるネットワーク作りさながらである。また、サル類や類人猿が自分の目的を達成するために騙しを用い、音声信号から聞き取ったことを解釈して見えない所にいる他個体同士のやりとりを監視することもわかった。このような社会的知能のすべてが他の個体の心の洞察に基づいているという仮説を排除するのは難しい。

より優れた知能とか高度な認知という言葉が、社会性と脳の増大に関する議論で自由に用いられるが、その多くは、当該の動物たちが示しているのがどの特定の認知メカニズムなのかに踏み込むことを避ける、ぼかし言葉として機能している。言葉による指示に従う協力的な実験参加者がいなければ、実際のところ、認知心理学の実験室で確実なことを言うのは難しいだろう。この章の最後のセクションでは、社会的知能に関するデータによって、どんな認知メカニズムが最小限示唆されるかについて概略を述べるよう試みる。ワーキングメモリ、選択的注意、エピソード記憶、予測的計画などの特定の認知的構成要素を種をこえて比較できれば、ずっと容易にできるだろう。だが、それは将来のことである。認知的に優れていることを示す行動の多くと、そしてそれに結びついた脳容量は、その差異の範囲が連続的である。連続的に異なるということは、これらの認知的拡充をもたらした進化的変化も連続的であった可能性を示している。すなわち、おそらく認知構成を再構築したり、まったく新しいシステムを導入したりしたというよりは、「ほぼ同じもの」を生みだしたようである。これは完璧な説明として可能だろうか。構成要素の点で動物にかなり一般的で、ある種でより劣っているか優れているかという点でのみ異なる場合に、種間の変異をどこまで理解しうるのだろうか。

高度に社会化した動物は、孤立して暮らす動物に比べてずっと識別力をもつ知覚システムが確かに必要となるだろう。それは、多くの異なる個体を認識させることを可能にするわずかな手がかりを識別するためであり、無関係なものに邪魔されずに関連する情報を取り出すため鍵となる部分に焦点を合わせて注目し続けるためであり、気分や気質を示す表情や姿勢、そして音質のわずかな違いを見分けるためである（Barton 1998, 2006）。われわれは人間の経験から、この種の知覚がいかに強力でありうるかを知っている。私が共同研究してきた長期間の研究に携わる研究者たちは、千四百頭のゾウのほぼすべての個体を、メモを見ずに識別できる！　われわれが知らないことは、脳の問題の観点から、知覚認知とカテゴリー化がどれほど「高くつくか」ということである。だが、視覚の処理は、いわゆる後頭葉の視覚野をかなり超えて、ヒトの皮質の大きな領域を占める。そのため、これが脳増大にかなり貢献したかもしれない（Barton 2006）。霊長類は視覚に特殊化しているが、他の高度な社会性のある哺乳類のグループでは、視覚以外のさまざまな知覚システムが優勢になっている。たとえば、ハクジラやコウモリのソナー（反響定位）である。

知覚の特殊化に加え、高度なやり方で社会生活に対処するには、知識を蓄え、それを使用するための強力な手段が必要になる。サルが第三者を観察して、他個体の順位や血縁関係を学習できるという事実は、社会に関する事実を素早く拾い上げる能力があることを示している。騙しによる手の込んだ社会的操作の例の多くは、唯一とは言わないまでも、希な過去の出来事から学習する必要があったに違いない（Byrne 1997a; Byrne & Whiten 1991）。たとえば、子どものヒヒが食物を持っている大人のヒヒに近づきすぎて攻撃され、恐れの叫びをあげ、母親が防御するために駆けつけることになり、たまたま、棚ぼたで食物が手に入ることになったことがあったかもしれない。うまくやったが、洞察は必要ない。このような偶然はそうそうあるわけではないが、ヒヒが他の個体と自分の母親との相対的な順位関係を知っており、母親がそこにいるかいないかわかっていて、たった一度の偶然から学習できるなら、どのようにして高度な騙しの策略を身につけられるかを理解するのは難しくない。

それゆえ、少なくとも社会状況において敏速に学習することは、脳の増大によってすべての脊椎動物にとって基本となる能力の効率が増大したことのもう一つの側面である。相当数の個体について、彼らの典型的な行動様式や肉親や遠縁に関する血縁関係、自分自身と第三者に対する順位関係、多くの連合関係からなる社会環境内で「ネットワークを作る」のを当てにできる個体の経歴 —— これらを身につけ、覚えておかなければならないおそろしいほど膨大な量の情報のすべてを、大きなサルの群れ（あるいは、より高等な秩序をもつイルカの連合や、野犬の一群）の中の社会的相互作用に適切に反応するために、過去の出来事から学習せねばならない。これは、制限された、能率の悪い長期記憶システムでは不可能だろう。かなり一般的な、遺伝的にプログラムされた規則と高度に弁別可能な知覚システム、これらは社会状況の中での敏速な学習と効率の良い長期記憶と結びついているが、これらすべてが、動物の社会的な複雑さを説明するのに必要なのは確かである。よく知られているが、サー・ボブ・ゲルドフが「飢餓救済のための」第一回ライブエイド・チャリティーコンサート後にこう述べた。「それだけ？」ほとんどの動物にとっては、私はそうだと思う。確かに、ヒト以外の霊長類の社会的駆け引きを、和解、同盟形成、戦術的な騙し、指示的コミュニケーションといった人間に用いられる言葉で、まるで動物がヒトと同じように動作を解釈し、前もって計画し、それらの運用法を理解しているかのように記述したくなる。だがこれらの社会的な技術がもたらすものを詳しく見ると、そうではないことが示唆される（シャーロット・ヘメリックの研究も参照。洞察を必要とせずに、単純な規則によってサルの社会的な技術を産みだしえることを繰り返し示している。Hemelrijk 1994a, 1997; Hemelrijk & Bolhuis 2011）。

諸々の関係を覚えておくのはかなりの記憶負荷をもたらす。サル類や類人猿が他のほとんどの哺乳類より同種についての社会的な関連情報、つまり順位、血縁関係、最近特定の獲物にある戦術を用いたかどうか、それがうまくいったかどうか、等についての情報を素早く記憶するとしよう（これは、霊長類で知られている実験室課題における学習の素早さと一致している）。すると、各個体は社会内の仲間に関連する事実についての、非常に増強されたデータベースをもつことになる。そして、誰と同盟するかを選び、相手からの抗議を記憶し、攻撃に報復したり、第二の犠牲者を選んだり、関係を築いたり修復したりする駆け引きのほとんどは、かなり一般的な原則に基づいているだろう。その原則は、種特有なものでありうるし、単純な規則として容易に遺伝的にコード化されうるものであろう（Byrne 1995b, 2002a）。必要なすべては、各個体にとって「良いもの」と呼べる何かの単一の記録である。この記録は、血縁を示すものや積極的な関与を示すもの、そして他個体を助けて「良い」と評価されたことによって増えるだろう。そして、自分に関わる争い、あるいは「良い」と評価された他個体が巻き込まれた争いを観察することで減少するだろう。騙しの策略を用いるなどの、さらに特異的な社会的操作は学習に依存するに違いない（Byrne & Whiten 1997）。サル類や類人猿が生き残るために重要な社会的事実と周囲の状況を素早く結びつける拡大された能力をもっているなら、より手の込んだ複雑な策略を作り上げていくだろう。つまり、実際には普通の試行錯誤の学習によって習得するのだが、本当に理解しているという印象を与える策略である。それゆえヒト以外の霊長類や他の種の「賢い」社会的な策略の大半は、哺乳類の新皮質の増大が高度に識別できる知覚、社会的文脈の中での敏速な学習、効率よい長期記憶をもつようになったとすれば、洞察を必要とせずに理解できる。

さて、最終章ではどんな社会的知識が示されるのだろうか。確かにそれは、洞察による心の理解と一致している、つまり、他者はわれわれと同じように世界について知っており、その知識は不完全なことがあり、各自が考えていることが行うことにつながると気づいているだろうか。そう、洞察と矛盾しないが、だからといって洞察が最善の説明ということではない。もう少し簡単な、「有効性」といったものとして注記されるような説明を考えてみよう。あなたの子どもをはっきり見通せる視線上に捕食者がいて、子どもを見つめているのが有効とマークされれば、行動を起こす必要がある。塀の後ろにいるか、あるいは、目を閉じている捕食者は有効性がないから、もっと安全である。食物を隠した時にその場にいないライバルは有効性がないが、じっと見ているライバルは有効性がありそうである。だが、もし離れていたり、食物を薄暗闇の所に隠したり、食物を手にした時に相手との間に障害物があれば、それほどでもない。物理的に観察可能な相関関係に基づいて捕食者やライバルに有効性を帰属させることで、動物はわれわれを驚かせるような行動をとることができるだろう。

この答えは夢がないと思えるかもしれないが、実際のところ、ヒトの日常の認知の大部分は精巧な知覚、敏速な学習、膨大な記憶に基づいている。もっとも時折、行為を振り返って、かなり意図的な言葉で魅力的に見えるようにしようとするが（Bargh & Chartrand 1999）。ヒトがいまだに社会認知の原始的なメカニズムに頼っているとわかっても驚くことではない。われわれに近縁のほとんどすべての霊長類、つまりサル類や類人猿の高度な社会性から判断するに、ヒトは、社会性の祖先からの長い道のりをたどってきた。進化では、ヒトにおいてさえも、必ずしも単純で原始的なメカニズムがもっと優れた精巧なものに置き替わるとは限らない。それらが「原始的」だからという理由だけで、進化が役に立つメカニズムを捨てることはない。原始的という言葉は、日常会話ではひどく単純で時代遅れと混同して用いられるが、進化論では、系統の中で新たに進化した「派生的な」形質という意味に対比して、単にその前の祖先から受け継がれたということを意味する。

たとえば、われわれは視線追従と視線プライミングの傾向を失っていない。それどころか、キツネザルやカラスにあるのと同じ心的メカニズムによって、世界の出来事や対象に一日に百回も注意を注いでいると考える理由が十分にある。しかし、われわれの系統の古い心的メカニズムは、どうやらわれわれにはあまり際立っては見えない。というのも、それは、努力を要しない自動的な情報処理の「カプセルに収められたモジュール」になっていて、その大部分が意識的に監視したり制御したりできないからである（Fodor 1983）。そういう理由で、自動的な視線追従や視線プライミングは、われわれヒト以外のものに容易に観察されるのである。われわれはそれよりも、特に、何かをしでかした理由を内省しなければならない時に、意識的な思考という努力を要する作業にずっと気づくのである。なぜある特定の行動をしたかの理由についての人々の後づけの理論は、懐疑的に見なければならない。根底にある脳のプロセスへの洞察なしに、「もっと複雑な」心的過程に基づくありそうな仮説を作り出しがちなのである。社会心理学者は膨大なそのような具体例を記録し、何が行動をコントロールしたかに関する人々の説明が間違いであることを証明した（Nisbett & Ross 1980）。たいていは、より「高度な」、より「知的な」、より「複雑な」情報処理を主張する方向になる。ヒトは、自分自身を過剰に信用することにかけては、実に素早いのである。

もちろん、われわれは時には、ここまで議論してきたメカニズムに優る形で、他者や自分たちの行動を本当に理解することもある。では、ヒトの洞察はヒトだけのものだろうか。第8章で数種の動物の中にも、それ以上のものが少しでもあるかもしれないという証拠に特に焦点を当てる。ヒト以外の動物の間に見られる違いは質的な違いかもしれず、ある種の社会行動は、それがどのように機能するのかの洞察に基づいているのかもしれない。しかしそうする前に、何が起きているのかの洞察がなくても各個体が賢く見えるのに役立つ、仕組みの一覧を完成させる必要がある。すなわち、社会生活で自動的に得られる利益についてである。

第7章

# 他者からの学習

## 文化的知性？

前章では、同種の社会的な群れで長期間暮らす個体が直面する困難、すなわち、他の複数の個体と暮らすことによる余分な食物獲得のコストを強調しようと努めた。分裂と合流を繰り返す遊動や狡猾な社会的操作という手段によって、この負担を限られた範囲でなら軽減することはできる。霊長類がそれでも集団で暮らす主たる理由は捕食の危険性を減らすためであると、広く受け入れられている（van Schaik 1983）。しかし、周りの世界について学習することに重きを置いている霊長類の多くの種に属する個体にとって、もう一つもつことができる強みがある。それは、他者の行動や産物に触れることによって学習を高めるさまざまなやり方からもたらされる強みであり、それはひとまとめにして、「社会的学習」と呼ばれる。

## 社会的学習

社会的学習は、動物行動研究における巨大なトピックである。幾多の異なる理論や提案が、いかにさまざまな事例に当てはまるかを競ってきたが、その多くはおそらく正しい。それらはすべて、集団内のある個体は他の個体がもっていない知識を備えている高い可能性から出発する。ヒグマのように一般的に社会的でないと考えられている種であっても、子どもは母親と数ヵ月を共にするし、母親は子どもにはないスキルをたくさんもっている。それでは、熟練した個体と一緒にいると、知識のない個体はどのようにして恩恵をこうむるのだろうか。ここで私は、非常に簡潔に、できるだけ日常の言葉で言い換えて説明するつもりである。もっとも、なかには避けられない専門語もいくつかある（詳細についてはByrne 1995a; Hoppit & Laland 2008参照）。

まず、熟練した個体と一緒に出かけて、知識のない個体が行き当たりばったりで歩いて出会うであろう場合とは違った範囲のその土地の環境に**触れる**。特に、食物が見つけられる安全な場所で時間を過ごすだろう。したがって、有益な学習が、個体の探索からもたらされやすくなる。第二に、社会性のある動物の中には（おそらく、すべてであるが）、他の個体が接触しにやってくるのを見た場所や対象といっそう触れ合う傾向を示すものがいる。これは**刺激強調**（stimulus enhancement）と呼ばれる。これは、何も知らない観察者をその環境内でより好ましい一連の対象や場所に自動的に触れさせ、ここでも、効果的な学習を後押しする。刺激強調には同種個体の反応に敏感になることも含まれる。もし動物が吐き気をもよおしたり、具合が悪い様子が見られたら、その場所は避けられるだろう。第三に、自分の行動レパートリーにある動作を他個体がしているのに気づくと、次にはその行為をいっそうするようになりやすい。これは、**反応促進**（response facilitation）と呼ばれる。それは、直接体験や刺激強調と組み合わさって、知識のない動物が、他個体がするのを見た動作を、それが行われるのを見た場所で、他個体も関わっていた種類の対象に応用して、その動作を試みるだろう、ということを意味する。その結果は、意図的なコピーのように見える。「模倣」という言葉がよく用いられるが、これらの特性すべては、機械的で自動的な傾向であると提案されていることを覚えておいてほしい。

刺激強調と反応促進はやっかいな専門用語である。しかし両語とも、脳の記録の**プライミング**の問題として非常に単純に理解することができる（Byrne 1998）。プライミングでは、社会的文脈内で観察されたことと一致する記録が自動的に活性化される。他個体がその環境と関わるのを見ると、その行動に含まれる対象や動作についての脳の記録がプライムされる、すなわち活性化される（それぞれ、刺激強調と反応促進が生じる）。このように、観察する側の注意や探索が自動的にすべきことの方へ向けられる。知識のない動物は、自分がしていることが実際には知識をもっている個体をコピーしているとわからないだろう。そこでは、洞察は必要とされない。しかしながらその結果は、群れの他個体たちが優れた専門的技術をもっていれば、社会的生活をしている知識をもたない個体にとって大きな利益をもたらす。

注意すべきは、これらのメカニズムは保守的傾向もまたもたらすことである。学習はその結果として、群れの個体に役立つとすでにわかっている環境や方法へいっそう向けられることになる。特に、それらの方法がすでに学習個体の行動レパートリーや経験の一部となっている場合にそれが言える。それゆえ、社会的学習が支配的になると、新しい技術の革新は少なくなる。結果としての個体の探求による恩恵（危険はあるが革新的となりうる）と社会的学習（安全だが保守的）のバランス、そしてそれが環境の不安定さによってどのように変わるかは、数学的にモデル化することができる（Laland 1996）。けれども、基本的な傾向は明らかである。急激に変化する環境で、間違う危険性が少ない場合は、社会的学習より個々の個体の学習がよりよい賭けである。ドブネズミは新しい生息地でコロニーを作り、片利共生するニッチを利用できる種として広く知られている。また、個体の学習能力は数世代の動物心理学者を多忙にするほどである（このネズミでさえ、餌を食べる段になると社会的学習に頼る（Galef 1991）。巣穴に戻ったネズミは、これから餌を食べねばならないネズミに彼らの口のわずかな食物の匂いを調べさせ、「何を食べるかの」選択は、他個体が食べて生き残ったものに影響される）。これに対して、われわれに最も近い霊長類のほとんどは熱帯雨林に生息しており、（現生人類が活動する前は）安定した生息域だが、毒性の高い植物が多く、そのためこれらの霊長類の種は強く社会的学習に頼ることが多い。

## 革新的行動

こういう背景を知ると、ヒト以外の霊長類が保守的であると知られてきたのも別に驚くことではない。もっとも、マハレのマンゴーの場合のように、保守的傾向の程度はいまだにわれわれを驚かせる。第一次世界大戦前に植民地のドイツ人支配者によって、タンガニーカでマンゴーの木が広範囲に植えられた。それらのうちのあるものは、タンガニーカ湖の近くにあるマハレのチンパンジーのコミュニティの範囲内にある。動物園の飼育係とのちょっとした話からも立証されるように、マンゴーはわれわれにとってそうであるように、チンパンジーにとってもおいしい。だが、マハレの野生のチンパンジーがマンゴーを食べるのを初めて観察されたのは、一九八一年になってからであった（Takasaki 1983）。

「変わった習慣」の逸話的記録が、しばしば半大衆向けの雑誌や学術雑誌にさえ報告される。サイモン・リーダーたちは、これらの記録をさまざまな種の霊長類が革新的行動をする頻度の指数を収集するために用いた（Reader et al. 2011）。この研究成果の指数を補正して、革新的行動の可能性は動物種の新皮質の大きさから十分に予測できることがわかった。同じ分析に、各動物種がどのくらい社会的学習に頼るのかについての測度も含められたが、これも新皮質の大きさと相関することがわかった。社会的学習に頼ることでリスクを伴う探索をあまりしなくてすむようになるが、そのため革新的行動を示す可能性も減じられてしまうに違いない、と考えられるが、事実は、これら二つの測度は、霊長類の間では相関関係にある。この相関関係は明らかに脳容量の違いによって引き起こされる。その結果を用いて研究者たちは、ヒトのIQテストで行われているのと同じように、種の一般知能gを特徴づけられると論じている。たとえば、理論的理由からも実証的理由からも、保守的な社会的学習に優れていると思われているチンパンジーは、高度な革新的行動も示す。「その理由」は、チンパンジーが大容量の新皮質をもっているからである。疑問ありげにカギ括弧をつけているのは、これらの相関関係の研究が、因果関係の方向性に関して何も示していないからである。おそらく、ある時点における脳［容量］の相違が行動の相違を引き起こすという方がありそうである。だが、進化の時間という尺度の中で、脳容量の増大が社会的学習からの環境の利益によって引き起こされたのか、革新的行動からのそれか、あるいはまったく異なるものからのそれなのかは、まだわからない。

革新的行動を有益に用いる主な舞台は策略的な騙しである。それによって誤解を招く印象が他個体に生じて、信号を送る側が有利になる。大勢の経験豊かな霊長類学者の貢献によって、すでに霊長類の策略的騙しに関する大量の記録がある。そこで私は、それらの策略そのものを調べて、それがどのようにして起こったかの証拠を集めた（Byrne 2003a）。ほとんどすべての例で、騙しに用いられた策略は、当該種の通常の行動レパートリー中に含まれる動作であった。「革新的」なのは、それを用いるタイミングと状況だけであった。この発見は、以前行った、策略的騙しの使用はほとんどの例で、そのメカニズムに対する洞察なしに学習されると指摘した分析（Byrne 1997a）と一致している。また、革新的行動はその状況での必要を把握する問題指向型の反応であるとする、どんな考えも支持しなかった。必要が発明の母というより、霊長類の策略的騙しでは、幸運と大容量の脳の方が真の生みの親であるように思われる。

社会的状況についての大量の情報を見分けて覚えることができる種は、多くの社会的状況を経験すれば、自分たちに利益をもたらす新しい反応を取り入れる幸運を「偶然に」より多くもつことになる。そして、その反応を覚えてまた使う。もちろん、そういう種は、すでに前章で論じた高度に社会的で、大容量の脳をもつ種である。社会的学習のように、革新的な行動は社会性のある種にとっては価値の高い利益であるが、必ずしも洞察を含んでいない。ただ唯一注意すべきは、意図的に問題指向型の革新的行動をすると確信できるヒトについてさえ、洞察による革新的行動は非常に希であり、あまり洞察の研究の助けにならないということである。ヒト以外の動物に洞察による革新的行動を期待するのは過大な要求をしていることになる。

## 動物の伝統

社会的学習への強い依存は、必然的に保守主義をもたらし、特定のノウハウが個体から個体へ受け継がれる結果になりやすく、特徴的な「伝統」のしるしを生みだす。そこには次のようなことが含まれる。（1）緊密な社会集団の個体のほとんどが、何かをする時に同じようなやり方をし、一方、他の社会的コミュニティでは、同じことを別のやり方でしたり、まったくやらなかったりする。（2）やり方は時間、世代を超えて、ある程度安定している。（3）偶然であれ新しい情報源からの社会的学習によるものであれ、それまでよりも良いやり方が見つかると、まるでバクテリアが培養基上で広がっていくように、前線を進めて着実に広まり、その結果、ある時点で、一定地域のほとんどすべての個体が、新しくて優れたやり方で行うが、他方、その地域外の個体は誰もそれをしない。（4）重要な技術が個々に発見されることがありそうもない時には、社会的学習に依存することが最上であることが多いので（Byrne 2007）、伝統によって受け継ぐという特質は「賢く」見えやすく、こうした技能は些細なことというよりは観察者をちょっと驚かせるものである。考古学者は、発掘している場所の作り主を特定するのに、この種の伝統を普通に用いている（時にはビーカー民というように、それらに名前をつけることもある）。また、大陸間の人の流れを図示するのに、あるいは知識の流れを図示するのに（というのも、人なのか考えなのか、どちらが移動したのかわかりづらいことがよくある）、こうした伝統を利用する。

ヒトでも動物でも、この伝統による方法でノウハウが伝えられるのは間違いない。パッとする例ではないが、これが起こっていることを見るための最適の場所は、たぶん郊外の庭である。非常によく研究された事例は、イギリスの家々の玄関階段に置かれた牛乳瓶の上澄みのクリームをくすねることに関わっている。かつては牛乳瓶には厚紙の蓋がしてあった。アオガラはその蓋を切れぎれに裂いて瓶を開けることを学習した。この策略は、イギリスのさまざまな場所で、別々に、何度かにわたって発見されたようである。そしてこの習慣は、これらの革新的行動が生まれた地点から、まるでバクテリアが培養基の上で広がるように広まり、ほとんどすべてのアオガラがそのやり方を知るに至った（Fisher & Hinde 1949）。その後アルミホイルの蓋が導入され、また同じ過程が一から始まった。少数の革新的なアオガラが、アルミホイルを下向きにつつくと穴が開いてクリームが見え、穴が大きくなればクリームを食べられることを知った。再び、その伝統が至る所に広がり、どこでも見られるようになった（今のところ、アオガラはスーパーマーケットの棚にあるワックスでコーティングされた紙の牛乳パックには近づけていない）。

野鳥の餌台が変わり続ける一連の謎を提供し、その解決策が同じ伝統的方法で広まっていった。カラ類のトリは、色彩に富んで人気があり、呼び寄せたい種である。彼らは、不安定な止まり木に逆さまにぶら下がって餌を食べる。それで、半分にしたヤシの実やナッツの吊り籠が吊された。はじめは、それらは意図したカラ類だけに使われていた。次に、アカゲラがココナッツをつついて取り出すようになり、さらにアオカワラヒワとイエスズメがナッツを食べるために「カラ用の給餌器」にぶら下がっているのが目撃されるようになった。これらの比較的小規模な行動における革新が広がって、どこの庭でもごく当たり前のようになった。さらに異例なのは、それ以前は何かにぶら下がるのを滅多に目にすることがなかった種、たとえばヨーロッパコマドリやツグミの一種のヨーロッパクロウタドリ、地上に暮らすイワヒバリのヨーロッパカヤククグリのような種に、ここ数年「逆さまにぶら下がる」策が徐々に広まったことである。おそらく、これらの習慣も、普通だと思われるまで広がるだろう。ヨーロッパクロウタドリの普通の住み処が庭の灌木や蔓植物であるという事実は、今日ではごく普通である。しかし、街中の庭に巣作りをするという考えは、もともとクロウタドリにとってはまったく知られていないことだった。ルイス・ルフェーブル（Lefebvre 2005）は、一八八八年にバイエルンの小さな町バンベルクでこの習慣が最初に報告されたことを発見した。彼は、この習慣がヨーロッパ中に広まっていった報告を系統的に追跡することができた。今日では、クロウタドリが街中の庭で「明らかな」機会を見逃すとは想像しがたい。

庭によってトリの伝統の研究が格段にしやすくなる。だが、伝統が社会的な動物たちの間に遍在することを疑う理由はない。また、それに関わる動物に洞察をもつとする、どんな理由もない。効率の良い社会的学習は、これまで見てきたように、個体が他の個体のノウハウから利益を得ることができる二〜三の簡単な生得的な「規則」、あるいは原則に基づいているだけでよい。進化によって産みだされると思われるのはただ、概して明らかな利益を生む簡単な規則や原則なのである。

## 動物の文化

ヒトにとって、伝統はいわゆる文化の一部である。近年、動物の中にもヒトの意味で「文化的」なものがあるという指摘が興奮を、そして論争を起こしている。これはチンパンジーから始まり（McGrew 1992; Whiten et al. 1999）、オランウータン（van Schaik et al. 2003）、そしてわれわれヒトからだいぶ離れたクジラのような動物（Rendell & Whitehead 2001）や魚類（Laland et al. 2011）にまで広がっている。これらの研究で用いられてきた用語としての文化は、行動上の特質の分布を研究することで見出される。遺伝や環境の違いによって説明できない集団間の違いが見出されると、それらは伝統であると考えられる。一つの社会集団に伝統が二つ以上見出される場合は、文化をもつと言われる（これは時に除去法と呼ばれる）。

この論理は次のようになる。新たな発明は希なことであるが（さもないと、当該種のすべての個体がそれぞれ技術を獲得できることになるだろう）、社会的学習によって知識が社会的ネットワークやコミュニティの中に、そして時にはコミュニティ間に広がることができる。自然による障害がもたらすネットワーク内の分断のため、広がりには限界がある。特権的な知識のネットワーク外では、個体はその知識を知らないままでいるか、異なるテクニックが発明された別のネットワークの一員であるおかげで、特徴が異なる変種の行動を獲得するかもしれない。このように、伝統が一様でなくパッチ状に分布していることは、知識の伝達に限界があることを意味している。その分布は、知識伝達における環境の制約からもたらされる、局所的な知識の空白を示す。この考えは、実験による研究によって支持されている。そうした研究によれば、取っ手を回すよりは引っ張ることで箱を開けることを選好するというような行動の選択が、動物園で飼育されている霊長類の群れ中に広がることが示されている（たとえばWhiten et al. 2007）。

チンパンジーやオランウータンのコミュニティ間の相違の大半は、あるかないかという性質をもつ。つまり、あるコミュニティで普通に見られることが、他のコミュニティでは単に行われない。そのような「否定的な」証拠があるため、常に、何らかの思いがけない要因（生態学的、遺伝的な）が結局のところ分布パターンを説明するかもしれないという懸念がわずかだがある。そのため、チンパンジーが軍隊アリを一網打尽にするのに、コミュニティ間で道具の製作やその使用にスタイルの違いがあるとわかった時、少なからず興奮があった。タンザニアのゴンベでは、長い堅い細枝を移動中の凶暴な軍隊アリの隊列に浸すように入れると、兵隊アリが細枝に群がって登ってくる。先頭がチンパンジーの手に到達しそうになると、すかさず細枝を持ち上げ、もう片方の手でサッと黒山のアリを拭い取り、素早く口に詰め込み、「アリに」かまれる痛みを最小限にするため急いで噛む。象牙海岸のタイでは、もっとのんびりした、片手を使う方法が用いられる。より軽くて短い枝で、時には先が枝分かれしたものをアリの隊列に浸し、クルッと回し、くっついているアリを食らい取るようにする。この方法では東アフリカ［ゴンベ］のやり方の四分の一ほどのアリしか手に入れられない。そして土地による効率の相違は、伝統的に伝えられた技術であることを示す刻印の一つである。釣り上げる方法は、たまたまどこに住んでいるかによるので、一番有効なものではないかもしれない。効率の差が大きいにもかかわらず、タイで見られた行動は、ゴンベの最適な方法に収斂されることなく、その土地のやり方に従い続けている。研究者たちは、「タイのチンパンジーは、最適とは言えない解決策に自らを縛りつけており、その解決策は社会的規範によって維持されているに違いない」（Boesch 1996）、また、「そのような行動パターンが、模倣よりも簡単な社会的学習の過程によってどのように永続されえたのかを理解するのは難しい」（Whiten et al. 1999）と結論づけた。実際彼らは、より複雑な技術は文化的に、より簡単な方法から「より『文化的進化』という用語にふさわしい過程である、拡散を伴いながら共同行為を分化させて生まれてくる」と主張した（Whiten et al. 2001）。アリ釣りの事実は、行動に見られる集団間の差異が文化を示すという確固たる証明であった。アリ釣りは二度発明されたにすぎないが、同じ結果を達成する別々の方法が、別々の知識ネットワーク内で安定したものになったのである。

しかしそれも、ギニアのボッソウで研究したタチアナ・ハムル（Humle & Matsuzawa 2002）が、同じチンパンジー個体が両方の技術を用いるのを発見するまでの話だった。おっと！　結局のところ、片手を使う方法が一般的に劣っているはずがないことは明らかである。実際、ハムルは二つの方法が、それぞれ別種のアリに適切であることを発見した（この時点まで、霊長類学者は複数の生育環境に幾種類かの軍隊アリが生息することを知らなかった）。特に攻撃的なアリに対しては、ゴンベで発見されたものもそうだが、両手でこそげる方法の方が好まれた。もう少し穏やかなアリには、特に大群で巣の外にいるのではなく隊列を組んで移動している場合、同じチンパンジーがより簡単な方法である片手使いに戻った。結局のところ、「適材適所」ということである。

それ以来、驚くことではないが、動物の文化を区別する方法としての除去法への信頼は下落した。チンパンジーのシロアリ釣りのような認知的に精巧な行動に関して、野生の個体群における他の説明を排除してしまうのは用心しなければならないからである。確かに人類学では、その土地の文化を除去法によって特定するやり方が当然のように用いられており、エスノグラフィーと呼ばれている。しかし、人類学者は難なくヒトにおける経済的および生態学的な制約を見つけることができるが、それは、単に人類学者もまたヒトだからである。それに対して、大型類人猿の行動生態学は十分には知られていない。チンパンジーやオランウータンは、熱帯雨林に生息する霊長類としても、食物品目や行動レパートリーの点で希に見る豊かさをもっている。だが、いずれの食物でも、代替食物品目間の微妙な相互作用を明らかにするのに必要な植物性化学物質や栄養素の詳細な調査はなされていない。また、道具として用いられる可能性をもつ材料についての機械的特性についての研究も、まったくされていない。生態的な要因を除去することに依存する分析方法の文脈では、こういうレベルの知識に欠けるなら、決定的なことは何も言えない。環境についてほとんどわかっていないのに、それは差異のパターンには寄与しないとしてそそくさと捨ててしまうことになる。

チンパンジーは文化について記述された初めての種であるが、三九の特徴が環境条件の制約から説明できない変異形を示すと考えられた。そのうち一八は、特定の植物や動物の採食、二一が特定の植物の道具としての使用、さらに二つは特定の有毒な虫を追い払うことに関わっている。これらをひとまとめにして、三九のうち三二例において、群れ間の変異についての生態学的な説明が可能である（Byrne 2007）。この懸念は単に、学者ぶって言っているわけではない。チンパンジーの食物に関する生態的な相違は、とても微妙なものでありえる。地面から盛り上がった巣を築くシロアリは、タンガニーカ湖東岸の三つの研究サイトで見つけられたが、その中の一つ（カソエ）のチンパンジーは、シロアリを釣るのに植物の茎を用いない。コリンズとマグルー（Collins & McGrew 1987）は、シロアリの詳細な研究を行い、二つの属の三種の異なるシロアリがいることを見出した。チンパンジーの行動は文化の差を反映しているのではなく、手に入るシロアリに合わせたものだと彼らは結論づけた。しかしながら、彼らの骨身を惜しまぬシロアリの研究がなければ、行動の差異は簡単に文化の違いによるものとされただろう。さらに、群れ間で異なる特質の分布パターンは、変異形が知識伝達の遮断によって生じる時に期待されるようなものではなかったし、バクテリアが培養基皿上で広がるそれとは似ても似つかなかった。むしろ、異なるやり方が点々と分布しており、アフリカのチンパンジーの生息域のあちこちに散らばっていた。これらの特質の多くがチンパンジーにとって新しく作り出すには難しすぎるわけではなく、そのやり方があちこちの場所で独自に作り出されたようである。この疑念は、種間の比較によって強められた。数多くの「チンパンジー文化の相違」が、ボノボでも同じであると確認されている（Hohmann & Fruth 2003）。それらの相違には片手を挙げ、握りあって毛づくろいすることや、狙いをつけて投げたり、植物を使ってハエを叩いたり、苔をスポンジのように使うことなどがある（Goodall 1986; Hobaiter et al. 2014; McGrew & Tuin 1978）。ボノボはチンパンジーと異なる種というだけでなく、アフリカで一番大きい川によって分断されている種でもある。チンパンジーもボノボも、似た環境下で同様の動作を作り出してはまた新たに作りなおす性質を備えているに違いない。

除去法への疑いは、今や、実証的データによって支持されている。カット・クープスたち（Koops et al. 2014）は、群れ間の相違は実際生態によって生じるのであって、知識の広がりの物理的な障壁によるのではないことを示した。彼らはチンパンジー、オランウータン、オマキザルの道具使用についての近年のデータ分析を再検討し、すべての場合において、個体が道具を使うかどうか、どのような頻度で使うかは、道具が必要な資源や道具を作る素材に出会う機会次第であることを示した（これらの分析の過程で、道具の使用が生態学的に植物が点在するように、乾燥した生息域で生じた結果であるという考えは、完璧に否定された）。生態学を「除去する」ことはできない。そもそも大型類人猿の研究者たちを魅了したのは他ならぬ行動の変異をもたらすものである。

この再評価から、類人猿の文化に関するまったく異なる解釈がもたらされる。今や、個体群間の差異は、知識伝達の障壁によるというよりは、機会の相違の結果であると理解される。これは素晴らしく理にかなっている。アフリカ、そしてスマトラとボルネオのスンダ諸島で野生の生息域が分断され、チンパンジーとオランウータンの多くの個体群を孤立化させたが、それはごく最近のことである。これらの種のどの生まれつきの習慣も、最も巧妙で繊細な道具作成や道具使用であってさえも、急速に変化しているという証拠はない。むしろ逆である。象牙海岸のタイフォレストでの木の実を砕く時の打ち石と台石の使用に関する人類学的研究で、チンパンジーが何千年以上も台に用いる場所を繰り返し用いていることが明らかになった（Mercader et al. 2007）。何百年以上にわたって、活動域の範囲やコミュニティ間を個体が移動することで、学習するに値するどんな技能の知識でも、必然的に広まるだろう（Byrne 2007）。最近になって新しく作り出された、急速に変化する行動の「一時的流行」では、特に、河川によってそこを越えて伝わる可能性が低くなることから生じる伝播の遅滞によって、知識がパッチ状に広がると期待される。しかし、類人猿の文化研究は一時的な流行に焦点を合わせてこなかった（しかし、オマキザルの一時的流行に関する素晴らしい研究については Perry et al. 2003 参照。知識の伝播が阻止されたり遅れたりした結果に違いない、社会的なジェスチャーの集団間の違いが示されている）。

大型類人猿の習慣の分布が生態学［的要因から］の結果であり、文化的な過程を立証しないのであれば、世代から世代への知識の伝播は重要でないということになるのだろうか。その分布が示すように、もし習慣のほとんどが一度ならず作られたのなら、それらが社会的に教えられることなく、各個体によって新たに作り出されるということがあるのだろうか。このきわめて懐疑的な示唆が真実である可能性はもっぱら、新たな発明の**ありえなさ**次第である。棍棒で叩いたり、バラバラになった骨から骨髄を取り出したり、注意を引くために枝を叩いたりすることに関しては、確かに高い確率でありそうである。だが、チンパンジー、オランウータン、ゴリラが食物を処理する行動の中には、驚くほど入念なものがある。「驚くほど」という言葉は、一般的には、発見されることはありそうにないということを意味し、そのような学習には助けが必要となる。森の中に住む類人猿にとって、手に入る唯一の助けは社会的学習である。技能が複雑になるにつれ、完全な個体学習の可能性は低くなる（Byrne 2007）。たとえば、「ピスタチオナッツが好き」と「はねつるべ［石の重みで他端のつるべを跳ね上げ水を汲む装置］を作って水を汲み上げる」というヒトの特質を比べてみよう。各人の探索や試行錯誤による学習だけでは、もちろんどちらも寄与はするが、はねつるべを作る能力の完璧な説明にはならないだろう。このようなわけで、はねつるべを作る知識の社会的伝播について、ピスタチオナッツを好むといった簡単に学習できる食物選択の場合と同程度の証拠を求めるのは、適切とは言えないだろう。

もちろん、大型類人猿は、はねつるべのような複雑な物を作ったりしない。けれども、「類人猿の文化」への関心には、ヒトが高度な技術をもつ原点を理解する助けとなるかもしれないという希望がある。ヒトの技術の高度さは確かに、知識の文化的蓄積の結果である。したがって、明らかに何らかの技術を必要とするこのような活動に、まず焦点を合わせることは理にかなっているだろう。個体群間の違いを示す特質の社会的学習については、チンパンジーやオランウータンよりも齧歯類と魚類の両方に、ずっと良い証拠がある。ネズミや魚の行動の地域差が社会的学習による知識の伝播の結果であることが、実験により確証されている（Galef 1990, 2003; Helfman & Schultz 1984; Laland & Hoppit 2003; Warner 1988）。ネズミはある川ではイシガイをとるために潜るが、他の川ではそうではない。スズメダイは好んである種の珊瑚棚で求愛行動をするが、他ではそうではない、等々。しかしこの研究は、「ネズミ文化」「魚類文化」という、文化として比較できるような主張には至らなかった。これらの間違いなく社会的に伝播された習慣のどれも、ヒトの技術の蓄積された文化とは似ても似つかない。類人猿が食物を手に入れるために用いる込み入った過程は、少なくとも関係があるかもしれない。

ファン・シャイクたち（van Schaik et al. 2003）が指摘している通り、動物の行動への社会的伝播（彼らが好む用語は「文化的」である）の寄与には、幾種類もの非常に異なる情報が含まれているだろう。一番根本には、単にそれが食べられるかどうか、雌が産卵する時にどこにいる傾向があるか、ということに関わっているだろう。これらは、幅広い動物分類群で社会的に獲得される。鳴禽類スズメ目の囀りの地域差もまた、パターンが社会的に媒介されることの明白な証拠である。これらのトリは、種としての囀りを社会的学習によって確実に獲得する。広く分布するこうした種類の社会的伝播とは対照的に、ファン・シャイクたちは、**技能**の社会的伝播は大型類人猿だけだと主張する。「類人猿の文化」が特別に注目する価値があるなら、つまり鳥類や魚類のようにより容易に研究できる種における社会的伝播の過程よりも注目する価値があるなら、かなり複雑な技能を社会的に獲得しなければならないかもしれないのは、大型類人猿の採食の生態がそれらの技能に依存しているためにほかならない（Byrne 2007）。一般に、分布が局地的にパッチ状であるからといって、それが明らかに難しい特質を選抜するとは言えない。報告されている大型類人猿の文化的な特質で、巧妙さ、複雑さ、獲得しづらさの点で上手なモデルなしで本当の技能に関わるものはない。われわれヒトなら、もっと上手にできるだろうか？

## 類人猿文化の技術

複雑な技術の例はないかよく調べるように頼まれたら、たぶん道具使用とか技術使用とかについて取り上げるだろう。広大な範囲の動物種が道具を使うことが記録されている。また、驚くほど多くの種が、道具を普段の生活で使っている（Beck 1980; Shumaker et al. 2011）。ゾウは体の掻きにくい部分を掻くために枝を用いる、ガラパゴスのキッツキ科のフィンチは、サボテンのとげを抜いて短い嘴にくわえ、昆虫がいるかどうか木の幹の奥深くを調べる、ヤドカリはずっと巻き貝の貝殻に住み、タコは一時的にその下に隠れることがあるなど、挙げればきりがない。しかし、これらのどの場合も、特定の目的のために一種類の道具だけが使われる。道具使用という点では、これらの動物種も「一芸」しかできない。チンパンジーの多くの個体群とオランウータンの一つの個体群では、道具使用ははるかにこれらの例に含まれる単純な動き以上である。道具を選んだり、作ったり、使ったりするのに、複雑な一連の動作が見られるからである。チンパンジーのシロアリ釣りを考えてみよう。シロアリ釣りは、食べられるシロアリを見たことに触発される反応ではない。シロアリはアリ塚の奥深くに隠れていて、入り口は見えないからである。チンパンジーは、ある季節に土でできたアリ塚のある場所をつついて穴を開けられると知っているに違いない。穴は、実際後でシロアリの生殖虫が夜間に出現するトンネル道になるものの上にだけ開けられるので、チンパンジーは閉じられた出口の見分け方を知っているに違いない。ちょうど良い長さで細くてしなやかな植物の茎をそっと入り口から差し込んだ時だけ、シロアリをくっつけて引き出すことができる。植物はそれに適したように生えているわけではない。植物の茎を引き抜いて、葉を落とし、ほど良い長さになるまで噛まなければならない。アリ塚とちょうど良い植物が手に入る場所はかなり離れているので、時には、アリ塚に行く前、つまりアリ塚が見えない場合でも、道具をきちんと用意しておかなければならない（Byrne et al. 2013）。オランウータンの一つの群れでも、口にくわえた道具でハチミツを探ったり、ネーシアフルーツを食べる際に同様の能力を示した。ネーシアフルーツはチクチクする毛に覆われている。オランウータンがネーシアを食べる時は、まず小枝をかみ切り、樹皮をはぎ取って、小さい道具を作る。次に、熟して半分開いたネーシアフルーツからチクチクする毛をこすり取るためにそれを使う。毛がきれいに取れたら、同じ道具を使って種を取り出して食べる（van Schaik et al. 1996）。

シロアリ釣りとネーシアの食べ方は、どちらも、伝統的な技術情報の伝播から予想する一つの特徴を共有している。**入り組んだ複雑な**行動であり、それこそ社会的学習が必要なものである。複雑に入り組んだ行動のパターンが何回も作り出されることはほとんどないであろうから、それが広く普及するには、文化的伝播が不可欠の特徴となる。オランウータンのハチミツの穴探しにも同様のことが言える。チンパンジーでは、ハチミツやアリを採るために穴掘りをし、木の実を割るために打ち石や台石を使い、そして多くの他の技能を用いる。それらは、大型類人猿を特別関心深いものにする側面である。類人猿の文化が「特別」であるのは、それが原理的にヒトの文化の起源を理解するのに関連する、行動の伝播が可能だからである。ヒトの文化には動作の入り組んだパターンがあり、長く人類学者の心を動かしてきた。

生態学的な相関を考えず、地域的変異ではなく入り組んだ複雑さに焦点を絞るなら、以前は文化論争で外された、あるいは否定された類人猿の技能の中には、伝統的な技術的情報の伝播の候補になりそうなものがいくつかある。指摘したように、チンパンジーのアリすくいのやり方はさまざまであるが、異なる種のアリへの生態学的適応であり、生態学的に理にかなっているが（Humle & Matsuzawa 2002）、このことから、行動自体が文化的であることを否定する必要はない。孤立しているチンパンジーがアリすくいに関わる一連の精巧な技能の動作を学習することは、ほとんどありそうにない。もちろん、アリすくいがどのように行われるかに関する重要な詳細の多くは、どんな複雑な技能もそうであるように、おそらく個体それぞれに発見されるだろう。社会的に学習されるのは、小枝を使ってアリをすくい上げるという「本質」だというのが、一番ありえる。同じことが、文化の一部だとは考えられなかったチンパンジーの他のいくつかの道具使用についても当てはまるだろう（たとえば、巣作り、藻すくい、木の葉のスポンジ使い）、そして、イロンボ［キョウチクトウ科の蔓性植物］の実を開けて食べる（Corp & Byrne 2002a）など、道具使用を含まない植物を処理して準備する技能にも当てはまるだろう。ほとんどすべてのオランウータンの個体群には日常的な道具使用はないが、ほとんどが植物の扱いに関して種々の要素が入り混じった技能を示す。特に、とげの多いヤシやトウ（籐）からその髄を取り出して食べることができるようにする技能はそうである（Russon 1998）。ゴリラは野生では道具を作らないが、一つの個体群が、植物の処理で入り組んだ複雑な技能を見つけるのに必要とされる詳細なレベルで研究されている。ゴリラが食物を処理する技能のいくつかは、高度に構造化され、いくつかの段階にわたる両手を用いた動作で、それらは階層的に構成され、非常に地域に特異的な植物に柔軟に対処されている（Byrne & Byrne 1993; Byrne et al. 2001a）。行うのに必要な操作の回数と器用さの点で、ゴリラの植物の処理は、実際にチンパンジーで報告されているどれをも上回っている。ゴリラは明らかに、チンパンジーやオランウータンと同じように、時に生き残るための精巧で巧みな、かつ込み入った食事の技能に依存しており、それが孤立した個体から発見されることはまずありそうにない（Byrne 1997b, 2004）。

これらの大型類人猿属 ―― チンパンジー属、オランウータン属、ゴリラ属 ―― がそれぞれにいろいろなやり方で示す複雑に入り組んだ技能を獲得する根底にある認知能力は、比較的最近の（つまり、現生大型類人猿の祖先に）起源をもつ可能性があり、それが直接ヒトの技術的優越性の起源と関係しているという可能性がある。そのような能力は、他の動物種はもちろん、どのサルの種でも報告されていない。しかし類人猿がこれらの「発見できそうにない」技術をコピーするために、まさにどんな認知能力をもっていなければならないのか、それには何らかの洞察が含まれているのかについては、第11章までとっておくことにする。そこでは、この問題に別の角度から迫る。

今のところは、ヒトの生活における文化は、どんな一個人であれ発見したり発明したりするであろうものでは及ばない知識の蓄積とは別の特徴を含んでいるということを、述べておかなければならない。それがヒト文化を構成するすべてであるなら、何かをする新しいやり方は常に地球上に自由に広まるであろうし、それを制限するのは物理的な障壁のみであろう。別のやり方がある場合は、最も有効なものが結果的に優位となるだろう。同じ（最高の）言語を話し、同じようにして（最高のやり方で）特定の食物を食べ、同じ材料を与えられて同じように（最高のやり方で）家を建てる・・・等々。けれども、明らかに、こういうことはたまたま限られた範囲で起こるにすぎない。

## ヒト文化の独自性

ヒトには、知識や習慣の伝播に社会的な障壁がある。その障壁はしばしば、集団の一員としての社会的アイデンティティと一致している。社会心理学のテーマの多くは、何が自分を、他の集団ではなく、その集団の一員として見なすのかということに関わっている。集団内同一視は、外集団への否定的な感情をもたらし、それらの否定的感情があからさまな外国人嫌いになってしまうと、戦争や集団殺戮に至ることがある。ヒト文化の違いの大半は、集団内の一員であることの結果として一番良く理解できる。これがヒト文化に典型的だがヒト以外の大型類人猿には見られない、際立ったパターンをもたらす。ヒトでは、集団間で相違の全セットが同時に生じる。パゴダを建てる人たちは箸を使って米を食べ、小麦を挽くために水車を作る人たちは、一夫多妻制をとることが多い、等々。チンパンジーには、そういう「ひとまとめになった」相関的な行動の特質はない。そして行動の違いのレベルは、近くの研究サイト間でも遠くのサイトとの間でも、同じように高いことがしばしばある。

集団アイデンティティが文化とは何ぞやということと同じであると考える文化人類学者は多いだろう。技術を伴うさまざまな習慣の伝播は文化的アイデンティティの表面的なマーカーにすぎず、文化的アイデンティティは実際には、自分たちが属する社会集団についての知識や感情の問題である。現在われわれが知る限り、ヒト以外の類人猿は集団アイデンティティを感じていない。チンパンジーは、確かに、近隣の群れに破壊的な攻撃を加える（Goodall et al. 1979; Watts & Mitani 2001）。そして彼らの行動は観察者にわれわれの行動と似ているという印象を与え、「奇襲攻撃」や「戦争」のような用語が用いられる。しかし、硬い木の実を砕くための打ち石や台石の使い方を知っているチンパンジー、そしてシロアリ釣りの探り棒がボロボロになっても投げ捨てないで逆にして使うことを習慣にしているチンパンジーが、木の実を割れないチンパンジーやボロボロになった釣り用の棒を投げ捨ててしまうチンパンジーに対して、優越感をもっているという証拠は今のところない。

## まとめ

脳容量がより多い種には革新的行動の可能性が高いが、動物の革新的行動は偶然の発見に基づいているようである。脳容量の多い種の個体は、状況の重要な変数を頭に思い浮かべる能力により優れ、素早い学習によってたまたま運良く出会った出来事からより多くの利益を得ることができる。理論上は、革新的行動は社会的学習の代わりの方策で、刻々と変化する予測のつかない環境で有益である。実際問題として、最も革新的な行動をする（脳容量の大きい）種は、最も社会的学習に頼る種でもあることが多い。ここに大型類人猿が含まれるが、逆説的なことに、新しい習慣を取り入れることに保守的であることが知られている集団でもある。社会的学習が保守的であることは、鳥類の食餌習慣のように動物の伝統となる。人為的な新しい食餌に応じて新しい技能が広がる様子は、郊外の家の庭のいたるところで観察することができる。この種の動物文化を可能にする社会的学習は、その社会的集団の他の動物が、どこで何を使ってやっているのかに気づいて思い浮かべ、そして、これらの場所、もの、動作についての脳内の記録がプライミングされるという、自動的傾向と同じくらい単純なのかもしれない。その結果、個々の個体はこれらの場所、もの、最もやる価値がありそうな動作だけに注目して探索し、そうして習慣が広まる。革新的行動がそうであるように、これらの有益な特質を働かせるのに、メカニズムへの洞察は必要ない。

類人猿の行動が社会的学習に依存しているという証拠は、概して他の多くの動物種よりかなり弱いが、大型類人猿はその行動レパートリーに一個体ではまず見つけられない学習による技能を含む点で類がない。典型的に、これらはしばしば道具使用を含めたいくつかの段階からなる両手による協応的な動作を含む採食技術である。それらは通常非常に「賢く」「複雑」で、観察者を驚かせる。各個体にこれらの信じがたいほど組織化された行動のコピーを可能にする認知能力については、第9章で再び取り上げ、第11章で十全に展開する。

そうする前に、考慮すべき大量の証拠がある。動物には他者の社会的行動への洞察があるのかを直接検証した研究からの証拠である。言い換えれば、動物は他個体がどうしてそれを行うのかの理由を、理解しているのだろうか。

# 第8章
# 心の理論
## 他者が世界についてどう考えているかを理解する

「心の理論（theory of mind：ToM）」は、他者の心への洞察を示す能力を表す最もよく知られている心理学の用語である。この語が初めて用いられたのは、ヒトに育てられたチンパンジーに関する疑問としてであった。すなわち、チンパンジーは心の理論をもつのだろうか（Premack & Woodruff 1978）。デイビッド・プレマックとジェフリー・ウッドラフは心の理論を、他の誰かが知っているだろうこと、あるいは知らないだろうことを理解する能力のことであるとした。これは、われわれのほとんどが当然のことと思っている驚くべき能力である。われわれは、誰もがそれぞれ異なる経験、感情、反応をもち、ものごとを学習する異なる機会をもってきたので、多かれ少なかれ、他者は自分より知識をもっていたり、いなかったりするということを理解している。その上、どのような人の知識も完璧ではなく、完全に間違っている場合もあるということもわかっている。その能力によって、人が何をしそうか、どのように助けてくれたり邪魔したりしそうかを推し量ることができ、他人がすることの道徳的な判断まで可能にする。このような決定の際に用いる情報の中に、「保証付きの信頼性がある」ものは何一つない。というわけで、われわれの社会知識は、誰かの心についての理論なのである。

混乱してしまうかもしれないが、この社会的主体性（social agency）への洞察を示す能力を記述する、同等の用語がいくつかある。その理由は以下の通りである。そのような能力は大変重要なので、複数の学術分野で議論されてきたが、常に互いに交流しているわけではないので、それぞれが独自の用語を作り出したからである。認知心理学者は現実の心の中の情報を現実の「表象」と言う。心の理論による知識は（その世界についての）他者の表象の表象なので、認知心理学者は心の理論の同義語としてメタ表象という語を用いる。この能力は、自分自身にさえ当てはめることができる。つまり、信頼性の点でいろいろと異なる知識をもち信念を有しているが、それだけでなく、それらの情報がどのくらい正確でありそうかを判断することもできるのである。心理学でこのことに相当する一般的な用語は、メタ認知である。社会心理学者は、人が他者の心の中身を表象できるかどうかには関心がない。人は普通、他者の心を表象できるからである。社会心理学では、他者の心についての信念を表す用語は帰属と言われ、われわれは日常的に、特定の信念を他者に「帰属」させている。ところが、他者の心についての信念に歪みが生じ、それが体系的になって広まると、重大な社会的結果をもたらすことになるかもしれない。それがどのように起こりうるかについて扱うのが帰属理論である。おそらく哲学者は、他の誰よりも長い間このトピックに関心をもってきた。彼らの用いる用語は志向性（intentionality）である。哲学で言う志向性は、到達すべき目標という日常の意味で用いられるよりもっと多くのことを含んでいる。すなわち、それが現実のものであろうと想像したものであろうと、何であれ、心の外にある世界の出来事やものごとに心的に対応するものを含む［志向性は必ず何らかの心的内容を伴う。英語では、志向性と心的内容は intentionality, intention であるが、intention は内包と訳されることが多い］（［外の］世界の出来事やものごとは「外延（extension）」と呼ばれる）。そこで、すでに起きたこと、あるいは起こるかもしれないことについての特定の記憶（専門的に言うと、エピソード記憶）も志向性である。われわれは他者の志向性についての志向性をもつことができる。したがって、二次的志向性をもつことは、心の理論をもつことと同じである。心理学でも哲学でも、二次的表象という用語が、他者の心と自分の心についての信念を含めるために用いられる。

どのような呼び方をしようと、意味するところは同じである。われわれは思考について考えることができる。たぶん、最も明確な用語はメンタライジング［心を読むこと］である。それは、心の状態そのものより、その能力の過程的側面を強調するという利点がある。ここでは、この用語を「心の理論」と同じくしばしば取り上げる。「心の理論」という言葉を完全に避けて通るのは難しい。社会的主体の理解にメンタライジングが潜在的に関わっている現象を幅広く検討していく。それには知識に加えて感情、他者のそれだけでなく自己のものも、さらに競争状態だけでなく協調関係にある時も含まれる。

## 他個体の思考を知っている動物はいるか

他者の行動を志向的に——願望や知識、信念といった他者の考えから生じるものとして——解釈する能力は、ヒトと他の動物の認知を決定的に分ける境界線としてしばしば取り上げられるが、プレマックとウッドラフが初めてチンパンジーに心の理論があるかという疑問を発して以来、三〇年以上にわたって膨大な研究活動のテーマとなってきた（Call & Tomasello 2008）。その間のほとんどの年月、野生動物の行動を観察している研究者による肯定的な結論と、実験室で統制された研究を行った研究者による疑念の声の間に、大きな溝があった（de Waal 1991）。

もちろん、野外観察の［情報の］豊かさは過度に解釈されやすい。ヒトは、思慮深い生物である他者によって与えられたわずかな手がかりに基づいて、複雑な思考を帰属させることに慣れている。また、迂闊にもコンピュータのソフトウエアに「意地悪さ」を感じてしまうように、無生物に対してさえ同様の帰属を行ってしまうことがある。［ホテルのオーナー］バジル・フォルティが正しく動かない自動車をしつける有名な『フォールティ・タワーズ』［「トラブル続きの最悪ホテル（英国のドタバタテレビ番組）」のシーンが頭に浮かぶ。これとは逆に、実験は実験参加個体の認知的限界以外の多くの理由で失敗することがあるが、否定的な証拠をできないことの証拠として見てしまいがちになる。そういうわけで溝が生まれることになる。しかしこの二つの証拠の間の溝は、とりわけ大きくなってきているように思える。たとえば、一九八〇年代に野外で観察された霊長類の騙し行動の分析では（Byrne 1985, 1990; Whiten & Byrne 1988b）、ほとんどの記録が社会的文脈における素早い学習によると説明することができたが、それ以上のことを意味する事例もあると結論された。特に大型類人猿は、他個体の無知、知識、誤った信念を表象すると考えられた（Byrne & Whiten 1992; 特にチンパンジーに関しては de Waal 1982, 1986 参照）。これらの提唱は、確立していた見解に真っ向から対立するものであった。さらに数年後、権威あるいくつかのレビューが、大型類人猿でさえ他個体の心的状態を表象することはまったくできないと結論づけた（Heys 1998; Povinell et al. 1994; Povinelli et al. 2000; Tomasello & Call 1997）。しかし、長い論争はまた、新しい実証研究をもたらし、結局、それに観察者も実験者も名を連ねることとなった。

動物が他個体の知識を理解できるかどうかを調べようとした初期の試みは、第5章で見た「推測する者－知る者」実験である。この実験では、いくつかの場所のどこかに食物が隠されている。実験参加個体は、食物が隠されている間それが見えるところにいた者（知る者）と、そうでなかった者（推測する者）から、食物が隠されている場所についてそれぞれ異なるヒントが与えられる場面に直面する。すでに見たように、この実験デザインにはいくつかの弱点がある。報酬が与えられるテスト試行の場合、転移テストの間でも規則の学習ができた可能性がある。また、ヒトを知識の情報源として利用するので、ヒトに近いものに有利になるというバイアスを生む危険がある。そして、ヒト側が正しい答えを知っているという事実は、賢い［ウマ］ハンスの人為性を犯す危険がある。推測する者－知る者の実験デザインは、実験参加個体が助けてくれる目撃者からヒントを得る、もしくは他者からの助けを期待さえする、ということに依存している。実際、チンパンジーやヒト以外の霊長類の多くは、野生状態でそういう協調的な社会的相互作用をする経験をほとんどもたないだろう（Hare & Tomasello 2004）。ヘアたちは、もっと自然に競争するような視点取得課題を考案し、まったく異なる結果を得た。第5章で述べたが、この実験で、チンパンジーは自分たちの視点から状況を見ることで、ライバルが何を見ているのかを計算できること ―― 幾何学的な観点からの視点理解 ―― を明確に示した。ついに、野外研究からの証拠と一致する実験的証拠となったのである。もっと面白いことに、実験の途中でライバルが別の同等に優位な個体と取り替えられると、実験参加個体はその新参者が、以前起きたことを見る機会がなかったこと、それゆえ食物の隠し場所を知らないことを理解していた（Hare et al. 2001）。実験参加個体は、明らかに他個体がそれ以前に見ていたこと、言い換えれば、今目にすることができるものだけでなく、何を知っているかを表象することができた。この解釈に反論する者もまだいるが（Karin-D'Arcy & Povinelli 2002; Povinelli & Vonk 2003）、今では相当数の証拠が一致して、チンパンジーは他個体が知っていることと知らないことを良く理解できるという論議を擁護している（Call & Tomasello 2008; Tomasello et al. 2003）。

同様の競争状況でテストした場合、アカゲザルも他個体の幾何学的な視点を理解していることが示された。もしサルが二人のヒトのうちの一人からブドウを盗ることができる場合に、確実に自分たちの動きが見えない方を選ぶだろう（Flombaum & Santos 2005）。サルもチンパンジーも、気づいていないライバルの注意をひかないように、「音をたてない」食物容器から食物を取ることを好んで、聞こえることからどういう結果になるかを証明した（Melis et al. 2006a; Santos et al. 2006）。とりわけ驚いたことに、カラス科のトリの中には、それまで目にすることができたことを基にして、ライバルが知らないのかそれとも知っているのかを推定し、覚えているものがいることが判明した。すでに第5章で、アメリカカケスとワタリガラスの行動にこの証拠を見てきた。どちらの種も、自分が隠した食物を盗まれないように考えられたと思える複雑な策略を見せ、特に、貯食するところを見ることができる位置にいた個体に対してこの策略を用いる（Bugnyar 2007 のレビュー参照。Dally et al. 2010; Emery & Clayton 2004）。策略には、盗む恐れのあるトリが注意をそらすまで待ってから貯食したり、偽りの貯食をしたり、ライバルを追い払ったり、自分だけになってから貯蔵しなおしたり、障害物の後ろや薄暗い所に隠したりするなどがある。盗みを受けたことのないアメリカカケスは、食物を貯蔵するのを見られた後で貯蔵しなおしたりはしない。だが一度でも盗まれると、貯蔵しなおす（Emery & Clayton 2004）。これらすべてのデータは、他個体の行動は彼らの知識によって駆動されており、その知識はそれまでに知覚できたことによって決まることをトリたちが理解していることを、矛盾なく示している。

したがって、ヒト以外の種では、ライバルが知っているのか知らないのかに敏感であると思われるものが多いが、相手が間違った信念をもっているという概念を理解しているかどうかは、それほどはっきりしていない。問題の一端は、言葉を用いない実験参加個体の実験は複雑になりやすく、そのこと自体が失敗を助長しかねないことである。カミンスキーたちは、ヒトの子ども二人、もしくはチンパンジーの二個体の間で競争するゲームを用いて、誤信念の問題に取り組んだ。このゲームでは、各試行で、実験参加個体は一つだけ選択することができた。実験参加個体はおいしそうな食物が三つのカップのうちのどれか一つの下に置かれるのを見てから、カップを一つ開けることを選ぶか、あるいは、いつでももらえるあまりおいしくない食物を選ぶかどちらかを選択できる（Kaminski et al. 2008）。あまりおいしくない報酬しか得られないというのは明らかに良い選択ではないが、課題が非常に難しくなれば、安全な「回避」策となるだろう。二人の実験参加個体は交互に最初に選択をするが、二番目の実験参加個体は最初の実験参加個体が選んだものを見ることはできない。したがって、おいしい食物はすでに取られてしまっているかもしれない。実験参加個体たちはおいしい食物がカップに入れられるところを見て、さらにもう一方の個体も同じように食物が入れられるのを見ているところを見た時、六歳児もチンパンジーも、賢くも自分たちの番がきた時カップを開ける選択をしないようにした。このように、ヒトもチンパンジーも、知っていることと知らないことの区別を示した。第二実験では、実験者が食物を入れた後、それを取り出して、同じ場所に戻すか別の場所に移すかした。二人の実験参加個体ともにこの追加された移動を見るか、あるいは二番目になる方だけが見るかという条件の違いが設けられた。もし二番目に選ぶ番なら、移すところを見たのが自分だけであれば、おいしい食物を選ぶ方にするのが賢い戦略だろう。というのも、最初の順番の実験参加個体は食物がどこか別の所にあるという誤信念をもっていたはずで、自分の番の時おいしい食物を手に入れる選択をしなかったはずである。六歳児はこの戦略を用いたが、この課題が彼らにとってそれほど複雑ではなく、誤信念の理解を解決に用いることができたことを示している。チンパンジーはそれができなかったし、三歳児もできなかった。しかし、他の研究では、三歳以下の幼児が誤信念を表象できることが示唆されている（Onishi & Baillargeon 2005; Southgate et al. 2007）。したがって、三歳児が ── チンパンジーも ── カミンスキーたちの課題ができなかったのは、その課題の複雑さから混乱をきたしたのかもしれない。

同様の否定的な知見が、放し飼いにされているアカゲザルでのもっと簡単な実験から得られた（Ruiz et al. 2010; Santos et al. 2007）。サントスたちは、期待が破られる実験デザインを用い、注視時間を驚きの指標と見なした（Onishi & Baillargeon 2005）。これはもともと、ヒトの幼児のために工夫された課題に基づいている。実験参加個体である放し飼いにされているサルに、軌道上を端から端まで移動できるプラスチックのレモンが載ったテーブルが提示された。本実験の試行では、ヒトの提示者は、視界を遮る遮蔽物のせいでレモンの移動を見ることができない場合があったが、サルはいつも見ることができた。したがって、レモンが新しい場所に移動する間、遮蔽物がなくて（ヒトの）提示者が注意して見ていた場合は、レモンの位置について正しい信念をもつはずである。しかし、同じ移動の間、遮蔽物が視界を遮れば、提示者はレモンの現在の場所について誤信念（古い情報）をもつはずである。ヒトの提示者がレモンを捜すのを見る時、サルの注視時間から、正しい信念条件では提示者が正しい場所を探すだろうとサルが思っていたことが示された。そして、もし他の場所を探すと驚いた（より長い時間注視した）。ところが、誤信念条件では、注視時間は変わらなかった。つまり、サルはヒト幼児とは異なり、この場合は何の期待もしていないように思われた（Santos et al. 2007）。おそらく、他者の誤信念の結果を見積もれるのは、ヒトだけであるようである。

もしそうなら、観察による証拠と実験による証拠には、より限られたものではあるが、まだ矛盾がある。霊長類の騙しの行動に関する分析では、真猿のサル類や原猿類では見られないけれども、大型類人猿では潜在的に誤信念を表象できることが示唆されている（Byrne & Whiten 1992）。実にさまざまなやり方で、類人猿の特定の個体が、ターゲットとするライバルが誤信念をもつように誘導される時のみ効果をもつ方策を展開することが記録されている。大方の霊長類の騙し戦術とは異なり、これらは過去に何度も経験したことによる学習の結果だと「言い抜け」られそうにない（Byrne 1993; Byrne & Whiten 1991）。というのも、たとえば、展開された行動はその種の別の文脈では記録されたことがないか、または学習ができたかもしれないとしても、そういう状況はかなり危険だからである。確かにこの問題は解決されねばならない。明らかにありそうにはないが、これらの策略は誤信念の理解なしに学習されたのだろうか。それとも、研究者たちの［実験参加対象に］理解しやすい実験を考案する努力にもかかわらず、これまで大型類人猿に用いられていた実験の純然たる複雑さのせいで、実験参加個体が本当の能力を示すことができなかったのであろうか。現時点で、チンパンジーとアカゲザルが他個体の知っていること、知らないことへの洞察を示すことができることの肯定的な証拠がある。しかし実証のため考案されたいくつかの実験にもかかわらず、ヒト以外のいかなる動物も他者の誤信念を見積もることができるという可能性についての確証はこれまでのところない。

## 協力における他者の役割を理解する

われわれが協力しようとする場合、共同活動に他者がなしうる貢献を理解することが重要である。さらに、この種の理解は他者の知識、能力、援助の見込みについてのメンタライジング能力に依存している。こういうレベルの社会的理解がなくても、たまたま協力ができることがある。数頭のチンパンジーが、木からの逃げ道をすべて塞いで樹上性のサルを捕まえて殺す時、その狩猟はサルにとっては協力事業のようであろうことは間違いない。しかし、チンパンジーはその状況をそのように表象していないかもしれない。たぶん、銘々の狩猟者は、サルが取り得る最も確実な逃げ道に行っているだけである。それでも、そうすることによって、サルを捕獲するという個々の利己的なチャンスが最大化されるのか。この仮説は三〇年以上前に出されたが（Busse 1976）、現在でも、チンパンジーの狩猟にはこれ以上の協力があるかどうかについて、研究者の中で意見が分かれている。集団で綿密に協力しようとする場合に、おびき出し役、遮り役、待ち伏せ役など異なる役割をする個体について述べている研究者もいれば、うっそうとした熱帯林と狩りという混乱状態の中で、たとえあったとしても、協力して狩猟をするという実際の証拠を得ることはまさに不可能だと結論づけている研究者もいる（Boesch & Boesch-Achermann 2000; Mitani & Watts 2001）。飼育下では、動物が協力を理解しているかどうかを見極めるずっと良い機会を与えてくれる。一九三七年にさかのぼるが、メレディス・クロフォードが簡単な二つの役割からなる協力作業をチンパンジー用に考案し（Crawford 1937）、そしてダニエル・ポヴィネリがこの古典的な研究を再吟味した（Povinelli & O'Neill 2000）。まず、一個体では重くて引っ張れない箱にロープを二本付ける。どちらのロープにも手が届くが、一頭のチンパンジーが両方のロープを同時に引っ張ることはできないようになっている。必要なことは、二頭のチンパンジーがそれぞれ一本のロープを掴み、一緒に引っ張って箱の中にある食物を手に入れることである。ロープは［箱につけられた］輪に通されているので、一個体がせっかちに引っ張ると、輪を通り抜けて箱から外れてしまう。そういうわけで、もう一方の準備ができ、引っ張れるようになるまで待つことが重要である。チンパンジーはこの課題を行う学習をしたが、銘々がやり方を十分に訓練されていない場合は、効果的な協力のレベルはそこそこであった。さらに、訓練された「ベテラン」のチンパンジーでも、経験のない個体に対し課題の鍵となる特徴に注意を向けるよう自発的にジェスチャーをすることはなかった。また、時々、経験のないチンパンジーがロープに近づくのを待つ一方で、そのチンパンジーと合わせるのではなく、自分のいつものやり方でロープを握って引っ張った。だが、否定的なデータは常に曖昧である。ひょっとしたら、チンパンジーの何ともパッとしない成績には、何らかの動機づけ上の理由があったのだろうか。さらに最近の研究では、チンパンジーがロープを引っ張る課題をするパートナーを必要とする時に、パートナーを募るだけでなく、確実により良い協力者を選ぶことがわかった（Melis et al. 2006a）。チンパンジーは、助っ人が必要ない場合はパートナー（そして食物のライバルになる！）候補のためにドアの鍵を開けることはしなかった。二者での協力が必要不可欠な場合にだけそうした。チンパンジーが協力者の効果に関して経験がない場合、自分たちの手伝いをしてもらうために誰を出してもらうかに好みはなかった。だが、良い協力者か悪い協力者かがわかると、実際に役に立つ個体を出してもらうべく居住地区に戻り、それに合わない者たちは閉じ込めたままにした。アジアゾウにこの課題を改良して大きくしたものがテストされた。彼らは自分が鼻でロープを引っ張る前に、パートナーがロープを掴める場所に来るのを待つことを容易に学習した（Plotnik et al. 2011）。アジアゾウが協力者候補をその信頼性によって区別するのかどうかは、まだ検証されていない。別の状況では、チンパンジーはヒトがチンパンジーに手伝ってもらわなければならないと思っていることを理解しているかのように振る舞うことがよくある。たとえば、実験者が物を落として拾おうと苦労していると、近くにいるチンパンジーがそれを拾って手渡すことがしばしばある（Warneken & Tomasello 2006; Warneken et al. 2007）。しかしこの証拠は、そう思えるほど説得力はないかもしれない。ほとんどの動物園や研究施設では、飼育者がたまたま囲いの中に落とした物を類人猿が拾ったり、渡してくれたりすると、決まって報酬を与えているので、実験参加個体は以前の（報酬を得る）訓練を受けていたかもしれないからである。

最後に、チンパンジーは協力行動そのものの性質をある程度理解していることを示す。ウィリアム・メイソンが考案した古典的な二役割の挑戦で、ある一個体はペアで置いてある複数の容れ物に食物が入れられるのを見ることができたが、何もすることはできなかった。他の個体は、並んだ取っ手に近づくことができ、正しい取っ手を引っ張れば両個体とも餌の入った容れ物に手を伸ばせたが、どれが餌の入っているペアかわからなかった。何度も試行を繰り返して、食物を入れるのを見ていた場合は、どのペアの容れ物に行くかを［相手に］合図することを学習した。見ていなかった場合は、もう一方の個体が指し示した取っ手を引くことを学習した（Mason & Hollis 1962）。ダニエル・ポヴィネリは、実験に参加した各個体が課題の協力行動の性質を理解していたのか、あるいはうまくいく接近法を単に学習しただけなのかを見出すために、この課題を修正した。サル類は、役割の一つを学習した後、もう一方の役割に変えられると、まるでゼロからのように、新しい役割をもう一度はじめから学習しなければならなかった（Povinelli et al. 1992b）。チンパンジーはサルと同じく、課題のどちらかの役割を学習できたが、役割を変えるとすぐにそれを開始し、正しく行うために余計な試行をする必要はなかった（Povinelli et al. 1992a）。チンパンジーは実験の能動的参加者としてたまたまどちらの役割を学習したとしても、そこで学習することはその課題の論理であるように思える。つまり、協力行動がどのように働くのかであり、そこには、二頭のチンパンジーのうち一頭だけが「餌を入れるところを」見る立場にあり、どの取っ手を引っ張るのが一番良いのかを知っているという知識も含まれる。

## 自己を理解する

動物が初めて鏡を見ると、ほとんどが見慣れない同種の個体として扱う。そして、不適当な「社会的」反応をし、しばしば鏡の後ろを覗いて「相手の動物」がどこにいるのか見つけようとする。家ネコはこういう反応を見せ、ヒトの幼児や鏡の経験がない大人も、たとえば二十世紀にニューギニア高地の住民と西洋人の探検家の「初めての出会い」で鮮烈に示されたように、こういう反応を見せる。しかし、経験によって反応は変わる。ヒトは皆、鏡に映った像は自分自身であり、反射の結果であることに気づくようになる。この時点で、ヒトは鏡のまったく違った新しい使い方を始める。たとえば、直接見ることができない顔のあちこちを調べたり、潜望鏡のように用いたり、頭が入らない角の辺りを見るのに利用する。他方、ネコはそういうことをしない。ネコの社会的な反応は馴れることで変わることもあるが、鏡を単に無視するくらいで、鏡に映った姿を理解する素振りも見せない。

ネコだけが鏡映像を理解できないわけではない。実際、鏡の特性を発見するための経験がたくさん与えられても、ほとんどすべての動物が鏡に対する適切な反応をすることができない。なかには、社会的反応をし続けるトリもいて、来る日も来る日も自分の縄張りへの侵入者を「追い払おう」とする。ネコのように、ほとんどの動物が「鏡の中の動物」と社会的接触をしようと一通り試みた後、鏡を見ないようになる。したがって、数種の動物がもっとヒトのように行動して、はっきりと自分を映した像であると理解することがわかった時、大きな興奮があった。だが、なぜこれがそんなに難しいのだろうか。特に、動かしているのが見える前肢（あるいは手）をもつ動物にとって、鏡の中の前肢が自分のものと同じように見え、その動きが自分の動きとピッタリ合っていて、前足で鏡を触ると鏡の中の前足も同じことをするというのを目にする機会は頻繁にある。その二つを関連させることが、そんなに難しいのだろうか。前肢（あるいは手）が、何らかのやり方で、鏡映像のそれと同一のものであると気がついたら、前肢がつながっている体の他の部分についても当てはまるとは思わないのだろうか。一見したところでは、課題は簡単なはずである。なぜ、そうではないのか。

ほとんどの種のとる行動には、理解の助けになる手がかりがほとんどない。だが、サルの場合、鏡映像のメカニズムが克服できない問題になるという一つの可能性を排除できる。サルは、自分以外の何かの鏡映像であれば、それを学習して理解することができる。サルが同種の優位な個体を鏡で見たら、振り向く前に劣位の音声と表情をし始める。もし、サルが直接見えない場所に正しくたどり着けるかどうかにかかっている課題を出されれば、鏡に映っている像を役立てることをすぐに学習する（Anderson 1984）。さらに訓練すれば、サルはリアルタイムのビデオ像（つまり、左右が逆になっていない）にも、それが上下逆、さらには左右が逆のものとそうでないもの、上下が逆のものとそうでないものが試行ごとに順不同に異なっても、利用することができるようになる（McKiggan 1995）。サルは、カメラの前で片手を素早く振り、どの反転像を提示されたのかを判断し、有効に利用する。しかし、確信をもって鏡に映った自分の顔に適切な反応を示したと言えるサルはいない。多くの動物種は鏡の日常物理学を理解できないが、サルは確かに理解できる。しかし、自分の顔の理解を阻む壁はまだ取り除けていない。

それがどのような障壁であろうと、それを克服するのは（まさに）ヒトだけなのではない。ゴードン・ギャラップは、チンパンジーは数週間にわたって放飼場で高品質の鏡の存在に慣らされると、最初の社会的な反応とは異なる反応をし始めることに気づいた。すなわち、リズミカルに腕や体を動かし、鏡に映った像をじっと見て、鏡を繰り返し触った。時には、自分の顔をゆがめたり口を開けたりして、鏡がなければ見ることができない所を見ているようであった。鏡に対する経験が自分の姿へのヒトのような理解をもたらしたように見えた。それを調べるため、ギャラップは実験的方法を考案した。それがマーク・テストである（Gallup 1970）。この実験では、実験参加個体にこっそりとマークを付ける（たとえば、獣医学の手順で麻酔された間とか、チンパンジーが触られるのに慣れているなら、芝居用のメーキャップを布の中に隠して、それで顔を拭く）。マークは一ヵ所ははっきりわかる所に、もう一ヵ所は鏡を見た時だけわかる場所につける。最初の三十分は鏡を彼らの見える所には置かない。その間に、はっきり見えるマークを見つけたり、調べたりするだろう。大切なことは、見えない所にあるマークは見つけられないだろうし、調べたりしないということである。次に、鏡が戻される。チンパンジーが鏡の中の姿を自分だと本当に理解しているなら、鏡に映った姿を見たらすぐに、隠れたマークに手を伸ばして、調べるはずである。多くのチンパンジー、そしてボノボ、ゴリラ、オランウータンもまさに同じ割合で同じことをする。この資料の多くはビデオで見ることができる。そこには、大型類人猿はわれわれがするように体を使って、鏡映像の動きが自分の体のものだと容易に学習して理解することができるという事実が鮮やかに描写されている。カラス科であるカササギ（*Pica pica*）が、上述の類人猿と同じテストをされ、非常によく似たパターンを示した（Prior et al. 2008）。もともとすべてのトリは鏡に対して社会的な反応を見せるが、個体の中には、まるで随伴性を試しているかのような、鏡の前での繰り返し動作に置き換わったものもいた。これらの個体にマークテストをすると、特に鏡の前にいる時に、マークを指向する行動をした。バンドウイルカは、手に相当するものがないが、それでも鏡映像を理解しているサインを強く示す。たとえば体の隠れた部分を調べるために鏡を使っているとしか思えないようなやり方で、水中で首をねじったりいろいろな姿勢をとったり、鏡の経験がある類人猿がするようなことをまさに行う（Reiss & Marino 2001）。他に鏡で自己認識できると報告された唯一の動物は、アジアゾウ（*Elephas maximus*）である。否定的な報告がいくつかあるが、ある動物園のゾウが、特にこっそりマークをつけられた後、鏡の前で明らかに異なる自己指向的な行動を見せた（Plotnik et al. 2006）。これらの反応は、鏡で自分の姿を見た直後ではなく、数分後に始まった。また、最初にそのような行動をしたのは、実際に鏡から離れてからであった。チンパンジーが見せた反応とは非常に異なる特徴である。しかし、後に多数のサンプルのゾウでテストされた時は、二二頭のうち、少なくとも一頭、おそらくは三頭が、鏡に慣れたチンパンジーとまったく同じ行動を見せた（Josh Plotnik 私信）。どの動物が鏡に映った顔を自身のものと理解できることがわかったかにかかわらず、次の事実が残されている。本当に不思議なことは、ほとんど他の動物が、学習するのがとても簡単に思える課題に失敗するという事実である。

ギャラップ（1979）によって最初に唱えられた説明は議論の余地があるが、私は正しい説明であると思う。彼は、鏡の中の動物が自分自身であると気づく立場にいるためには、その動物が、まず自己の**感覚**（sense）をもたなければならないと指摘した。認知心理学の用語では、自己の心的表象と言う。したがってほとんどの種の個体に欠けているのは、他個体が自分を見るような、何らかの自分自身の表象である。そのような表象がなければ、とギャラップは続ける。これらの動物は、たとえ野生で他個体の死を観察する十分な機会があったとしても、いつか彼らに訪れるであろうこと（死）の概念、自分が死を免れないという概念をもちえないだろう。この刺激的な見解はほとんどの研究者から無視された。おそらくは、それを検証するのが明らかに難しいからであり、何人かの研究者は厳しく批判した（たとえば、Heyes 1994, 1995）。しかし、その後に続いた理論が、まさにこのような能力 ―― 他個体が自分を見るように自己を見る能力 ―― が、他の霊長類やほとんどの他の種ではなく、現生大型類人猿の祖先の中で特別に発達してきたであろう道筋を示したのだった（Povinelli & Cant 1995）。

この理論の出発点は、現生大型類人猿の共通の祖先がオランウータンのようであったという考えである。それは、化石による記録からある程度支持を得ている（Pilbeam & Smith 1981）。もしそうであるなら、今のオランウータンが抱える主たる問題、つまり、体重の重い動物が樹木をよじ登るのは大変であるという問題をおそらく、共有していただろう。サルのように小型で体重の軽い四足動物は、枝の上を走って行く。時々木から木へ跳ばなければならない時も、体重に耐えられる枝を掴めるということに強い確信をもてる。テナガザルは巧みな技術を使って、完全に枝から枝へ体を振って移動するが、それでも失敗をする。[怪我から]回復したテナガザルの骨の三〇パーセントには、骨折が治った跡が見られる。オランウータンは大きすぎて、そのような失敗を犯して生き残ることはできないので、巻きついた蔓や枝を使って「四肢」でしっかりよじ登る。ところが、オランウータンは体重のため、巻きついた植物を移動の時に変形させてしまうので、どのルートが移動可能なのかはやってみるまでわからない。それに、やってみたら手遅れということもある。このように、移動研究の専門家であるジョン・キャントによると、オランウータンは、その事態に実際に関わることなしに、(これから先の)異なる移動経路の決定がもたらすであろう結果をシミュレートできるに違いない。これは工学的処理の問題であり、体を諸関係の複雑なネットワークの要因として考慮しなければならない。キャントは、認知研究者で鏡像理解をする動物の分布に当惑していたダニエル・ポヴィネリと共同研究し、これが謎を説明してくれるだろうことに気づいた (Povinelli & Cant 1995)。「脱中心化」能力、自己を (他個体が見ているのと同じ) 実在として理解する能力は、オランウータンの生存にとって必須である。だから、安全に樹上を移動する淘汰圧によって、オランウータンのような大型類人猿の祖先は、他の状況、つまり鏡に映った時のように野生と無関係の状況で、自己を表象する能力を得るという「副産物」を取得した。

この理論は、どの種が鏡による自己認識をするのかを明確に予測するので ── 運動する身体を複雑な工学的処理問題として扱うことが生存に必須な種のみである ──、この神秘の能力の分布状態を調べることが理論を検証するのに、そしておそらく、どうやってわれわれが自己認識を身につけたのかを理解するのにも、重要になる。後知恵にはなるが、鏡映像理解のデータの乏しさが、いくつかの種ではこの理論と一致しているだけで、不完全なものであるということもありえる。たとえば、ハクジラ（彼らの動きと他個体との協調はしばしば賞賛と驚きをもたらす。彼らの生存にとって正確に計画された動きは必須に違いない）、ゾウ（彼らは巨体とはいえ、急速な動きや急坂やごつごつした山での移動を妨げられることはない）には当てはまるが、カササギは確かにそうではない。もしこの理論が間違っているとわかっても、現時点ではそれに代わる理論はない。

ギャラップはまた、鏡映像による自己認識は、死ぬ運命の理解を可能にする自己理解の指標であると主張した。おそらく、これは結局のところ検証されるだろう。動物による鏡映像理解は、動物が死ぬ時に起こることを理解しているサインと結びついているのだろうか。

## 死を理解する

死は自然にあまねく行き渡っている。すべての個体は死ぬ。そして、多くが、自分が生き残るために他者に死をもたらす。このことは、どんな個体も死ぬことが意味することへの洞察をもたなければならないということではない。死を避けるのに役立つ基本的な形質をもち、生き残りに役立つ環境の諸相を十分学習していれば、それ以上は必要ない。多くの人が古くから述べてきたように、死を気にすることは快適に暮らす助けにはならない。だから、研究している種の動物たちが死について考えないように見えるとしても、生物学者を驚かせはしない。

具体的な例として、アカシカを考えてみよう。自分たちが提供できる飼育動物の福祉の質に気をつかう［英国スコットランドの］ファイフ鹿飼育場では、シカを遠く離れた認可食肉処理場まで移動させるストレスを避けるために、自分たちの所で屠殺することにした。シカはトラクターやトレイラーの後部からまかれる餌で毎日給餌されていた。一頭が屠殺されることになると、給餌するトラクターからライフルで頭を撃ち抜かれた。群れの他のシカは、それまでずっと一緒に暮らし、血縁個体もいたが、ほとんど何の反応も示さなかった（John Fletcher 私信）。何頭かは、大きな銃声に少し驚いたようだが（若いシカの場合、近距離で銃の爆音に慣れるのに時間がかかるのは間違いない）、餌を静かに食べ続け、飼料を分配しているトラクターの後についていき、仲間の死体は地面にそのまま置かれて次第に後方になり、食肉処理係に回収された。アカシカは、他の多くの動物と同じように、危険の要因にはこの上なく敏感で、他個体から出される恐怖や苦痛の信号には驚くほど反応する。だが、脳を打ち抜かれたシカからは何の信号もない。シカは死には反応しない。死は、彼らが考える対象ではまったくないらしい。

動物が同種個体の死に対して「ヒトのような」あるいは「普通と違う」反応をする場合は、説明が必要になる。おそらく、死に対する一番よくある普通と異なる反応は、母親が死んだ赤ちゃんを扱う場合だろう。サルやとりわけ大型類人猿では、母親が死産した乳児を離さず連れていたり、毛づくろいしたりすることがよくある。この行動はヒョウ（*Panthera pardus*）などの食肉類の動物にも時折見られるが、これらの観察を解釈するのは難しい。実際、表面的には、起きたことを理解できずにいることを示しているように見える。私は、若いゴリラの母親が生まれてすぐ死んだ新生児（あるいは死産の子）を扱っている様子を見る機会があった時に、確かにそういう印象を受けた。初日、母親はその赤ん坊を生きているかのように抱えていた。母親の血縁や血縁でない若者は、彼女の周りに見に集まった。赤ん坊が眠っているのではなく死んでいると理解しがたく、母親の思い違いは無理もないことのようであった。しかしながら、時間が経ち、日にちが経つにつれ、他個体たちの興味は薄れていった。実際のところ、母子は避けられているようであった。おそらく、死体の臭いがひどくなったからである。それでも、母親は片腕をもって引きずり、背後の地面をバタバタと叩いた。数日後、母親は子の死体を捨て、まるで何も気にしていないように、くつろいだ様子で群れに戻り、他の若いゴリラと戯れた。このことは、ヒト以外は死の理解ができないことを示しているように思えた。だが、オーストラリアでの先駆的研究のおかげで発見されたのであるが、ヒトの場合に同等の事例を見つけた時、はっと気がついた。ヒトが死産した時のトラウマに対する最も効果的な医学的療法は、実際に、母親に数日間、赤ちゃんを抱かせ、名づけさせ、他の人たちにも見せるようにすることとである。死産の可能性が高い希な遺伝的条件のある母親は、無事に生まれたら何の障害もなくてすむが、繰り返しこのトラウマに耐えなければならなかった。医師たちは、この新たな「ゴリラ式」方法によって母親たちは悲しみを受容することができ、亡くした子どものことに固執しないようになると報告した。死体を見ないようにするというもとの「精神衛生学的」手法は、生涯母親に悪夢を残していた。ヒト以外の類人猿やサルは、亡くした子どもを離さずにいる行動で悲しみに対処しているのだろうか。それを確かめるのはとても困難である。

ゾウの行動は、死に関して常に際立っている。というのは、ゾウは苦しんだり、死んでいく個体に対して共感を示したり、助けようとしたりする反応を示すだけでなく、同類の身体に特別な関心を示すのである（Bates et al. 2008; Douglas-Hamilton et al. 2006）。これらの行動は、血縁にも、血縁以外の個体にも向けられる。病にかかっている個体、死にかけている個体、すでに死んだ個体を持ち上げようとしたり、運ぼうとしたりして牙や鼻や足を用いることがある。また、雄のゾウは死んだゾウに背後からマウンティングしようとすることもある。複数の個体が病気のゾウや死んだゾウにも食物をあげるところを目撃されている。さらに、植物や土を集めて死体を覆うことがしばしば記されている。また捕食者や他のゾウを遠ざけて死体を守ることもある（Poole & Granli 2011）。さらに奇妙なことに、腐敗してしまったゾウの残骸に出会うと、通常骨を調べたり、持ち歩いたり、遊んだりさえする。あるいはただ静かにそれらをじっくり見る。これらの反応がゾウの遺骸に特有なのかどうかが実験的に調査されてきた。カレン・マックームたちは、ゾウの骨と遺骸、およびカバやサイのような他の大型哺乳類の骨を、ゾウの群れが出会うように置いた。他のゾウの臭いによって反応が起きてしまう機会を排除するために、すべての材料を試行のたびに洗剤で洗浄した。同じ大きさの他種の骨や牙よりゾウの骨と牙に強い関心と探索反応が見られた（McComb et al. 2006）。しかしながら、洗剤が臭いのきっかけを洗い流してしまうので、自然な遺骸への反応が知られている（死んだ）仲間への反応と異なるかどうかは知ることができなかった。ゾウの墓場は昔の作り話であるにしても、ゾウはほとんどの種と比べて、自分と同種の死に対して強い、並々ならぬ反応を示すように思われる。

長期間凝集性を保ってきた社会的集団でのチンパンジーの死についての最近の記述によると、チンパンジーも死についての何らかの理解をしていることが強く示唆されている（Anderson et al. 2010）。研究者たちは、死ぬ前の世話、死体に生きている兆候がないかを調べること、血縁による夜間の死骸への付き添い、後に死んだ場所を避けることなど、われわれヒトが亡くなった友人や身内に対する普通の反応と驚くほど似かよった行動様式について記述している（そのような行動がやっとごく最近になって記述された理由は、動物園では通常、死にかけている個体をすぐその社会的な群れから離してしまうからであろう。その方が、ストレスを減らせると信じていたからである。新しいデータは、これがまさしく間違っているだろうことを示唆しており、そのことに気づいた動物園ではその方針を変えるだろう）。

鏡による自己認識と同じように、本当の謎は、なぜそのような反応がそれほど希なのかということである。ほとんどすべての社会的な種の個体は、自分と同じ種の死とその後の結果を観察する機会をもっている。なぜ、その過程を理解しないままなのであろうか。その可能性は、ギャラップが指摘するように、自己の心的表象なしに鏡から見つめ返す顔を理解することが不可能であるように、――独立した実体としての自己という心的表象がなければ――他個体の死は、死者の助けに直接依存しているのでなければ、何らの個人的意味をもたない、ということである。そうであるとするなら、他個体の死を理解して反応する可能性のある種は、とりわけて自己認識を示す種であるはずである。この仮説は、鏡の中の自己を認識できる、あるいは、できないことがよく知られている動物種に集中して、同種の死に関する反応のさらなる研究をすることによって検証しうるであろう。

## 共感

仲間の死に対する反応や自己認識はまた、共感に対する一般的な能力と関係しているであろう現象である。共感は、他の誰かの気持ちや経験を、自分の場合だったらどうだろうかと想像して共有できる能力であると定義され（『ケンブリッジ英語辞典』）、しばしば「他者の身になってみる」ことと言われる。共感はヒトの意識の一側面だと考えられており（Thompson 2001）、他者の感情を適切に察知し、それに的確に反応する能力は正常な社会的機能の基礎である。最近のヒトにおける感情的な反応に対するミラー［ニューロン］・システムの発見は、共感に関する神経学的基礎の証拠を提供した（Jabbi et al. 2007; Keysers 2011; Wicker et al. 2003）。しかし、この感情のミラー・システムの進化やどの程度まで他の種にもあるのかということに関しては、ほとんどわかっていない。マカクザルは、他者の動作が自身の行動レパートリーの動作に一致する時、その身体的な動作に対して反応するミラー・ニューロンをもっていることで知られている（Gallese et al. 1996; Rizzolatti et al. 1996）。しかし、ヒト以外の動物では、感情のミラー・システムに相当するものはまだ明らかにされていない。

感情の伝染のような単純な形態の共感は、あくびや掻くことの伝染性、チンパンジーやニホンザルの遊びや攻撃に見られる行動の模倣の説明として用いられてきた（Anderson et al. 2004; de Waal 2008; Parr et al. 2005）。リサ・パールたちは、「このタイプの情動的覚醒は、集団成員間の活動を調和させ、社会的凝集性を促進し、さらには宥和的傾向を高める機能をもつ。さらに、大きな脳をもつ社会性霊長類の社会行動を調整する際にカギとなる役割を果たしているようである」と論じている。これはその通りかもしれないが、行動の伝染はニワトリでも明らかに見られ、これらの現象すべてが反応促進という単純な概念で説明することができる（Byrne 1994; Hoppitt et al. 2007）。このことは、第7章ではじめに触れた。しかし、あくびの伝染と同じように見た目は単純な行動でも、ヒトでは共感的理解と互いに関連がある（Lehmann 1979）。したがって、行動の伝染は、おそらく、精巧な感情的能力の前駆的状態、あるいは単純な形態であるだろう。

フランス・ドゥ・ヴァールは、高度なレベルの共感の証拠を与えるチンパンジーの行動をレビューした（de Waal 2008; de Waal & Aureli 1996）。まず、一頭のチンパンジーが他個体の窮地に対して感情的な反応を見せ、他者の感情を感じることに一致する「共感的かかわり」のサインを示したと思われる。飼育チンパンジーの間近で研究している人たちは、しばしばチンパンジーが明らかに相手を気づかうように行動することを記述しており、溺れている子どもを救おうとして命を落とした雄のチンパンジーの事例まである。しかし、普段からよく観察される共感的関心の証拠は、「慰め」の行動である（de Waal & van Roosmalen 1979）。二頭のチンパンジーが闘争的な衝突をした後、闘争に加わっていない居合わせた者がやって来て、不快な経験後に安心させるかのように負けた方を抱きしめる。慰めはチンパンジーだけでなく、ゴリラ、ボノボ、ヒトの幼い子どもでも報告されている。また、少なくともカラスの一種、ミヤマガラス（*Corvus frugilegus*）にも見られ、長期の仲間が、隣との諍いに関わったものたちを慰める（Seed et al. 2007）。ところが、慰めはサル類では珍しいようで、葉食いザル一種の報告があるのみである（Arnold & Barton 2001）。

時として、共感は相手の感情的な見方をとることに関わることがある。つまり相手個体の欲求と問題点を理解し、心的状態を帰属することができる。それは、認知的計算の質的により高度なレベルと言える。「共感的に相手の視点に立つこと」は、動物行動においては、相手に向けられた援助を展開させることで最もよく認められるかもしれない。その時、援助は援助者には関係がない、他個体の問題に合わせられる。たとえば、オランウータンの母親は子どもが木と木の間の隔たりを超えられるよう常に木を揺すってやるが、母親自身はそのような助けを必要としない。ドゥ・ヴァール（2008）は、飼育チンパンジーが、相手の限界や欲求に気づいていることを示す援助の例をいくつか挙げている。たとえば、空の堀に注水が始められた時、何頭かの幼いチンパンジーがその堀を探索している最中で、一頭の大人のチンパンジーが窮地にある幼いチンパンジーの方に意図的に飼育員の注意を向けようとした。複数の動物園で幼少の子どもゴリラが囲いの中に落ちて怪我をした時、同じような反応が、シルバーバック〔背中に灰色の毛のある成体の雄ゴリラ〕にも見られている。世界に驚きとして報じられたように（ほとんどの霊長類研究者を驚かせたわけではないが）、ゴリラは怪我をした子どもを守り、医療スタッフが回収できる場所まで運んでいった。

これらの大型類人猿で示されたレベルに見合う共感が、三五年にわたって観察されたアンボセリのアフリカゾウ（*Loxodonta africana*）の群れに関する記録をさかのぼって調べた分析でも記述されている（Bates et al. 2008）。そこには、子どもの体に接触して慰めるといった共感のより単純な形態が、アンボセリでは数分ごとに観察できると記されている。移動で守ったり助けたりすることも、日常的に生じている。共感的かかわりは、ゾウが他個体の子どもを守ったり慰めたり、子どもの面倒を見たり、危害から救うなど、多くの例で示される。必要としている個体に適切な助けが向けられる場合に、共感的に相手の視点に立つことが数例の野生のゾウで示された。そこでは、子どもがうまく移動できないでいる時、助ける側にはそのような問題はなくても、それを乗り越えられるよう助けた。たとえば、子どものゾウがぬかるんだ水溜まりから這い上がれないでいると、その窮状に気づいた大人のゾウが自分の一方の牙を手際よく地面に刺し入れ、子どもが前脚のひじ関節をそこに引っかけて脱出できるようにした。

自己理解と他者への共感が関連する能力であるとする理論にとって、イルカにも共感に関する素晴らしい証拠があると報告することは好都合だろう。確かに、他個体への共感的かかわりと共感的に相手の視点に立つことが一致する行動に関する報告が数多くあるが、野生状態でクジラの研究をするのは実際問題として難しいので、いずれもゾウや類人猿におけるほどに説得的なものではない。シオゴンドウ（*Globicephala* sp.）やオキゴンドウ（*Pseudorca* sp.）のようなマイルカ類は、偶発的に岸に打ち上げられやすく、そうした場合、浅瀬に留まることが危険であるにもかかわらず、泳いでいるクジラが岸に打ち上げられた仲間の近くに留まっていることがよくある。岸に打ち上げられたクジラを元気づけ、助けようとしているのか、あるいは、苦痛の叫びに単に機械的に反応しているだけなのかを決めるのは容易ではない。だが、苦痛の叫びに対する反応が個々の個体に向けられているという若干の証拠がある（Kuczaj et al. 2001のレビュー参照）。イルカは昔から、時々船が転覆して溺れている船乗りを救うことがあることが知られている。疑い深い人たちは、イルカが溺れてもがいている海水浴客を救おうとしたとはあまり聞いたことがないと言うだろう。さまざまな種のクジラが銛を打ち込まれた仲間を海面で支えて溺れないようにしたり、漁師と傷ついた仲間の間に割り込んできたと報告されている（Caldwell & Caldwell 1966）。しかし、これらの行動が共感的理解によるものかどうかはわからない。興味深いことに、クジラに最も近い陸上の近縁生物であるカバ（*Hippopotamus amphibius*）も、明らかに共感的に行動することが報告されている。カバが小さいレイヨウを守るために干渉した例が二例ある。一例では、インパラ（中形レイヨウ）をくわえたワニを攻撃し、インパラが放された時、インパラを護り、傷を舐めた。もう一例では、泳いで疲れ果てたインパラが溺れそうになった時、岸まで押した（Leland 1997）。

ここまでをまとめてみると、以下のことに共通の土台があるかもしれないと考える理由がある。（1）ある種の動物が鏡映像を自分自身であると認識できる認知能力、（2）死がもたらすことの理解を示唆する、同じ種に属する個体の死に対する奇妙な反応の背後にある能力、（3）共感し、他個体が直面する問題を共感的に認識する能力。証拠にはむらがあるが、大型類人猿、カラス、ゾウ、クジラという一団は、これらの領域で繰り返し現れる。そして、ほとんどの他の動物種においてそういう能力を示唆するデータがないことは、説明を必要とする。

## 教えること

教育はわれわれにとって非常に重要であり、ヒトの世界で成功するために明らかに価値があり、その世界の大きな部分を構築している。したがって、ヒト以外の動物も教えることができるかもしれないという可能性に長い間魅せられてきたのも驚きではない。逸話はたくさんあるが、ティム・カロとマーク・ハウザーは、動物に適用することができる教えることの操作的定義を提唱して、データ収集に体系的方法を導入した（Caro & Hauser 1992）。彼らは明確に、教えることが生じたと証明されるためには、経験を積んだ個体が経験のない仲間を前にして、どちらの側にもすぐには利益にならないか、あるいは自分に短期間の負担を課すことさえあるが、その仲間に学習を起こさせるような仕方で、その行動を変えなければならないとした。この定義の背後にある考えは次の通りである。経験のない個体は、教えられる他にもさまざまな仕方で社会的に学ぶことができる。教えることとの違いの鍵は、適切であるように行動を変えるのが、ほかならぬ経験のある個体だという点である。もし、想定される教師役が何らかの利益を得るとすると、経験のない個体の学習が副次的効果以上のものであるかどうか確信できないだろう。もし、経験のない個体が物質面で直接利益を得るなら、次の説明以外は必要ないだろう。たとえ学習が起こったとしても、それは偶然であったかもしれない。そして最後に、経験のない動物は、教えることの特有な結果として、実際に何かを学習するに違いない。

カロとハウザーは、これらの要件をすべて満足させることは難しいと気づいていた。だから論文の中で、その定義を「ほぼ」満たしているが完全ではない魅力的な行動について議論している。最も印象的なことに、カロ自身のチーター（*Acinonyx jubatus*）と飼いネコの獲物獲得に関する研究が、教えることを強く示唆する特徴を強調している（Caro 1980, 1994）。飼いネコと同様、チーターの母親は子どもに「遊び」用に動けなくなった獲物を持って帰る。飼いネコの場合、この経験が子ネコに狩猟技能の発達にそれとわかるほどの利点をもたらしている。チーターの場合、獲物をどの程度動けなくさせるかは子どもの年齢によって変えられる。たとえば、母親は、一番幼い子どもには、通常、かなり下手に近づいても逃れられないほど傷ついた獲物を持ってくるが、より大きくなった子どもに対しては、下手に扱うと容易に逃げてしまう傷の軽い獲物を持って帰る。獲物を殺さないでおくことは、母親の狩りが徒労に終わり、子どもがお腹をすかせるリスクがある。また、教えるのに役立たないのであれば、母親にも子どもにも考えられる恩恵がない。子どもはこれらの経験から獲物を捕らえることを学習するが、実験はできないので、多少の疑問は残る。

その後、まったく異なるいくつかの種による実験研究で、操作的基準のすべてを満たす教えの事例が数例見つかった。アリは、報酬の食物がある所までの正確な道を他の仲間に教える（Franks & Richardson 2006）。アリは、道がわからないというサインを示すと、経路に沿って仲間に保護され、餌場に導かれる。こうして、仲間からの助けによって知識をもつアリへの道をゆっくり進んでいく。ミーアキャット（*Suricata suricatta*）は生きている獲物を与えて、子どもが獲物の扱い方を学習する手伝いをする。さらに、子どもの餌ねだり音声の変化に反応して、与える獲物を変える。このことが子どもの技能を向上させる（Thornton & McAuliffe 2006）。シロクロヤブチメドリ（*Turdoides bicolor*）は、子どもに餌を与えることを報酬として条件づけし、特定のコールを食物と結びつけることを教える（Rainhani & Ridley 2008）。カロとハウザーが設定した厳しい基準を最終的に満たすこれらの実験研究の成功で、研究者の中には「われわれヒトという種において教えることを支えていると仮定された、ヒト中心的な認知メカニズムに対する要件は必要がない」と高らかに宣言する者も現れ（Thornton & Raihani 2010）、教えることは動物の世界で広く見られることのようであり、教えることは、認知的能力というより生態学上の必要性から起こると指摘した。もし、研究者の主たる関心が社会的集団内の情報の流れとそれが生態学とどのように関係しているのかということにあるのであれば、認知メカニズムを無視しても何の問題もないと言える。だが、動物も教えるかもしれないという可能性に対する興奮は、もともと、それが、そのように重要なヒトの能力の進化的起源にヒントを与えてくれるであろうという期待にあった。したがって、ヒト中心の考えを避けることは、お風呂のお湯と一緒に赤ちゃんも流してしまう危険がありえる。

チメドリ、ミーアキャット、アリの研究者の誰一人として、実験参加動物が、仲間に知識がないことへの洞察によって教えるとは主張していない。カロは、チーターが子どもの年齢に応じて獲物の傷つけ具合を変えたが、母親が子どもの能力を査定していたという証拠を見つけられなかったとはっきり指摘している。同じように、ソーントンのミーアキャットは子どもの能力を査定したのではなく、子どもの餌ねだり音声に反応して与えるものを変えた。シロクロヤブチメドリは子ども全員を十把一絡げにして教えた。アリはある意味で能力を査定したが、これは単に物理的に餌場への正しい経路をとることだった。カロとハウザーの操作的な定義は、教えることの事例のハードルを不可能なほど高くしないために、意識的に、意図的な教えではなく機能的な教えに基づいていた。だが、本当の新情報は、動物における意図的な教えであろう。その証拠を見つけるためには、ハードルを少しだけ低くする必要があるかもしれない（今では、機能的な教えが野生で幅広く広がっていることがわかっているので）。そうすれば、より広い事例をとらえることができ、その中のいくつかは、他者の知識や能力への洞察に基づいていることが証明されるかもしれない（Byrne & Rapaport 2011）。

意図的に教えるというのは、学習者の今の能力がどのようであるか（ないか）の評価をするということである。ここで鍵となる疑問は、評価が（アリの例のように）表面的な知覚レベルで行われるのか、あるいは学習者の知識や技能を理解することによって行われるのかということである。意図的に教えるという証拠がある事例に焦点を合わせると、別の仕方でデータをフィルターにかけ、まったく異なる種類の行為者に焦点を切り替えることになる。予想されるように、チンパンジーは意図的に教えていると何度か論じられているが、その証拠は強くない。チンパンジーに関する至近距離からのデータが長年（たとえば、タンザニアのゴンベでは五〇年以上）にわたって収集されている九つの長期研究サイトのうち、教えることが報告されたのはたった一ヵ所だけである。象牙海岸のタイ森林公園では、ナッツ割りに関する一一年の研究で教えることの証拠がいくつか挙げられた。タイのチンパンジーはナッツ割りを簡単には習得できない。子どものチンパンジーは、とても硬いパンダナッツの割り方を学習するのに数年かかる。ナッツを平らな石の叩き台にのせ、丸石をしっかりと振り下ろすのだが、ナッツの果肉を完全に砕いてしまわないようにしなければならない。クリストフ・ベッシュは、母親が子どもの学習を手助けするいくつものやり方について記述した（Boesch 1991）。母親は割られていないナッツを石の叩き台の側に置く。こういうことは母親以外はしない。母親は子どもに自分の叩き用の石を使わせる。母親が集めたナッツの中からいくつか盗むのを許すことさえある。その結果、時にナッツの大部分が子どもに行くこともある。これらの行為はおそらく、子どもが技術を伸ばす「足場がけ」として貢献しており、明らかに母親に損失を負わせている。しかし、子どもは母親の行為から直ちに利益を得るので（自分で割るよりずっと少ない労力でナッツやナッツの実が得られる）、母親の行動の機能は食物を与えることではなく教えることだとはっきりとは言えない。同様に、ナディア・コープは、チンパンジーがサバ・フロリダという果実を扱う難しい技術の習得を研究していた時、母親が子どもと果実を分け合うことを発見したが、それは子どもの学習の足場がけであると論じうるだろうものであった。だが、子どもに果実を与えることは、その課題の学習をしなければならない年齢というより、子どもが果実を消化できる年齢と関連していることがわかった（Corp & Byrne 2002a）。さらに説得力のある証拠が、拡大一夫一妻家族形態のタマリン（*Saguinus* と *Leontopithecus* spp.）から得られる。大人のタマリンは、いつも子どもに食物を与える。また、食物を与えることを知らせる特別のコールがある。大人のタマリンは、食物を与えるのに、子どもにとって初めてのものへの偏りがあり、学習を促進させるのが目的であることを示唆している（Rapaport & Brown 2008）。実験による研究で、子どもが自分で課題を解くことができると、大人のタマリンは食物を子どもに分けるのを拒否した。どうやら、大人は未成熟個体の学習の進み具合を見ていたのである（Humle & Snowdon 2008）。

ベッシュもタイのチンパンジーのナッツ割りの中の、彼が「積極的な教え」と呼ぶ二例について記述した。そこでは、母親が子どもの技術の未熟さに対処するために特別に自分の行動を調整することについて、説得力ある記述をしている。一つの例では、息子がナッツを石の叩き台の上の間違った場所に置くと、すぐに母親が介入した。母親は叩き台をきれいにして、ナッツを置きなおしてから息子に手順を進めるのを許し、ナッツはうまく砕かれた。もう一例の母親は、娘が通常とは異なる形をした叩き用の石を使って何とかナッツを割ろうと数分間奮闘した後で、やっと介入した。母親が近づくと、娘は石を母親に渡した。母親はまるまる一分間かけてその石を正しい位置になるようにとてもゆっくり回転し、そうしてから数個のナッツを割り、そのほとんどを娘が食べた。母親が去ると、娘は母親がしたように叩き用の石を握って、何とか数個のナッツを割けた。これら二例は明らかに、母親のチンパンジーが子どもが直面している困難の本質を分析し、正しいやり方を教えるように適応した形ではっきりと介入したことを示している。しかし不思議なのは、この種の行動がもし本当にチンパンジーの能力の範囲内のものであるのならば、なぜもっと広く行き渡っていないのかということである。この研究が一九九二年に公刊されてからかなり経つが、野生のチンパンジーの間で、同じ研究現場においてさえも、これほど説得力ある記述はなされていない。

ゾウとシャチにも、洞察的な教育に関する証拠がいくつか見つかっている。若い雌のアフリカゾウは発情期に入ると、荒々しく、そして時折ストレスになる思春期の雄の注目を避けることができるよう学習しなければならない。巧妙なやり方は、交尾期の凶暴状態の成体の雄ゾウの側にいることである。だがこれらの雄ゾウは巨体で若い雌には恐ろしいに違いなく、多くの場合避ける。ほとんどの雌ゾウはどのように振る舞うかを自分で見つけ出すが、時に血縁の年長の雌が、まるで未経産の雌に振る舞い方を教えるかのように、大きな成体雄に近づきながら発情期を示す典型的な行動サインを「シミュレーション」して見せる。雌が発情期にある時はその時期固有の典型的な嗅覚的特徴があるので、成体の雄は、年長の雌ゾウが発情期だと思って長時間騙されるようなことはない（研究者たちは、発情周期と妊娠についての長期にわたる記録をチェックしてようやく、自分たちの間違いに気づくことが時折あった）。ルーシー・ベイツたちは三五年以上にわたる疑似発情の記録を照合して、発情事態の二パーセントしか疑似（嘘）でないが、これらの事象が同じ家族内の若い雌の初めての発情と深く関係していることを発見した（Bates et al. 2010）。ほとんどの雌が妊娠状態か授乳期間にあるので、群れの中で同時に二頭の雌が発情しているとわかるようなことがあれば、普通は異例のことである。当然ベイツたちは、「指導された」雌が、教えと見えるものから利益を得たかどうかを調べた。雌ゾウたちは発情した雄によってより多く交尾されたのだろうか、あるいは、「指導を受けなかった」雌より先に妊娠したのだろうか。答えは否である。だが、もし教えるのがまさに特別な助けを必要とする個体を対象にしていて、それがうまくいくなら、これはまさに予想されることである（Byrne & Rapaport 2011）。他の子どもたちには簡単な概念に苦労している子どもに特別に手を差し伸べる教師なら、そのような子どもが他の子どもたちと同じレベルの能力に到達したとわかって喜ぶだろう。疑似発情が常に同じ群れの血縁者の発情状態と関連しているわけではないことは、依然として謎のままである。では、他にどのような機能をもっているのだろうか。それが明らかになるまで、これらのデータは、ゾウが、他個体が理解しているかどうかの洞察に基づいて教えているかもしれないという可能性を示唆しているだけである。

いくつかの異なった場所で、シャチ（*Orcinus orca*）の個体群が海岸の縁からアザラシやアシカを捕まえるために、意図的に海岸に乗り上げるという目を見張る食事技術を身につけた。意図的な乗り上げに頼る群れの中のシャチの子どもは、海岸からの逃げ方を学習する必要があり、意図的な乗り上げが見た目ほど危険ではないと知らなければならないだろう。クロゼ諸島では、母シャチが子どものシャチを海岸へ押し上げる姿が目撃されている。そうやって、ゾウアザラシを掴ませてからアザラシと子どもを海中へ押しやるのである（Guinet & Bouvier 1995）。たとえ、子どものアザラシがその過程で餌を得られるとしても、明らかに危険を伴う行為を子どもと一緒に遂行する十分な動機になるとは考えづらいが、クロゼ諸島のシャチにとってこの技術を学ぶことが決定的に重要なのである。また、ゾウと同じように、教えられていると思われる技術が明らかに初心者には直観に反する技術であることも非常に興味をそそられる。しかしまだ、若いシャチが意図的な乗り上げを習得する間の母親の介入に関する体系的研究が公刊されていないので、これについてもまた、確かなことは言えない。

## まとめ

この章では、かなり異なる多種多様な能力についての証拠を見直したが、それらの能力には共通の特質がある。すなわち、能力を説明するのに必要であるように思われる（自己を含む）意識的主体としての他個体へのある種の洞察という特質である。前章でわれわれは、精巧な知覚、効率的な記憶、素早い学習で議論されたすべての現象を説明できると結論づけたが、ここでは、それらだけではできないだろう。同情的な関心を示し、他個体が感じていることや欲求に関して他個体の視点に立てるという意味での共感が、チンパンジー、ボノボ、ゴリラやゾウ、そして興味深いことに、カラス科のミヤマガラスにも見られることが示されている。チンパンジーは二役がある協力課題で、他個体の役割を理解していることを示した。対照的に、サル類はどちらの役割も学習することはできるが、役割が突然逆になると、まったく理解できない。知識をもつか無知かを帰属させる能力についての広範囲にわたる実験では、この能力がチンパンジーとサル類、そして、アメリカカケスとオオガラスという二種類のカラスにもあるという説得力のある証拠が示された。野生の観察では、大型類人猿はさらに先を行っていて、他個体の誤信念を計算するが、これはまだ実験では示されていない。相手が無知であることを理解する能力と一致して、チンパンジーは、相手の具体的な学習上の特別な必要を理解することに基づいて教えるという証拠もいくらか示している。ゾウやシャチも同様である。しかしこれらの事例のいずれも、水も漏らさぬ証拠というものではない。何年にもわたる注意深い実験に基づいていないながらさらに説明が難しいのは、すべての大型類人猿種、ゾウやおそらくイルカ、そして再びカラス類のカササギまでも、鏡の中の姿が自分であると理解できるという事実である。ますます多くの証拠が、類人猿（少なくともチンパンジー）とゾウは、死の性質を理解しているると示唆しつつある。

同じグループの種（のほとんど）――大型類人猿、ハクジラ、カラス、そしてゾウ――に、これら全ての特質があるということで一致しているため、明らかに現れ方はさまざまであるが、統一的な説明が求められる。これらの能力のほとんどが心の理論の枠組みの文献で扱われているが、それらのいくつかについては、個体を主体としてではなく、対象として機械的に理解することだけを必要とする説明を容易に組み立てることができる。たとえば、協力を必要とする課題における他者の役割は、必ずしも他者が考えていることや知っていることではなく、相手がどんな変化をその環境に及ぼしえるかによって記述されるだろう。そして、鏡に映る姿が自分だと理解することは、単に感覚間のマッチングから計算可能に違いないと言うこともできる。しかしそう主張することは、大方の動物が明らかにこれらのことをまったくできないという肝心な点を見落とすことになる。

これらすべての課題は、**個体**（他の個体と自己）を**感情と知識をもつ主体として表象する**能力、言い換えると、その状況についてメンタライジングする能力を必要とするとしてみよう。すると、そこに共通する一本の糸が見えるだろう。そのような能力があれば、他者の知識ないし無知に関する特定のテストにも当然合格するはずである。近親者や味方が無知であると認識することが、教えようという気にさせるであろう。他個体が彼らの視点から困難に直面していると認識することによって、同情的な関心や共感的な援助への志向が喚起されるだろう。協力を必要とする課題の一方の視点のみを訓練された場合でも、両方の役割を理解するという意味での協力課題の相補的な役割の理解は、「相手は知らないが自分は知っているという」特権的知識がいかに成功をもたらすかに気づくことによって助長されるだろう。自分と同種の他個体とまさに同様に生きている主体として自分自身を心の中に表象する能力によって、自分と同期して動く「鏡の中で当惑している像」が誰なのかを学習できるに違いない。最後に、自分を生きている主体として表象できることが死を理解できることを保証はしないが、生を理解できるまで、生という状態の終わりを表象する可能性はないということは、確かに真実である。

この解釈では、メンタライジングの能力 —— 自分を生きる主体として表象し、他者の行動を他者の何らかの心の状態を基にして計算する能力——は、一度ならず進化した。実際には四回である。一回は大型類人猿の祖先において起こった。大型類人猿以外のそれに最も近い旧世界サルたちは、一般的にこれらの能力を示していないが、すべての現存する類人猿がこれらの能力（のうちのいくつか）を示しているからである。もう一回はクジラ目、おそらく、ハクジラの祖先においてである。しかし、ひょっとしたら、もう少し昔かもしれない。いずれにせよ、ヒゲクジラやカバについての証拠がほとんどないので、正確には言いがたい。現存するアジアゾウやアフリカゾウがどちらもこれらの能力のいくつかを示すので、長鼻目においても一回起こった。そして、ワタリガラス、ミヤマガラス、カケス、そしてカササギなどに散在する特別な技能から判断して、カラスの祖先でも一回である。何がメンタライゼーション能力の進化を繰り返しもたらしたのだろうか。これは、後続の章で立ち戻らなければならない疑問だが、ここでは、これらすべてのグループが「思いがけない容量の」脳をもつと考えられているとだけ、指摘しておこう。

一つの可能性は、メンタライゼーション能力は、（絶対的に）大容量の脳が発達したことから自動的に生じた副産物だということである。ひとたび脳がある基準を超えると、メンタライジングができるようになる（Dunber 2003）。このシナリオでは、（絶対的）大容量の脳への進化圧は数々あったかもしれない。すなわち、社会的複雑さ、技術的複雑さ、環境の複雑さ、いまだ想像だにしないことかもしれない。さらには、大容量の脳が、たとえば捕食を減らすという利点のために大きな体を選択した相対成長の結果であるならば、こういった直接的な効果とは関係のないことかもしれない。

別の可能性は、認知的必要性が脳を量的、あるいは質的に変化させたことである。心理状態について計算できるという圧倒的な利点が、ある脳領野の拡大をもたらし、その間接的な効果として脳全体の増大という結果が生じた（脳のある部分が補償的に減少したとも考えられるだろう）。もし、淘汰が脳容量を増大させるなら、その結果として体の増大が期待されるに違いない。化石による証拠が時に、この連鎖を見出すこともあるだろう。種は大きな体格を脳容量の増大の後に、あるいは同時に進化させたのだろうか。

最後に、質的な変化のシナリオを考えた方が良いかもしれない。メンタライジングは特定の神経回路の機能である。その場合、同じ、あるいは同等の計算アルゴリズムがそれぞれ無関係な四つの分類群で別々に発達したに違いない。ヒトでは、機能的磁気共鳴映像装置（ｆＭＲＩ）によって脳の領域が同定されている。たとえば、前帯状皮質を含む内側前頭前皮質、そして下頭前回は、われわれがメンタライジングに関わっている時、すなわち情動的情報に関連して自己や他者の状態を処理している時、確実に活性化している（Keysers 2011）。これらの同じ脳領域が、その直下にある、情動に関わると知られている島《とう》と共に、スピンドル・ニューロン（フォン・エコノモ・ニューロン）をもっていることがわかっている。これは脳全体への伝達を可能にする大きな細胞で、「情動の航空管制官」とも言われる（Allman et al. 2001）。興味深いことに、これらの神経は大型類人猿、ゾウ、クジラ目の動物の脳でも見つかっている（Allman et al. 2010; Hakeem et al. 2009）。このような一致から、これらの種において共感能力やメンタライジング能力の基礎をなしているであろう神経機構の収斂進化が示唆される。特に大きな脳においては、大容量の脳と共感やメンタライジング能力との結びつきを説明している。しかしながら、現時点でわれわれは、スピンドル・ニューロン、あるいは特定の新皮質領域によって行われる計算処理について、ほとんどわかっていない。したがって、これらの結びつきも推測の域を出るものではない。

第9章

# かなめの論点

## 社会的能力から技術的能力へ

ここまで、社会的、そして文化的領域における認知的精巧さの証拠を探すアプローチによって、洞察的な理解の多数の兆候を見てきた。「洞察」という言葉で私が意味するのは、ものごとや人々がどのように機能するのかについて、それらの心的表象を使って計算することによって理解する能力であることを思い出してほしい。洞察のサインには、ヒト以外の動物がどの程度他個体がその意図的信号を理解しているかを評価することも含まれる。すなわち、他個体が今見ることができ、もしくは最近見ることができたために知っていることに、適切に反応することを意味する。詳細に言えば、二個体間の協同作業において、片方の役割の経験のみを学習した後に、もう片方の役割をもできるということである。また、他個体を故意に欺く計画を立てる、目標を定めて教えることで他個体の学習を助ける、鏡映像が自身だと理解する、ある種の死の概念をも理解する、などが含まれる。これらは主に社会的な洞察であって、技術的複雑性への洞察はほとんど扱われてこなかった。複雑で新奇な課題を社会的に学習する能力に関してのみ、私は洞察の基礎にある能力が社会的表象だけでなく、物理的表象にも依存する可能性を指摘した。さまざまな洞察を示す社会的兆候が、カラス、イルカ、ゾウ、そしてオウムというバラバラな種において見つかった。しかし、われわれの最も近縁関係である霊長類では、たびたび大型類人猿こそがそれを示すと指摘されてきた。われわれの系統内では、現生大型類人猿のオランウータン、ゴリラ、チンパンジー、そしてヒトの共通祖先が、現生のサル類の祖先から分かれた時に、洞察を示す能力が「飛躍的跳躍」をしたように見える。そしてこの飛躍は、社会的洞察に向けてのものだった。いったい何が、この変化を導いたのだろうか。

## 社会的挑戦は常に増加するか?

種の脳の大きさはその社会的複雑さと相関関係があることの可能な手がかりはすでに述べた発見の中にあるが、ここで言う複雑さとは、典型的に半永続的集団で暮らし、競争と協力の両方において互いに対処する必要がある、個別に知っている仲間の数、という意味である。個体としてお互いを知っている動物の群れの平均的な大きさと、脳全体の大きさ、あるいは特に新皮質の大きさとの間の統計的な関連は、「社会的知能仮説（social intelligence hypothesis）」を強力に支持してきた。これは、社会的領域の問題解決の必要性が、認知的技能の特殊化への強力な淘汰圧となったという理論である。

社会的知能という概念を広く一般に紹介し、大きな影響を与えたニコラス・ハンフリーの章において（Humphrey 1976）、彼は他者の社会的意図の理解を、明示的に知能の範疇に含めた。第6章で見たように、社会的知能理論は（たとえば）齧歯類と比較して、サル類が優れた社会的能力と大きな脳をもつことをうまく説明した。サル類と類人猿は、数十という他個体を個別に見分け、他個体の多数の異なる感情や意図に適切に反応し、自身との相互作用の過去の履歴を覚え、他個体の血縁や相対的順位を算定する、などが示されてきた。われわれヒトにとっては、これらの能力に関わる多数の社会的情報を心的に表象し、その配列について計算するのは、ごく自然なことである。言い換えれば、われわれの社会的精巧さは、洞察を示すことに基盤を置いている。しかしこのリストにおいて、どんな社会的技術も実際に必要というわけではない。すべての場合において、より単純な進化した「規則」で十分であろうし、特にサル類については、それ以上のものが含まれているという証拠はない。しかしそれでも、社会的複雑さは、より洞察的な理解が大型類人猿において進化したことに対する説明にも、拡張されるのではないだろうか。

この考えにとって不幸なことに、率直に言うと、大型類人猿は特別大きな半永続的な群れでは暮らさない。オランウータンは、母親と独立していない子どもたちとの間の長期にわたる関係を除いては、本質的に単独生活である。スマトラオランウータンはボルネオオランウータンよりも小さな群れを作ることがしばしば見られるが、これは単に一時的な集まりで、食物が局所的に豊富な時のみに限られる。彼らの相互作用は、都会に住むわれわれの隣人との暮らし方に喩えると、おそらく最もよくわかる。誰が住んでいるのかはわかっているし、通り過ぎる時に会釈の一つもするだろうが、彼らについて多くは知らないし、わざわざ情報を得ようとはしない。ゴリラは社会的な群れを作って移動する。ニシゴリラ［低地熱帯雨林に生息し、主に季節的な果実を食す］は平均十個体ほどで、ヒガシゴリラ［山地に生息し、主に地上の葉を食す］では、時には五十個体にのぼることもあるが、通常はもう少し少数の社会的群れを作って移動する。ボノボはあまり広く研究されてはいないが、典型的には一〇～五〇の大きさの群れで暮らしている。チンパンジーのみが普段からこれより大きなコミュニティを作っており、アフリカのいくつかの地域では八〇超の群れサイズが知られている。これらの数字はサル類の間でも例外ではなく、マカク、ヒヒ、リスザル、コビトグエノンはどの大型類人猿よりも大きな群れで暮らすことが頻繁に記録されている。

社会的知能理論を、大型類人猿が質的によりすぐれた能力をもっていることの説明にまで拡大すべく、ロビン・ダンバーは、大型類人猿がさらに抱えることになった重要な挑戦が、彼らが常に密集した群れとして移動するというよりも、ついたり離れたりを繰り返す「分裂 ‐ 合流」社会を形成することからくると指摘した。チンパンジーとボノボは確かにそうである。ゴリラは通常はそうではないが、彼らにも洞察による理解の証拠が見出せる。オランウータンには、科学者たちはずっと騙されてきた。たとえば豊富な食物のもとに集まった時、彼らはヒグマのような純粋な単独生活者が示す他個体への警戒的な態度とは、かなり異なる行動を示す。実際に動物園においては、オランウータンはうまく社会的群れを保っており、少なくとも、同じように室内飼育のチンパンジー程度には満足しているように見える。しかし野生においては、オランウータンは滅多にお互いに出会わないし、彼らの「真実の」群れサイズ、つまり、オランウータンがはっきりした性格の特徴と個体歴で見分ける他個体のひとまとまり、の客観的な見積もりは不可能である。むしろ彼らの脳の大きさから算出された群れサイズが想像されてきたが、それは循環論になってしまう。社会的知能理論を霊長類にいかに適用するかの議論において、なぜ類人猿がサル類と異なるのかを説明するために分裂 ‐ 合流による遊動を用いる試みにとって、さらに都合の悪いことがある。それは、いくつかのサル類もまた、分裂 ‐ 合流の遊動によって編成されている、という事実である。たとえば、クモザル種の多くは分裂 ‐ 合流の遊動を示すが、洞察の特別なサインを示すという記録はない。研究者は時々、類人猿の社会的な生活がサル類のそれよりも明らかに複雑であると示唆するが、それは、大型類人猿は「賢い」という信念にすぎない。類人猿の優れた知能を説明するために社会的複雑性の違いを用い続けることもまた、循環論であるだろう。

社会的知能理論においては、サル類と大型類人猿は洞察的知能の兆候において互いに重なり合うことになるが、しかしそうではないという事実を避けて通る理にかなった方法はないように見える。しかし大型類人猿は、一つの側面においてサル類とは体系的に異なり、それは彼らの性向が異なることの鍵であるかもしれない。栄養はあるが難点を抱えた食物を集める時に、大型類人猿はさまざまな仕方で、サル類よりも非常に優れた技術上の能力を示すのである。

## 優れた採食方法？

第7章ですでに技能が文化的に伝達される証拠を見た時に、大型類人猿が採食において技術的能力を示すいくつかのやり方を見た。そこで見たように、チンパンジーは隠れていたり巣に守られていたりする昆虫を食べるために、道具を用いる。狭い穴にしなやかな探り棒を入れて「釣ったり」、より長くて堅い棒を攻撃的なアメリカサファリアリのコロニーに「突っ込んで採ったり」する。チンパンジーが道具の形と機能の関係を理解していることは、一つの目的の遂行に一つ以上のタイプの道具、つまり道具のセットをうまく用いることに、とりわけはっきり示される。ンドキ（コンゴ）のチンパンジーは、これを日頃から行う。まずは強くて先の尖った小枝をシロアリの巣に押し込むために用いる。次に、細くてしなやかな草の茎をシロアリを引き出すために用いる（Suzuki et al. 1995）。そしてブルーワーとマクグルー（Brewer & McGrew 1990）は、チンパンジーが野生のミツバチの巣のハチミツを得るために、太さや長さの異なる四本の棒をうまく使用することを記述している。たとえば巣の穴を突き破るための強い棒、中を調べるための細い棒などである。最も注目すべきなのは、グアルゴ（コンゴ）のチンパンジーである。彼らは少なくとも十一以上の異なる採食課題において、二つの異なる道具セットを用いたことが記されている（Sanz & Morgan 2009; Sanz et al. 2009）。たとえば、チジョウシロアリを食すために、グアルゴのチンパンジーは最初に、強くてなめらかな枝の探り棒を森の地面深くにかなりの力で突き刺し、探り棒を引き戻すたび先端を嗅ぎ、匂いでシロアリの巣に貫通したとわかるまで何度も繰り返した。それからその棒は捨てられ、歯でこすってほつれさせ、先端が「ブラシ」のようになったしなやかで細長い茎を先ほどの棒によって作られた穴に沿って入れてから、注意深く引き抜いた。もっと知られているアリ塚を作る種と同様に、攻撃的な兵隊シロアリはチンパンジーの道具を攻撃するので、引き抜いて食べることができる。興味深いことに、地下にいるシロアリに適した場所に到着したチンパンジーは、たいていすでに道具を用意している。ただし、二番目のタイプの、先がブラシ状になったしなやかな茎の方だけである。説明しよう。最初の種類の頑丈な棒は何度も再利用することができ、普通、あたりの地面に何本かは落ちている。一方、デリケートなブラシ状の茎は、毎回作りなおす必要があるからである。明らかに、チンパンジーは前もって技術的必要性を予期できる（Byrne et al. 2013）。計画した未来の操作が望むように機能するため何が必要かを心の中で吟味する際、われわれも同じことをする。たとえば、夕飯に新しい料理を作る前に買い物リストを決めようと考えるように。チンパンジーの道具使用の技術は、道具としての物体に対する理解を示すだけでなく、両手の繊細な共同作業をも必要とする。またいくつかの場合では、一段階以上の処理が正しく順序づけられなくてはならず、計画した目的のために事前に予想できる必要がある。

そこで一つ考えられるのは、精巧な道具使用の必要性の増大が、大型類人猿の知能を直接選択した可能性である。この理論も、すべての飼育下の大型類人猿が道具製作技術を示すのに対して、自然状態下ではチンパンジーと一部の地域のオランウータンだけが日常的にそうする、という難問に直面しなければならない（McGrew 1989）。そのため、道具製作は、現生の大型類人猿の共通祖先に見られたが、現生のゴリラやボノボ、そしてほとんどのオランウータンによって「放棄された」、と推測する研究者もいる。そうであれば、どのような環境的挑戦が共通祖先種に道具製作の選択をもたらしたにせよ、その子孫のすべてに見られる認知的進歩につながったであろう。しかし、系統の共通祖先に形質が由来すると提唱しながら、今や、六種の中の二種［チンパンジーとオランウータン］にしか見られないのであるから、この説明はあまり満足の行くものではない。

この仮説の一つの修正版では、食物そのものが隠されていたり取り出しにくかったりする性質に注目する。スーザン・パーカーとキャスリーン・ギブソン（Parker & Gibson 1977, 1979）は、隠された食物資源を得るが、適切に特殊化した解剖学的構造をもっていない種は、問題を抱えると指摘した。一年中食物を取り出して獲得する必要がある場合、特殊化された採食メカニズムが期待される。たとえば、アイアイの中指、キツツキの長い舌であり、そしてゴリラの場合、「ものすごい力で芋を地面から引き抜く」（Gibson 1986）、と彼らは指摘している。しかし、季節性があり広い範囲の食物を摂取する必要性がある場合は、「感覚運動的知能」が有利になり、その結果として知的道具使用につながる（Gibson 1986; Parker

2015; Parker & Gibson 1977）。これが大型類人猿の祖先（彼らはその生態が現生のチンパンジーに似ていると示唆している）の場合であり、独立にオマキザルでも起こったと彼らは提唱した。フサオマキザル（*Cebus libidinosus*）のいくつかの個体群では、日常的にハンマーとして用いるために適切な石を選択して携行し、石台で木の実を割ることが近年発見された。それは西アフリカのチンパンジーのやり方とよく似たものであり（Fragaszy et al. 2004; Moura & Lee 2004; Visalberghi et al. 2009）、この**取り出し採食仮説**（extractive foraging hypothesis）に支持を与えた。しかし、いくつか困難がある。まず、指摘したように、すべての大型類人猿の共通祖先が道具使用者であったと提唱することには、納得の行かないところがある。二つ目の問題は、オマキザルの道具使用は表象を要しない、洞察を必要としないたぐいに見えることである（Sabbatini et al. 2012; Visalberghi & Limongelli 1994）。オマキザルは、大型類人猿の祖先のような仕方で発達するために必要な遺伝的変異を、たまたまもたなかったと論じることもできる。進化は、利用できる遺伝的変異によって常に制限されるけれども、類人猿とサル類のように近縁の種についての説明にこれを持ち出すのは、少々無理がある。実際、他の哺乳類と鳥類の間に取り出し採食が一般的に見られることから、それが霊長類の知能の発達に重要な影響を与えたという考え全体に疑問が出されてきた（King 1986）。

大型類人猿の道具使用の重要性への理解は、私が思うに、研究者の注意が圧倒的に道具を使用する時の方法よりも物体としての道具そのものに向けられたため、妨げられてきた。チンパンジーが時々道具を使用する方法を考えてみよう。それは両手の組織化された運動を計画するかなりの能力を示しており、まさしくその種の能力が、原理的に、採食の他の方法にも見られる。この視点から、チンパンジー以外の類人猿の採食行動を再調査して、彼らもまた組織化された手の技能を示すかどうかを調べよう。その技能は、たまたま道具使用を取り入れることからは利益を得ないものである。

現在得られている証拠で、複雑な一連の採食行動を最もよく示すのが、ルワンダのヴィルンガ火山のマウンテンゴリラである（Byrne 1996; Byrne & Byrne 1991, 1993）。この個体群に入手可能な主要な食物は栄養価があり消化しやすいが、すべて何らかの仕方、たとえば、棘、針、硬い外皮、または微小なかぎフックによって物理的に守られていたり、包まれていたりする。その各々に挑戦し対処するにはかなり異なる技術が必要とされ、それぞれの技術はいくつかの連続的な段階から成り立っている。そのいくつかの段階を通して、両手が同期しながらも異なる役割で一緒に用いられる。ある基準（中間目標）に達するまで、（ステップ数の異なる）下位工程が繰り返し反復されることもあり、そのようにして中心となる一連の工程が続いていく。このように、下位工程はサブルーチンとして扱われる。これらの特徴は、ゴリラの心的プログラムが階層的に構造化され、連合学習から予想されるような動作の直線的な連鎖ではないことを示している。それでも、若い未成熟個体は、三〜四歳で離乳するまで、大人レベルの効率性に到達しない。チンパンジーとオランウータンの巧みな道具使用は、特定の時に、他個体に比べ一定の個体によってより行われるが、それとは異なり、マウンテンゴリラの食物準備の多段階の階層プログラムは、日常的にすべての個体により用いられる。それらは主要な食物の摂取に必須だからである。寒冷な環境に棲み、単純な内臓組織をもつ大型の哺乳類にとって、食物処理の速度と効率は非常に重要であり、このゴリラが用いる技術は、その仕事に最適であるように見える。

オランウータン、特に実や果実が不安定なことで知られる貧しい土壌のフタバガキの森に暮らすボルネオオランウータンは、硬い、物理的に守られている果実に対処するという、似たような厳しい試練に直面しているだろう（Galdikas & Vasey 1992）。アン・ルッソンは、オランウータンの採食技術を分析し、その複雑性においてゴリラを彷彿とさせるが、こちらは、食物自体の操作に加えて、安全で便利な場所に到達するための、多重段階からなる動作プログラムをも含んでいることを示した（Russon 1998）。

このように、ヒト以外の大型類人猿の三属、チンパンジー属、オランウータン属、ゴリラ属のすべてが、それぞれ独自の採食問題にピッタリの、複雑で高度に構造化された動作プログラムを構築する能力を示す。植物採取か昆虫採取かや、道具を使用するか否かといった違いはあるものの、巧妙な手の動作の新奇なプログラムを築くために、大型類人猿はサル類で記述されてきたものとは質的に異なる技能に依存している。霊長類の中で、なぜ大型類人猿だけが、これらの質的に特殊な能力を進化させなくてはならなかったのだろうか。いくつかの理由が考えられる。それらはいずれも、大型類人猿の進化の中で起こったであろうことを指し示している。

## 一つの進化仮説 —— より賢い食物獲得

アジアやアフリカといった旧世界において、類人猿が暮らすほとんどすべての森では、今や多くの場合いくつかの異なるサル種と競合しなくてはならない。それらのサル類は二つの大きな強みをもつ。一つは、単に彼らがほとんどの哺乳類と同様に、四足獣であることである。類人猿はブラキエーター（腕渡りする者 brachiator）である。ブラキエーションは、テナガザルが木から木へとぶら下がりながら急速に移動できるようにする手段であるが、その第一の進化的強みは採食にある。類人猿は木の枝にぶら下がることができ、そしてもし四足獣のように木の枝の上を歩くことに制限されていたら届きがたい果実に、簡単に近づくことができる。骨格と筋肉とをワンセットにした適応が、ブラキエーションを可能にした。腕が足よりもだいぶ長く、胸部骨格の上を自由に動く肩甲骨は、腕を頭上で回転させることを可能にした。しかし、ブラキエーションにはコストもついてくる。平面での四足移動を困難にしたのだ。試してみてほしい。ヒトとしてわれわれは、他の類人猿種との共通祖先に始まるブラキエーションへの適応を共有している。しかしながら、われわれの場合は、より最近の二足歩行（長くて力強い脚と、狭い腰幅）によって、四足で歩行するのがよりいっそう難しくなっている。類人猿はこの問題にいろいろな方法で取り組んでいる。よたよたとした二足歩行（テナガザル）から、特殊化したナックルウォーキング（チンパンジー）まで。しかし、どれも四足歩行に匹敵するほど効率的ではない。テナガザルは、小さな躯体と特殊化した高速のブラキエーションをもつことで、一年を通して小さな縄張りに暮らすことが可能になったので、大きな問題は生じない。一方、大型類人猿はまさに、大型なのだ。彼らは大きくて重い。そのため食物を得るために広い範囲を移動する必要がある。類人猿ができない四足歩行と比較して、類人猿のいくつかの移動の方法は、長距離を移動する際には効率が悪い。サル類の二つ目の強みは、食事である。オナガザル科のサルは、彼らが暮らす旧世界の森では、類人猿にとって主な食物をめぐる競合種である。彼らは類人猿よりも、より粗い葉や、あまり熟れていない果実にも対応できる消化システムの恩恵を受けている。通常、ほかの点で互角であれば、より大きな動物はより粗雑な食物を消化できる。より大きなシカは小さなシカよりも、より硬い植物を消化できるなどが挙げられよう。しかし、これは霊長類の間では当てはまらない。オナガザル科のサルは、たまたまより粗い植物やより熟れていない果実の消化に特殊化した消化管をもつことになったが、一方、大型類人猿の消化管はそれほど特殊化されていない。ということは、オナガザル科のサルは、類人猿にとってちょうど良くなる前に食物を手に入れることができる。彼らは頬袋さえもっているので、食物を余分に素早く採取して、後ほど競合者のいない遠くでゆっくり咀嚼することができる。そして、それらサル類の代表的な種は、事実上類人猿の暮らすすべての生息地に暮らしている。この事実は、大型類人猿が、食物競合に非常に不利な状況に直面していることを意味する。より小さく、より速く、エネルギー的により効率の良い動物たちが、類人猿が食べるより前に、そして、類人猿が消化できない硬い植物に頼るのが難しい時期に、好きな果実を食べることができるのである。大型類人猿がなぜ絶滅しなかったのか、まさに謎である。彼らはサル類との競合に直面する中で、どのように生き抜いてきたのだろうか。

私が最初にこの謎について古生物学者の友人と議論した時、彼らの応答は私を驚かせた。「ええ、実際、ほとんどの類人猿は絶滅していますよ！」。今日、オランウータン属、ゴリラ属、そしてチンパンジー属はそれぞれ二種あると認識されており、化石の証拠からは知る由もないことであるが、わずか六種の大型類人猿とわれわれヒトがいるのみである。しかし、二三〇〇万年前から五〇〇万年前の中新世には、百をこえる種が存在していた。ほとんどすべてのそれらの系統は、今や絶滅している。大型類人猿が繁栄していた中新世は、今よりもずいぶん暖かかった。しかし、東アフリカの隆起やアジアのヒマラヤの高さの増加を含む地殻変動の結果、気候が徐々に涼しく、乾燥化していった。季節間格差が増すにつれ、当時ヨーロッパ、北アフリカ、中国の大半に広がっていた熱帯雨林は、ずっと狭い現在の熱帯雨林にまで縮小した。そして多くの地域で、乾燥して開けた生育地が広がった。明らかに、これらの環境的な変化の直接の結果として、類人猿は死滅し始めた。しかし、その時すべての類人猿がすっかり絶滅したわけではなかった。何がこの圧倒的な気候変動に直面して生き残った種を、そうさせたのだろうか。私の指摘は、彼らが、幅広い範囲の食物、つまり熟した果実のようにはモンスーンや温帯性の気候においても季節ごとになくならない食物、を得ることを可能にする新しい種類の認知を発達させたことにある、というものである。

ここでの仮説は、より涼しく乾燥した気候は、季節ごとにより格差のある環境においても採食できる能力へ強い選択圧を生じさせた、というものである。その結果、現生の大型類人猿の祖先である、その時生き残ったいくつかの類人猿種は、巧みな採食技術を発達させ、ある者は道具使用を取り入れ、またある者は取り入れなかったが、いずれも組織化された協調動作のプログラムを築く能力が基盤にあった。現在の森でも、これは、表面上は圧倒的に不利に見えるサル類との競合に、サル類には達することができない食物を得ることができるようにしたり、サル類に比較して技術的に要求の高い技能を用いられるようにしたりして、生き残った類人猿がうまく対処することを可能にしている。これが起こっているのを見ることができる。サル類は、シロアリが交尾飛翔の際に塚から現れた時にそれを好んで食すが、それはシロアリ種ごとに、年に一度しか起こらない。チンパンジーは自然の素材から釣りの道具を作って準備し、堅い塚の中や森の地下深くにいるシロアリに届くように、それらを巧妙に操作する。そのため、彼らはサル類よりも余程長い期間にわたって、シロアリを食べることができる。似たような技術を用いて、彼らは樹上に住むオオアリ（*campanotus* ant）を一年中得ることができる。サスライアリ（*dorylus* ant）はアフリカでは一年中地表に存在する。なぜなら、彼らの力強く噛む兵士たちは非常にてごわく、何者も恐れないからだ。もちろんサル類に対しても恐れない。しかしチンパンジーは、安全にサスライアリを食べるために、独特の技能的な採食技術であるアリ釣りを用いる。コウラの実（*coula*）、特にパンダナッツは、並外れて硬い外皮をもつ。サル類も含めほとんどの動物が、それらの栄養ある中身にいたるまで噛み割ることはできない。そのため、このナッツは長期間あたりに散らばっている。しかし、チンパンジーはハンマーと台とを組み合わせた使用技術を発達させた。ナッツを割って中身を出すために、石や硬い木製の棍棒を用いるのだ。ゴリラで最もよく示されるのは、木の外皮の中に納められた軟らかい樹脂や、一年中手に入り栄養があるが棘や針のせいで食べるにはやっかいな葉を、巧みな採食法により手に入れることである。熟れた果実が不足する厳しい期間がある森に暮らすオランウータンにとっては、トウやヤシの木の実は潜在的な代替品である。それらはサル類によって食べられる危険がない。なぜなら、それらは直接木に登ることを防ぐ針によって守られているからだ。オランウータンは巧みな回り道を開拓し、実を安全に食べることができる位置まで慎重に上がることができる。その時、特に広くあいた樹間を渡るのに、体を揺らして小さな木を動かす必要がある。話は変わって、ハチミツは一年中存在するが、ハチの巣は木の幹の中にある。オランウータンはそれを取り出すために探り棒を用いる。

これらすべての「賢い」採食能力の基礎にある能力は、行動のプログラムを発達させる能力である。それぞれの手（オランウータンの場合では、足も！）の多数の単純な動作を、特定の目的を成し遂げるためにピッタリな構造へと調整するのである。残りの章では、次の仮説を発展させよう。他者と自己、両者の動作の表象が関わる行為の計画を解釈し構成する時に、この認知的進歩が類人猿に特別な能力を与えた、という仮説である。この表象能力は物理的対象物にも及び、抽象的な形で道具としての可能性を特定することを認めた。対象物や行為の心的表象から、計画する能力が他個体を、意図をもった能動的主体として含めるよう進化した、ということを論じて行きたい。もしこの仮説が正しければ、古いことわざ「思考の糧（food for thought）」はおそらく、文字通りの意味をもつ。よりうまく採食をする類人猿の必要性が、ヒトが勝ち誇る思考する技能へと、直接つながったのかもしれない。この理論を発展させるためには、社会的認知から物の世界に視点を変える必要がある。そこで、霊長類、または他のいかなる動物種であれ、物の知識を扱う洞察のサインがあるかどうかを調べることから始めよう。

第10章

# 物理的世界についての知識

物理的世界について動物は何を知っているのかに関しては、以前から何度も突っ込んだ議論がなされてきた（たとえば Tomasello & Call 1997 の2～5章に優れた解説がある）。だから、また別の概説をすることはこの章の目的ではない。その代わり選択的に、この世界でものがどのように働くのかについて、個体が洞察をもっていることを示すような行動に焦点を当てる。そこで、動物の物理的認知に関する膨大な量の研究について、その多くに目を通すことになるだろう。実験室で動物たちの能力を測るために、多くの巧妙な課題がさまざまな種に試されてきたが、ここで私が強調するのは、実生活の状況、たとえば、必要な時に記憶したものを見つけ出す、生活圏を利用する時に努力を最小限にする、扱いにくい食物を処理する、捕食される危険を抑える、などのことである。

## 場所の記憶――どこで、何を、そしていつ

多くの種で、採食する動物はどれも、巧みに組織化された方法で食物を探すために、それまでの経験を利用するあらゆる兆候を示す。そのため観察者には、「行き当たりばったり」というよりは、目当てのものがどこにあるのかを記憶していたに違いないと見える。実際、採食行動を理解するための現代生物学の代表的なアプローチである最適採食理論では、すべての動物は自分たちが特別に必要とするものに対し、最も可能性のある方法で、彼らの環境を利用するよう進化してきたということを基本的な前提としている。そして研究者が、この必要性を適切に理解していたかどうかを評価するのにも、この前提が使われる。では動物は、何がどこにあるのかについて、長期的な記憶をもっているのだろうか。

その可能性を検証する最も印象的なもののいくつかが、貯食する鳥類で行われてきた。こうしたトリは、リスのように、食物が十分ある時に後で回収すれば良いように食物を貯蔵する。カケス、ホシガラス、多種のカラ類やアメリカコガラである。たとえば、カナダホシガラスは毎秋、三万もの木の実を集めて貯蔵し、その先半年にわたって回収する（Balda & Kamil 1992）。今までのあらゆる証拠が示唆するところは、貯食する鳥類が、そのいくらか、おそらくは貯蔵したものすべてについて、それぞれの特定の場所を覚えており、いつも食物を貯蔵するような一般的なタイプの場所をすべて探しているのではないということである。飼育下では、貯食する鳥類は、貯蔵したたくさんのものを正確に回収することがわかっている（概要は、Shettleworth 1998 参照）。そのような二つの種、北米西部のアメリカカケスとアメリカコガラは、さ

まざまな食物が時間を経てどう変化するのかについてもある程度理解していることが示されている。あるトリたちは、昆虫の幼虫のように時間が経つと急速に腐ってしまうものを貯食することができ、他のトリたちは、ピーナツのように腐らないものが貯食できるような状況に置かれた（Clayton & Dickinson 1998; Feeney et al. 2009）。回収までの時間間隔が短い場合は、トリたちはより好きな幼虫を回収したが、さらに長く時間が経つと幼虫は放棄し、代わりに、長持ちするナッツを回収した。このように、この二種のトリは、自分たちが何を貯食したか、どこにしたか、そしておおよそいつしたかについて、つまり、**何を―どこに―いつ**記憶、あるいは**エピソード様記憶**を想起することができる（これらの用語は、トリが「エピソード記憶」をもつかどうかという不毛な議論を避けるために用いた。エピソード記憶は、今［考えてみればあの時］は時空間的に離れた場所にいたという心的経験を含み、それは、タルビング（Tulving 1972, 2001）によれば、［言葉による］会話なしでは明らかに検証不能である）。

かなり似た記憶能力が、採食行動に関する詳細なフィールド研究によって、サル類でも示されている。それゆえ、上記の技能が貯食する鳥類に特異なものであると考える理由はない。南アフリカの高地帯に生息するヒヒは、乾期の主要な食料をイチジクの木の結実に依存している。しかしながら、その食物資源をめぐっての競争は熾烈であり、一夜のうちに新たに熟した果物を手に入れるためには、早くその場所に到着することが重要となる。小さな群れは、大きな群れから貴重な資源を守ることができないので、この資源をめぐる競争ではとりわけ脆弱である。そのような群れの一つの活動が、ラーエル・ノーサーによって詳細に研究された（Noser & Byrne 2007b）。乾期、ヒヒたちは安全な寝場所を早く発ち、まっすぐイチジクの木に向けて進んだ。かなたには、木本体から大きく枝を広げている様子や、木の存在を示す手がかりが見える。移動の途中に代わりになる食物資源がたくさんあってもヒヒたちは通り過ぎ、同じ日やや遅くなってそれらを食べに戻った。どうして良い食物をやり過ごしたのであろうか。イチジクとは違って、これらの食物はこの地域では豊富にあるか、散在していて熟すのが遅いので、競争になりにくい。ちょうどデパートの新年の大安売りで、食品売り場も人気のカフェもやり過ごしてバーゲン売り場に直行し、その後戻ってきて必要な買い物をしたりお茶を飲んだりする買い物上手の客のように、ヒヒたちはその日の行動計画を立てるのに、何がどこにあるか、どれだけ長く利用できるのかという知識を用いることができた。アメリカカケスやアメリカコガラと同様、ヒヒたちは時間が刻まれた優れた記憶を有している。ノーサーは、互いに視界の外にあって、いずれも非常に魅力的な餌がある五つの人工的な餌場を設置して、ヒヒの空間記憶の柔軟性を調べた。ノーサーはこの実験を、集団内のある雄が、別の集団の侵入から群れを守ることに専心していた時に行った。これはこの雄にジレンマを与えた（Noser & Byrne 2015）。その雄は、餌場を利用しようと一緒に移動する集団からしばしば抜け出し、いくつか異なる順番でまわり、実質的にどの時点でも、集団に戻るために食事を中断した。餌場に戻る時には、一度訪れて空になった餌場に戻ることを避けることができ、明らかに、以前採食したエピソードの何を－どこに－いつ記憶に基づいて行動していた。

森林にすむヒヒとごく近い仲間であるマンガベイに関する別の研究によると、彼らは何がどこにあるという記憶だけでなく、自然の過程の時間経過を考慮することができる。マンガベイは熟した果実と時々それに寄生する昆虫の幼虫の両方を食べる。彼らはたいてい望ましい木々を訪れるが、その日はたまたまどちらの食物もなかった。そういう時に、彼らは、将来それが熟して寄生する幼虫が増えることを記憶に留めるだろうか。カーリン・ヤンマートは、それを見つけようとマンガベイのいくつかの集団を何日も連続して追跡した。サルたちが最近訪れたことのある木に次に近づいた時、彼らがそれをもう一度調べるために寄り道をするか、ただ通り過ぎてしまうかを記録した（Janmaat et al. 2006）。サルたちの行動を天候の観測と関係づけてみると、マンガベイは、以前訪れた木にもうすぐ採取できる食物があった場合、それまでの天候が晴れて暖かいなら、その木を再訪することが多かった。つまり彼らは、果樹園農家と同じように、天候が果物を熟すのにどう影響するのかを考慮したのである。重要なことは、もし狙いが虫の幼虫であったとしても、その間の天候の効果はまったく明白だったことである。それは完熟果実に潜んでいるからである。完熟したかどうかは匂いで検出できるので、完熟果実の大きな塊りは原則として遠くからでも検出できるが、虫の幼虫は事実上匂いを出さない。こうして、マンガベイの行動は、数日前に訪れた樹の場所だけでなく、「熟している」状況についても記憶していることを示している。さらに彼らは、その時以来の天候がどうだったかについても知っていて、思い出すことがわかる。印象的なのは、自分たちが留守の間に果実にどのようなことが起こるだろうかをシミュレートするため、これらの記憶をまとめあげられることである。明らかに彼らの心的表象には、果実の熟れ具合、幼虫の育ち具合についての何らかの理解が含まれており、過去の探索による何を－どこに－いつ記憶から、視野にない樹についての新たな情報を計算することができる。

何を－どこに－いつ記憶を用いることを示す動物種が多様であることから判断すると、この能力は動物にかなり一般的であるのかもしれない。あるいは少なくとも、その能力から利益が得られる種においてはそうであると思われる。アメリカカケスはカラスの仲間で大きな脳をもち、他の領域においても卓越した能力を示す。だが、アメリカコガラはそうではない。今まで見てきたように、多くの領域で洞察の兆候を示したのは大きな脳をもつ類人猿であって、サル類ではない。しかしながら、ヒヒやマンガベイたちはサルである。最もありそうなのは（もっと科学的な言い回しをするなら、適切な作業仮説は）、広範囲の動物種が有用なもののある場所を記憶し、その場所に最後に行ってから何が生じたであろうかを基にしてその場所にいつ戻るかを決定している、ということである。次に調べる行動のカテゴリーもまた、かなり一般的な能力に基づいていると思われる。

## 大規模空間を効果的に移動する計画を立てる

「大規模空間」という言葉が重要である。そのエリアが一つの場所から見渡すことができるなら、そこを通るルートを探すのは記憶を使わなくても可能だろう。それをするのに計画を立てるという言葉を使うのは適切でないだろう。ケアシハエトリグモ（*Portia*）属の小型捕食者であるハエトリグモは、この一般化に対する興味深い例外となるかもしれない（Wilcox & Jackson 2002）。ハエトリグモは、獲物の真上の点へのルートを決めて跳ぶことができるが、その途上で見つけた獲物の上に落下するために、自分の体長の何倍も離れた所を迂回することもある。ハエトリグモが選択するルートは効率的で、袋小路は避けられる。ハエトリグモはクモとしては例外的な視力をもっているが、彼らに移動する全体配置が前もって見えているかどうかはまだわかっていない。

もしある動物が、出発点から見渡すことのできない場所へ、それなりの時間をかけて行こうとして、予め一定のルートを決めているとするなら、一種の心的表象――しばしば**認知地図**と呼ばれる――を用いているに違いない。しかし、移動が効率的であるために、予め計画される必要はない。たまたま心的地図をもっていない果実食性の霊長類を考えてみよう。通常はまっすぐに行くという単純な戦略をとるが、すでに食い尽くしてしまった探索エリアは避け、大きな果樹から立ち上る匂い柱のような直接手がかりや、落下する果実の音、果実食性のトリたちのコールのような間接情報を拾い集めながら、見事な果実があるところにのみ行くとする。その経路をプロットして見てみれば、明らかに価値のある資源へ移動する最短距離となり、あたかも、そのルートが予め計画されていたかのように見える（Byrne 2000a）。しかし、研究者は注意を要する。

「認知地図」は、曖昧な用語でもある。二つの異なる意味で用いられてきた。認知心理学者が使う時は、効率的な移動計画を立てることを可能にする蓄積されたあらゆる種類の情報を意味する。一方、ミツバチやトリの研究者たちは、印刷された地図のごとく、周辺の空間構造にユークリッド幾何学的に対応する蓄積された情報として見てきた。ここで私は、認知地図をより広い意味で使う。つまり、何であれ移動計画を可能にする心的表象を言う。しかし可能なところでは、ユークリッド的、もしくはそれとは違う地図の証拠も吟味する。

前節で描いた行動は、ヒヒやマンガベイたちが、彼らの移動をより効率的にするために認知地図を用いているということを示している。そしてこの能力は、オランウータン（Mackinnon 1978）、チンパンジー（Ban et al. 2014; Boesch & Boesch 1984; Janmaat et al. 2013）、クモザルやホエザル（Di Fiore & Suarez 2007）、サキ（サル）（Cunningham & Janson 2007）、タマリン（Garber 1988）、さらにネズミキツネザル（Joly

& Zimmermann 2011）などの他の霊長類でも確かめられている。このリストは、霊長類のすべての主要な分類部門を網羅している。レオ・ポランスキたちは、アフリカゾウが水飲み場に直接向かう時にスピードアップして速い移動を開始することを用いて、そのルートを計画する時にどれくらい遠くから前もって予期するかを調べた。この速い移動は通常水辺から四・五キロメートル手前で始まり、時には四九キロメートルということもあり、詳細で大規模な認知地図が利用されていることを示唆している（Polansky et al. 2015）。実験室で認知地図が使われていることを最もはっきり示したのは、水迷路を用いたラットによる研究である（Morris 1981）。水迷路の濁った水のため、大きな丸いプールの水面下に隠されたプラットフォームを見ることができない。ラットは泳ぎがうまいが、しばらく経てば休息が必要である。プールに入れられると、プラットフォームに到着するまで泳ぎ回ることになる。何回かの経験で、ラットはその位置を示す直接的手がかりがなくても、プラットフォームへ一直線に泳ぐようになる。飛翔動物がその移動に記憶を利用していることを示すのはもっと難しいが、そのことにほとんど疑問はない。たとえば、トリやミツバチもまた、過去の経験に基づいて移動経路を決めることができる。

動物が、どのくらい手前から認知地図の知識を利用して計画することができるかは、かなり制限があるだろう。一般的に、実験的研究でサル類は次に進むのに確実に一つの最良の場所を選択するが、一手以上先を見込んで計画を立てているようには見えない。より大きな空間条件になれば、言うまでもなくどんな計算の徴候も示さない（Janson 2000）。しかしながらオマキザルは、二つの効率的なルートを計算することができる。遠くに二つの食事場があり、良い方がずっと遠い場合、彼らは、回り道がそれほど大きくなければ、確実に途中で良くない方の食事場に寄る（Janson 2007）。マントヒヒがそれよりもさらに「先読み」をしていることを示す先駆的研究がある。マントヒヒの集団が安全な寝場所である崖を離れる時、採食に出かける前に緩い集団となってあちこち動き回る。その動きは、顕微鏡下でアメーバを見ているようだと言われてきた。ヒヒの「仮足」が一つの方向に流れ出し、ためらいながらも繰り返し出ては戻るように見える。最後に、一つの方向が多数により採用され、集団全体が一方向に流れ込む。それから、小さな単位に分かれ始め、それぞれが採食する。研究者たちは、出て行く方向が――しかしその後に続く移動の方向ではなく――日中に、乾燥した生息地の日陰となった水飲み場で再会して群れとなる場所を予測していることを示した（Sigg & Stolba 1981）。あたかも「仮足」の動き全体は、さまざまな提案と交渉をするビジネスのようなものであった。しかし、この刺激的な可能性が検証されたわけではないが、研究者たちは、ヒヒが、水の存在を示すことの多い高い樹木を寝場所の崖から見ることができたのかもしれないのだから、たぶん認知地図を考える必要性がまったくなかったのだとは考えなかっただろう。

動物の移動がユークリッド幾何学的な性質の心的地図に基づいているのかどうかは、また別の問題である。とりわけ説得的な手がかりは、われわれが印刷された地図を使ってできるように、まったく新しいルートを移動するかどうかである。ミツバチが、どちらも訪れたことがあるが同じルートでは訪れたことのない二つの場所の間を結ぶ新しい近道を計算できるかどうかが実験された。結果は「ノー」［の声］が鳴り響いた（Dyer 1991）。驚くことに、同様のユークリッド幾何学的知識の欠如が水迷路のラットでも見出されている。迷路内に目隠しとなる障壁が置かれると、実験室内の周囲にある目印のすべてがあらゆる所から見えるというわけにいかなくなる。その結果、ラットが迷路内の台に泳ぎ着くのを学習できるのは、台に安全に座っている時の景色の一部も含めて、水に入れられる時に実験室の全景が見える時に限られることがわかった（Benhamou 1996）。ラットはユークリッド空間的性質の認知地図を発達させるというよりはむしろ、正解地点に到達した時に景色がどうであるかを学習しているのだと思われる。それゆえ、テストでプールに入れられると、ラットは正解地点で見える景色と今見えている景色の類似点を最大化するように泳いでいるのである。

野外では、通常観察者が見ていないうちに動物が過去にどこを訪れたかを知ることはできないので、動物が新しい近道をとったかどうかを知るのはとても難しい。先に述べたラーエル・ノーサーによるヒヒ研究が、この問題に取り組む新たな方法を提供した。乾期のヒヒたちの移動は、主として、明確な価値のある目標地に至る長くて直線的な移動部分からなるので、ノーサーはほとんどの場合、集団がどこに向かうのかを確実に予測することができた。さらに、彼女が対象としていた集団は非常に小さかったので、他のヒヒ集団に出くわしたり声を聞いたりしただけでも、移動は通常中断された。これは自然の実験となった（Noser & Byrne 2007a）。はじめの移動ルートに沿った動きが中断された時、ヒヒたちはどう行動するだろうか。もし移動がすべて慣れ親しんだルートに沿って行われていれば、以前のルートに戻る必要があるだろう。しかし、もし彼らの心的地図がユークリッド的ならば、他集団と遭遇した後にいた場所から単に最短距離をとれる。ノーサーは、ユークリッド的地図の能力の証拠を見つけなかった。毎回、新しいルートは古いルートと同じか、別のルートになる場合も、以前何度も移動したことがあり、たまたま同じ方向に行くルートであった。

現在のところ、動物が印刷された地図のようなユークリッド的性質の認知地図を利用している証拠はない。一方で、われわれ自身が、慣れ親しんだ都会の環境で動物と特に違っていることを示す証拠もほとんどない。ずいぶん前になるが、ヒトのこうした能力を調査したことがある。自分の町に十分慣れ親しんだ住民でも、主要経路間の角度が九十度以上離れてしまうと、その角度を言えなかった（Byrne 1979）。これらの失敗と一致していることは、町の中心部のよく知っている道路の配置を描こうとした時、全部の道路が直角に出会うように描いたということである。いくつかの道路を描いた後、すぐにこう認めなくてはならなかった。「あぁ、この二つの道路は同じもののつもりで、本当は一本のまっすぐな道なんですが、私の地図では直線ではありませんね・・・！」。彼らは、よく知った場所の間の距離についても知っているようには見えなかった。距離をルートについて記憶していることに基づいて推測する傾向にあった（Byrne 1979）。もしルートによく目に付く場所、たとえばカフェやバー、店などがたくさんあったり、交差点や曲がり角が多かったりすれば、一様な住宅街を通る直線ルートに比べて、その距離は大きく過大評価された。実験協力者たちは、実際に歩かなければならない時、これらの直線で変化の乏しいルートがどんなに長いかいつも驚くと報告した。結局のところ、ヒトは典型的な霊長類であるように思える。日常環境でのわれわれヒトの移動は、普通はユークリッド的な空間表象に基づいていないのである。

認知地図がユークリッド的性質をもたないとすると、それはどのようにして役に立つのだろうか。研究者たちはよく「ルートに基づいた」知識に言及するが、ヒト以外の動物にとって、大規模空間についてのすべての知識は本来、ルートに沿った移動によるものに違いない（通常、子どもが自分たちの町や都会についての知識を作り上げていくのも同じである）。ルートをたどることができる最も単純な心的表象は、紐のように、ルートに沿った実際の順番と同一の順番で目に付く場所やランドマークの表象を結んでいくことであろう。たとえルートに沿っていても、ユークリッド的な距離は必ずしも保持されない。この種の表象のことを**ルートマップ**と言う。中世の船員がもっていた「航海案内書」はルートマップだった。そこには一連のランドマークが描かれており、次のランドマークに到達するのに進むべき経路が記されていた。他の者たちに伝えるため、昔の航海者たちによって苦労して記録されたものである。しかし動物は、以前一つの経路で訪れたことのある何組かの場所の間を行き来するだけに限られない。理論的に見て、ルートマップによる表象では不十分である。

ある場所から他の場所へとルートに沿って探索して、街の経験を積んでいく様子を想像してみよう。遅かれ早かれ、そのルートのいくつかは互いに交差し、異なる方向から同じ地点に到達したことに気づいたなら、すぐに可能な選択肢をもつことになる。その地点は移動可能であることを知っているルートの、潜在的交差地点となる。そこで、心的表象の点からは、それぞれのルートの紐状の表象をこの交差地点に対応した「ノード」で結ぶことができるようになり、紐というよりはネットワークを形成する。このような**ネットワーク・マップ**を見せるためにあえて紙に展開するなら、有名なロンドンの地下鉄マップのようになるだろう（ロンドンの地下鉄マップは紙に合わせるため、さらには魅力的に見せるため、非現実的な距離が開発された）。地下鉄マップ上の駅同士の関係を考えてみよう。どの駅が次に来るのかということについては正しいが、駅間の距離は保持されていない。どの駅（ノード）からも他の駅に行く経路をたどることができ、相互接続している駅で地下鉄の路線をまたげるが、しかし、距離と方向が表されていないので、効率的なルートを取り出す唯一の方法は接続している駅の数を最小限にすることである（ロンドンの地下鉄システムを描いた地図が距離と方向を表していないことを容易に忘れてしまうが、もし地上の地図として使おうとすれば、すぐそのことを思い知る。がっかりした経験をよく覚えているが、長くぐるぐると地下鉄に乗ったあげく、下車駅で地上に出てみると、はじめに乗車したところから見える距離だった。そこは通りの端にあって、数百メートルしか離れていなかったのだ)。

ラット、ヒト以外の霊長類、そしてまさに、実際に印刷された地図やGPSに頼っていない時のヒトの認知地図能力を理解する最良の候補は、現在の証拠に照らして、ネットワーク・マップであると思われる。これらの種のどの動物も、移動する大規模空間について、個体として移動のための豊かで詳細な知識を発達させる時、その知識は、最初ルートマップの形で記憶される。それが獲得される仕方だからである。時間と共に、ルートマップ間にノードが発達し、ついには、相互に接続したネットワーク・マップをより一般的に移動の決定をするために利用できるようになる。ヒヒのような霊長類の場合、森林地域の数キロメートル平方で一生を過ごすので、相互接続しているノードと代替路の数は膨大に違いない。それはロンドンの地下鉄マップさえ矮小なものにするだろう。移動はすべてが以前経験したルートに限定されるのではない。なぜなら、ノードでルート替えが可能であるし、ネットワーク・マップは、記憶された場所の組み合わせの間で、最も短い経路を探すことを可能にするからである。豊かに相互接続されたルートマップがあれば、距離はかなり効率的に最小化される。しかし、経路は常に、以前移動した断片から構成されるので、新たな近道は生まれないだろう。だからサルを追いかける研究者たちは、印刷された地図やGPSを携帯していれば、サルたちが採用するよりも少し効率が良いルートを見つけることができるだろう。もちろん、多くの場合サルたちの目的地を知らないので、それが実現することはごくたまにしかない。私がヒトで行った実験やノーサーがヒヒの野生群で行った実験のようなものだけが、ネットワーク・マップの表象を用いて移動する時のわずかな偏りや小さな失敗を明示的に示すことができる。さらに、慣れ親しんだルートを守らなければならないと制限をかけることは、まったく予期しないことによる干渉が生じにくくなるという長所がある。良くできたユークリッド的地図をもって初めて出かけた都会で、二つの「交差した」ルートの一方が高架だとわかったり、まったく歩道がなかったり、なぜか歩行禁止になっていたというようなことを、誰もが思い出せるだろう。

## 道具使用と原因の理解

道具の使用は驚くほど幅広い動物の間で見られる（Shumaker et al. 2011）。多くの場合、道具使用は一つの状況に限定され、一種類の道具が単一の目的に用いられる。すべてが適切な条件下にあれば、種の成員全員が必ず同じ道具使用行動を示すことが実際に多い。このことは、この特質の発達が強く遺伝子によって方向づけられていることを示唆している。たとえば、すべてのヤドカリが保護殻として捨てられた貝の殻を使う。ここでの「道具」は、作られるというよりは拾われたものであるが、何らかの意思決定が必要である。ヤドカリは、今の殻より大きくなりすぎると、より大きな殻を選ばなくてはならない。しかし、大きすぎてはいけない。捕食されやすくなるからである。動物の道具使用で道具を作ったり何らか準備したりするケースはずっと少ない。例の一つが、ガラパゴス諸島のキツツキフィンチで、虫を探り出すためにサボテンの棘を利用する。ガラパゴス諸島にキツツキはいないが、小さなフィンチは通常キツツキが占めるニッチを利用し、密でない樹皮の下から幼虫を突いて取り出す探索棒として、抜いたサボテンの棘を用いる。棘は通常サボテンの群生場所で引き抜かれ、使用場所に運ばれる。低地にいるフィンチだけがこの道具使用をするが、雨が多いガラパゴス高地の森では、おそらくこの道具を使用することが有利とはならないのだろう。実験室の研究によって、それは社会的学習によらないことが示された。適切な環境を与えれば、他のフィンチが道具を使用しているところや探索棒を見つける様子を見なくても、飼育されたフィンチは探索棒を完璧に作って使用する（Tebbich et al. 2001）。

他の例では、社会的学習が確実に含まれる。カリフォルニアラッコが使う台座とハンマーがその例である。カリフォルニアにいるラッコはアラスカにいる同種のラッコと違って、石を道具として使う。ラッコは海底まで泳いでいって、把握機能のある前肢を使い、アワビと大きめの石を拾い上げる。水面に戻ると、仰向けで泳ぎながらその石をお腹にのせる。そして、アワビの殻が割れて中身を取り出すことができるまで、それに打ちつける。別のラッコは、岩場の水溜まりで採食する時、片方の前肢でカニを掴み、もう片方の前肢で尖った石を持って、カニの甲羅が割れるまで打ちつける。どちらの例においても、打ちつける点では共通しているが、動作と道具は異なっている。ここには、二つの道具使用能力が関与している。しかし、二つの技能を示すラッコはいない。娘は母親の食物嗜好（カニかアワビか）と道具嗜好（小さくて尖った石か大きくて平たい石か）と一致する傾向がある。このことは、技能を獲得するために社会的学習が重要であることを示す。しかしながら、一頭のラッコが二つの方法に対応する道具を使えるようになるわけではない。ラッコはカニ打ちになるかアワビ割りになるかどちらかである（Riedman et al. 1989）。

このような一般的背景に対して、野生チンパンジーの行動は特殊だ。チンパンジーが研究されてきたアフリカ中の多くの場所で、いくつかの異なった道具が群れの全員、もしくは大部分の成員によって使われており、その方法の組み合わせはそれぞれの場所で異なる。それぞれの個体が方法のレパートリーである「道具キット」をもっていて、物を道具として使うことに依存している。第7章で見たように、群れ間で見られる道具使用の差異を説明するには、社会的学習による知識の拡散に制約があるというよりは、生態学的要求に地域差があるという方がよさそうである。しかし、個々のチンパンジーがその道具のレパートリーを発達させるには、社会的学習が大事だろう。実際、道具を使う方法のいくつかはとても複雑で特殊なので、すべてのチンパンジーが同じ技術に偶然たどり着くとか、環境がもつ制限やアフォーダンスによって標準的な道具使用の基準にまで到達することができるとは考えにくい。たとえば、先述したコンゴ共和国のグアルゴに生息するチンパンジーが地上性シロアリを採る方法を考えてみよう。他個体が採っているところを見たことがないとしたら、個々のチンパンジーは、特定箇所の林床の〇・五〜一メートル下にシロアリの巣があることをどうやって知ることができるのだろうか。それなりの量のシロアリにありつくには、チンパンジーは異なる特徴をもつ二つの道具を選ぶか作るかして、順番に使わなくてはならない。一つは長くて、表面がすべすべしていて、頑丈な棒であり、もう一つは細く、柔らかく、先がブラシ状になった探り棒である。もちろん、ある時、先駆的な個体が、その地域のレパートリーとしてすでに標準となっていた他の技術を基にして、初めての方法を編み出したに違いない（たとえば、樹上性シロアリの収穫を最大限にするために先端をブラシ状にした棒を用いる、ミツバチの巣をこじ開けるために頑丈な棒を用いるなど）。形としては今日その使い方が目撃されているが、グアルゴのチンパンジーすべてが獲得した技能の複雑さは、社会的学習の結果であることを示す何よりの証拠である（Byrne 2007）。獲得するには、おそらく習熟した道具使用者が作った道具や使用法を念入りに調べる過程、つまり、棒を入れる穴の場所や性質、そして道具それ自体を調べることと、一つの道具を両手で力をいれて扱い、もう一つは片手でそっと扱うというように、その方法の「コツ」を観察学習することが含まれるだろう。

野生類人猿の中で、日常的に数種類の異なる道具を作って使う、しかもある一つの目的のために計画された順番で複数の道具を動員するのは、チンパンジーだけである。では、彼らの因果関係の理解は、何らかの重要な仕方で、異なっているに違いない……ではないか? だが、だいぶ以前になるが、ビル・マクグルーが「なぜ類人猿の道具使用はこんなにもややこしいのか」と題した論文（McGrew 1989）で嘆いたように、そんなに単純ではない。最大の問題は、飼育下ではチンパンジー以外の大型類人猿が、道具使用を必要とする課題を解決するのにチンパンジーに近い能力を示すことである。ゴリラは適切な探索する道具を作って、「人工のシロアリ土塁」からハチミツを「チンパンジーと」まったく同じようにうまく得ることができるし、オランウータンが技術的にうまくやってのけることが動物園の飼育係にはよく知られている（次のようなまことしやかな話が出まわっている。もし飼育係がチンパンジーの放飼場でスパナをなくしたら、それでガラスを粉々にするだろう、もしゴリラの飼育室でなくしたら、シルバーバックがそれを見つけて、丹念に調べてから、飼育係に返すだろう、だがもしオランウータン舎でなら、なくなってしまう。そして二晩目には、檻のボルトをすべて外して逃げてしまうだろう……）。実験室では、「落とし穴つき円筒」課題が、道具使用で因果関係を理解しているかを検証するものと見られている。それはエリザベッタ・ヴィザルベルギの考案になる装置で、途中にピーナッツが入っている水平に置かれた透明な円筒である。しかし、円筒の一方にピーナッツが落ちてはまり込んでしまう落とし穴がある。そして何か、探索するための棒が与えられる。ピーナッツが落とし穴に入らないようにするには、落とし穴がある方の入り口から常に探索しなければならない。飼育下で最も道具使用を見せる種であるフサオマキザルは、最近野生で木の実を砕くために石のハンマーを使うのを数箇所の生息場所で発見されているが（Fragaszy et al. 2004）、この課題では非常に成績が悪いことがわかった。ほとんどの個体は偶然のレベル以上にできるようにならないし、特定の目的をもった方略を使えたわずかな個体も、物が落下することの理解に至っていなかった（Visalberghi & Limongelli 1994）。それは、円筒を回転させて穴を天井に向け、落とし穴にならないようにしても、回転前とまったく同じようにして落とし穴を避けたことから明らかだった。チンパンジーは、ほんのわずかだがましである（Limongelli et al. 1995）。ところが、探索棒が装置から外され、円筒に指が入る穴を開けて、食物を［指で］動かすことができるようにしてやると、チンパンジーは突如、落とし穴に落ちる危険を完全に理解していることを示し、上向きの落とし穴にもまったく迷わされることはなくなる（Seed et al. 2009）。この修正版はこれから多くの動物で試されなければならないので、チンパンジーの因果関係の認知が、他の大型類人猿に比べて特別なものであるのかはまだわからない。さらに、この修正版が因果関係理解のための純粋なテストであると主張するには時期尚早であろう。

人類学では人類の起源の再構築において道具使用や道具製作が支配的な役割をもっていることを考えると、動物の道具使用の研究から洞察について多くを結論できないように思えるのは皮肉なことである。道具が作られ、使い方を学ぶ過程に社会的学習が含まれるとしても、道具の使用がいかに機能するのかについての洞察を個体はもっていないのかもしれない。

## 危険とリスクのカテゴリー

ほとんどすべての動物が他の動物による捕食を避ける方策をもっているが、ある方策が他の方策よりも賢いという印象をわれわれに与える。群れを作る動物にとって、恐れを感じて逃げなければならない時に警戒を示す信号システムをもっていることは、常に恐れながら生き、捕食者がいそうなところを常に避けて暮らすよりもずっと有益である。そして鳥類、哺乳類の多くが警戒音を進化させてきた。すべての危険が同じ反応を要求するわけではないので、警戒コールが聞いたものに適切な回避行動をとる準備をさせることができれば、それはよりうまく働く。第3章で見たように、いくつかの種は捕食者特異的な警戒音を進化させてきた。ベルベットモンキーが最も有名である。反応の程度は［警戒コールの］プレイバックの強度や回数によって異なるが、反応の型は警戒音の型に特異的である。それゆえ、「ヒョウだ！」という警報は、聞いたものたちにヒョウが登れない高い枝先に駆け上がる反応を起こさせる。「ワシだ！」警報は、逆の反応を引き起こし、サルたちは樹冠から駆け下りて密集した茂みに飛び込む。これは完全に意味ある反応であり、ベルベットモンキーが警戒コールを聞いて有効な情報を得ていることは明白である。しかし、聞いた個体はコールから正確にはどんな情報を集めているのだろうか。サルたちが捕食者の種類に応じて適切に反応していたことからすると、それは「危険だ、よく監視しなさい」という以上のものであるに違いない。しかし、ベルベットモンキーはワシ警報を聞いて実際に何を考えるのであろうか。それは、「何かの理由で密集した茂みに飛び込め」という指示としてわれわれが解釈するようなものなのだろうか。

それとも、危険がやって来る方向を指して、「空中にいるでっかい危険」を言っているのだろうか、それとも、一般的な種類の捕食者「ワシ」もしくはより厳密に「ゴマバラワシ（*Polemaetus bellicosus*）」を示しているのだろうか。さらにもっと特異的に、「われわれの寝場所の側の高いアカシアの樹に巣を作っているつがいのゴマバラワシの雄、アレックスだ」を指しているのだろうか。サルの反応からはわからない。

もちろん、ヒトはさまざまなレベルで対象物をカテゴリー化する。たとえば、野外サルたちが捕食者をどのように分類しているかを先ほど私が推測してみたように、それぞれのレベルを記述する言葉をもっている。しかし、いくつかのカテゴリーはわれわれには他のものより明らかにより自然であり、そのようなカテゴリーはより学びやすいという意味で、子どもがより早く獲得し、大人もそれらについての質問により素早く答えることができ、すべての言語がそれらのカテゴリーに対する簡単な言葉をもっている。ドラムは「自然カテゴリー」に含まれるが、スネアドラムや楽器は含まれない。同様に、トリは含まれるが、ウタツグミとか燕雀目は含まれない。自動車を含むが、ハッチバックや輸送機関は含まれない（Rosch et al. 1976）。しかし、この特権的な自然のレベルそれ自体が、世界をどのように知覚するかの原因であるというよりも、経験の結果だということは大いにありえる。西洋の環境に住む多くの人は、「トリ」より下のレベルのカテゴリー化の現実的な必要をもたないが、熱狂的な野鳥観察家はもっと下のレベルでカテゴリー化する、つまりトリをワシ、フクロウ、カモメ、シギなどの種類として直接認識する方がより自然だと思うだろう。

私の知る限り、野鳥観察家や他の何であれ言葉の使い方が普通と異なる人たちにおけるよりも正確なレベルの自然カテゴリーが存在していると証明されたことはない。しかし、そのたぐいがあることが、アフリカゾウで見出されている。多くの動物が、過去のヒトに対する経験に応じて、「ヒト」という種に独特の方法で反応する。ケニアのアンボセリ国立公園では、ゾウたちは四種類の異なったヒトの「種族」に出会う。ランドローバーに乗り、長時間ゾウたちの周りについて回るが無害なゾウ研究者、シマウマ模様のミニバスに乗って埃をまき散らすが、長くは滞在しない無害の観光客たち、近くの農村から歩いてきて、概ね無害なカンバの人たち、そしてやはり徒歩で歩くが、とても危険になりうるマサイ人の四種族である。マサイは狩猟民ではない。彼らはウシの群れから必要なものすべてを得ている牧牛者である。しかし、若い男たちは自分の勇ましさを見せびらかすために、単に危険だというだけで、わざとライオンや、時にはゾウも槍で突く（国立公園内では違法であるが、今でも時々ちょっと外れたところで行われる）。何年にもわたって、研究者たちは奇妙なことに気がついた。家畜のウシが彼らの脅威となる可能性はないのに、ゾウがたびたび襲うのである。なぜだろうか。ルーシー・ベイツと私は、それが公園内のウシがマサイ人と一対一で連合していて、そのためおそらくゾウたちは、われわれのようにヒトの種族を見分けているのだろうという直感から、それを調べることにした。われわれは他の視覚的にも嗅覚的にもマサイの生活様式に共通したものを取り上げて、（本物のマサイ人がいない状況で）それらをゾウの群れに提示し、カンバの人たちの同等の刺激に対する反応と比較した（Bates et al. 2007）。

最初の比較は匂いによるものであった。現地のマサイとカンバの人たちに一週間着物を着替えず着用するようにお願いし、それから新しいものと交換にそれらをもらった（このお願いは人気を博した。マサイの兵士はすぐに携帯を手にして、私たちの電話番号を登録した。それゆえ、この素晴らしい契約を破ることはできなかった）。そして、われわれは着物の一つを低い茂みに広げ、移動中のゾウの群れがその匂いを嗅ぐ機会がすぐにくるようにした。ゾウたちは鋭い匂い感覚に大きく依存している。この実験で、ゾウたちが実際には着物を見ることはほとんどなかった。彼らの反応は、もともと着物を着ていた人の種族に応じて、はっきりと異なっていた。カンバ人が着た着物では、ゾウたちは立ち止まり、鼻をあげて風の匂いを嗅ぎ、採食を続けた。他方、マサイ人が着たものに対しては、ゾウたちは一団になり、鼻を持ち上げて匂いのくる方向に向け、動き回り、それからその場を逃げ出した。それは一キロメートル以上離れていても典型的に起こり、しばしば突然走り出した。その後、カレン・マコームたちは、ゾウが話し声からこれらの部族の人たちを見分け、マサイ人のマー語で話される言葉を聞いた時により強い反応をすることを示した（McComb et al. 2014）。興味深いことに、われわれが上記のものでなくマサイの生活様式に連関する視覚的なもの —— 彼らの着物の特異的な赤 —— を使用した時は、ゾウの反応は微妙に異なっていた（Bates et al. 2007）。この時、われわれは洗濯された服をゾウたちが気づきそうな場所に置いた。ゾウたちは無害の白い着物とマサイの赤い着物をはっきり見分けていたが、今度は赤い着物に近づいて威嚇的な誇示行動を示し、時に攻撃を示した。ゾウにとって嗅覚はおそらく上位の感覚なので、それらの着物にマサイの匂いがないので近づいても安全だと思ったのであろう。それでもその時、ゾウが攻撃を示したことは、［赤い服が］彼らの情動的な態度を喚起したということになる。マサイから槍で突かれる出来事はそれほどたびたびではない。われわれが観察したゾウ家族の多くは、彼らのすぐ近くで研究を始めて以来三五年の間、一度もその経験がない。しかし、呈示実験での反応は、マサイの槍で死んだり怪我したりした経験を直接もつ家族と同じくらい強いものであった。つまり、人種の一つの下位カテゴリーが特別のリスクをもたらすという知識は、個体の経験に依存しているというよりは、社会的に伝達されたものであるように思われる。

## 好奇心

もし動物が生存と繁殖の基本的原則に沿って行動するだけだとするなら、彼らの生活はすべて、重要な資源を探すことに費やされるだろう。食物、飲み物、交尾相手を見つけること、就眠時でも過度な危険を避けること、有益な社会関係を築くこと、育児すること、そしてその他の生物学者が研究するすべての実利的で必須の機能である。しかし、時に動物は別のこともする。それまで見たことのないものを探し、あらゆる種類の明らかに役に立たないもので遊ぶ。われわれと同じように、ヒト以外の動物は、少なくともその一部は、世界「それ自体に」興味を示すと考えたくなる。人類はその好奇心をまさに誇りに思っている。NASAは、そのきわめて精巧な火星探索機に「好奇心のさまよい人（Curiosity Rover）」と名づけた。動物もまたある種の科学的動機づけ、つまり世界がどうなっているのかについての単純な興味を示しうると、認めるべきなのだろうか。動物の行動を情報処理の言葉で考えるならば、好奇心のようなものへの欲求は明白となる。すなわち、最も単純な生活をする動物（カサガイがそれか？）は除いて、情報は力である。情報収集は、過度にコストやリスクにならない限り、その時点での明白な利得がなくても、行う価値がある。メモリーに情報を蓄えることは安価であり、ちょっとした知識がいつ役に立つかを知らなくてもよい。

しかしながら、好奇心がすべての動物にとって良いものであるとは限らない。好奇心はネコを殺すという古いことわざがある。あるいは、好奇心が負けて箱を開けた時、パンドラに何が起こったろうか。知らないこと、行く必要のない場所、出会う必要のないことを探るのは、かなりのコストを伴うだろう（それぞれ、落とし穴、ヒョウのねぐら、病気を考えてみよう）。好奇心が遺伝的に選択されるには、そのコストに見合う生物学的機能がなければならない。そしてそのコストは動物の生態に依存する。白ネズミは行動主義心理学者の研究で好まれる動物だが、ドブネズミ（*Rattus norvegicus*）の家畜化された変種で、はっきりしないが中央アジアのどこかの原種から、ヒトの生活様式を利用し適応することで世界中に移住した種であり、驚くべき万能選手である。万能選手は変わりゆく環境に素早く反応しなければならず、世界を探索し、何を、どこで、どうやって得るのかの心的モデルを作ることが得になる。動物学習の言葉で言えば、余分な情報を取得することはラットの「報酬」になる。ラットたちはそのために働く。サル類も同じで、サルが、写真が見えるだけなのにブラインドを開くために喜んで働くことを明らかにした古い研究（Humphrey 1972）が示す通りである。ただしどんな写真でもいいというわけでもないようで、テストを受けたどのサルも、一貫して花や食物や抽象画（モンドリアンの作品）より他の動物種、サル、ヒトの写真を好んだ。ここでのサルはアカゲザル（*Macaca mulatta*）で、北インドでは一般的なサルである。いま一つの万能選手であり、ジャングルだけでなく都市にまでうまく移住することができた。非常に特殊なニッチにいる種は一般的知識を獲得してもそこから得ることが少ないので、より強いリスクを嫌い、努力して探し求めるものをより入念に選別しているだろう。

誰が－何を－どこで－いつといったたぐいのさまざまな事実情報に気づき、思い出すことは、多くの種にとって利益になるであろうが、もしヒトの科学者のように、いくつかの動物種がそれにいかにとなぜを加えることができれば、その情報はさらに意味あるものになるだろう。そのレベルの理解があれば、既知の事実を基にして、あることが起こりやすいか否かを心の中で計算することが可能になる。われわれはいつもそれをやっている。自分が知覚しているものとの不一致を検出すると、当然のことのように好奇心をいだく。われわれは世界をより良く理解するために好奇心を使うのである。つまり、ある種の好奇心は、動物が彼らの世界を理解する方法について私たちに教えてくれる可能性をもっているということである。一見何も異常なことはないが、しかし、対象に対する因果的理解をもつもの、あるいは他者の心的状態についての理解をもつものにとって、その布置がありえないような場合である。「どうしてあれが、そこの地面に横たわっているんだ」とか「これはどうやって作られたんだ、そして誰が作ったんだ」と自問する時の思考過程を考えてみよう。ある状況からどんな情報を引き出しうるかは、その状況がどのように知覚されるかに依存している。もう少し進んだ知覚と神経プロセスがあれば、発見するものもより多いだろうし、もう少し脳と実行器の運動機能が進んでいれば、できることも多いだろう。限られた知覚能力と環境に関わる能力しかない動物種は、不可避的に好奇心の兆候をあまり示すことはない。したがって動物が何に興味をもつか、その興味がどのくらい長く続くのかは、その動物の情報処理能力を示すだろう。

一九六〇年代に、スティーブ・グリックマンとリチャード・スローゲスが独創的な研究を行った。二人は動物園で二百を超える個体に新奇な対象物を呈示した。それらは形態は同じであるが、動物の大きさに応じて大きさを変えてあった。そして、動物がどのくらいの時間興味を持続したか、どのくらい違った方法でそれらを扱ったかを測定した（Glickman & Sroges 1964）。対象物は単純なものである。二つの木製ブロック、ゴムのチューブ、木製の丸棒、金属の鎖、くしゃくしゃに丸めた紙のボールであった。霊長類と食肉類は、齧歯類、有袋類、貧歯類（ナマケモノ、アルマジロ、アリクイ）に比べてずっと大きな興味を示した。爬虫類は最も少なかった。テストの時間が経過するに従い、おのずと興味を示すレベルは減衰したが、霊長類の関心レベルは食肉類よりも長く続いた。霊長類の中でも、ヒヒやマカクなど地上性の旧世界ザルたちは、他のサルたちよりも対象物により強い関心を示し、単純に眺めたり、咬んだりはもちろんのこと、手で弄り、握って間近で見て調べた（大人の大型類人猿のテストは安全面の理由から実施できなかった）。好奇心に性差はなかったが、若い動物は大人よりも強い関心を示した。

この単純な方法は、多くの動物種の間の体系的な比較をする大きな可能性を示しているにもかかわらず、残念ながら、それ以来同様の研究はわずかしかない。生態の違い（資源の採取、食性の広がり、など）、社会システム、または脳容量の違いが、近い関係にある動物種間の好奇心のレベルを予測するかどうかがわかれば面白いだろう。それでもグリックマンとスローゲスは、実質上シカゴにあるリンカーン公園動物園の運営を任されていたので、個体を思うように分離することができたし、夕方になって動物が展示されなくなってからテストをすることができた。一九六〇年代は、動物たちはきわめて簡素な檻で飼われていたので、動物たちも調べる価値のある興味深いものに飢えていた。動物を分離することが制限され、環境も高度に豊かにすることが求められ、健康安全志向の文化とも相まって、動物園の動物福祉が改善され、鎖やブロックなどの新奇物も今の動物園の動物たちには興味を起こさないものとなった。今ではこの実験を再度行おうとしても、難しいだろう。

## まとめ

物理的環境を扱う時に示される能力は、物理的因果関係への洞察を発達させる基礎として重要である。その能力には次のものが含まれる。どこでいつ、何に気づいたのかを記憶する、それらの対象を直接観察ができない時にも、その対象の変化、たとえば腐りやすい物の腐敗、暖かい気候の後の果物の熟れ具合、食料を貯蔵するのを目撃した競争相手がくすねるなどを時に予測することができる。記憶された場所へ、以前にその特定のルートを通ったことがなくても、有効なルートを計画できる。必要とされる抽象化のレベルがどんなものであれ、証拠を反映する仕方で資源の中の危険とリスクを見分ける。生来の好奇心と探索傾向によって、将来の利得となる知識を集める。以上のリストには、やっと最近になってわかったいくつかの素晴らしい能力が含まれ、特に、新しい情報が推測されなければならない場合では、表象的な理解に基づいているに違いない。しかし、この特別な能力が、他の領域で洞察を示す動物種だけに結びついていることを示すサインはほとんど見られていない。むしろ、これらの能力のほとんどが多くの種で、少なくともその生態が最大限に利用されている種では、一般的なように思われる。しばしば最も良い証拠はよく研究されている霊長類から得られるが、霊長類がこれらの能力においていかなる意味でも無比の存在と仮定する理由はない。大型類人猿が今ある証拠の中で目立っているわけではない。例外は道具使用の場合で、チンパンジーは野生で研究されたすべてのグループでさまざまな目的の道具を日常的に使っている点で無比の存在である。他の大型類人猿も飼育下で、道具使用の同じような素晴らしい能力を示す。しかしここまでできていても、動物の因果関係の認知に関する研究室研究では、大型類人猿に日常の物理的過程に関するより優れた理解を認めることはできなかった。そこで私は、物理的世界の理解は、広範な動物種の間でそれほど大きな差はないと指摘したい。実際、物理的世界は、その多様な動物に対して同じような問題を提出し、同じような仕方で解決されていると思われる。さらに、本書でこれまで述べてきた洞察の分布は、特に大型類人猿といくつかの脳が大きい種に偏っているが、物理的理解における多様性から説明することはできない。多くの動物種に共通する、物理的対象とそれらに何が起こったのかについての印象的な表象的理解の上に築かれた、他の何か、その洞察をより一般的に適用する少数の種を選別する何かが必要である。そのために、第11章に転じ、社会生活の結果に戻らなければならない。特に、すでにどうしたらよいかを知っている個体と一緒に暮らすことで提供される物理的世界を利用する機会に立ち戻ることになる。

第11章

# 新しい複雑な技能を学習する

## 行動の分節と洞察の起源

自動車の保守から公衆の面前で話をすることまで、幅広い問題のどれに取り組むにしても、われわれは動員する準備ができている既存の動作レパートリーで対処する。この動作のいくつかは間違いなく生得的なものであり、他の多くは、それまでの生涯における、過去の同じような状況における試行錯誤的探索によって築きあげたものである。しかし、われわれの動作レパートリーのかなりの部分は、他人の動作に気づいて使うことで学んだものである。ますます変化のペースを速めてやまない二十一世紀の生活の中で、われわれは何か新しかったり、より賢かったりする方法を学習するために、ますます最新のものに頼るようになっている。それにはしばしばテクノロジーが関わっている。年長世代からは不平も聞かれるが、実際の学習はかなり容易である。誰かが新しい器機を使うのを見て、扱うためのいくつかのコツをつかめば、(たいていは)うまく使える。動物界のほとんどが単純にそんなことはできないと気づく方がショックである。また日常会話でわれわれは、動物の幼体が、生き残るための技能を覚えようと親や知恵のある大人の真似をすると話すし、テレビの野生動物のドキュメンタリー番組ですらそのように説明されているが、このショックに備える助けにはならない。だが、多くの心理学者は、動物が本当に模倣できるかに疑いをもっているだろう。何が問題なのだろうか。模倣のように見せかけているものの代わりに、何をしているのだろうか。もし模倣学習がそれほど難しいのなら、私たちはどうやってそんなにたやすくそれをするのだろう。そして、もし模倣がそんなに希だとするなら、その生起のパターンは洞察の生起のパターンに対応しているのだろうか。模倣は、第10章で触れた、世界の物理的属性を表象することとその社会的側面について考えることの間を結びつける、「ミッシングリンク」なのだろうか。

この領域に道をつける助けとなる重要なポイントが二つある。一つは、模倣が、広い範囲の動物種に見られる社会的な影響を受けた学習以上のものであって、その点については異論がないということである。そして第二に、ヒトは模倣によって難なく学ぶことができるという事実にもかかわらず、われわれの学習過程はまだ、多くの動物たちと同じメカニズムに大きく依存していて、あれかこれかではないということである。第7章でのより詳細な記述に基づいて、まず社会的学習の理論を簡単に要約することから始め、模倣的学習の非常に特殊な能力に関する本丸に挑戦しよう。

## 模倣なしで対処する

ヒトを含めたすべての動物において、個体の探索行動は、たくさんの技能の効果的獲得の要因である。これは、結果に信頼性があるという大きな利点があり（最適とは言えないモデルから社会的学習をした場合に比べて）、獲得された行動は、それに関わる個体に合わせて自動的に調整されるだろう（おそらく自分より大きかったり強かったりして、同じようにはできない誰かをまったく同じように真似ることに比べて）。

社会的動物では、個体の学習は、単に他個体が存在するだけで、いくつかの仕方で、正しい方向へ導かれたり、促されたりするだろう。社会的動物は、自然環境でうまくやる方法をすでに知っている個体と一緒にいるだけで、確実に成功できる場所に連れて行かれ、またとりわけ生命の危険があり探索するには非常にリスクがある場所からは遠ざけられる。さらにこれは、他個体が行動した結果の残り物、たとえば、食べ残しや捨てられた道具を見つけ出す機会を与える。そしてそれらのものから学ぶことが、それらを使用する必要な技能をより早く獲得する結果をもたらすだろう。これらの学習メカニズムを社会的学習と呼ぶか「社会的に導かれた学習」と呼ぶかは論争点ではあるが、いずれにせよ、それらはコストなしで得られ、社会的生活を送ることの利点である。

あと二つの過程は学習者からの何らかの入力を必要とするが、それらの利益はあまりに明白であり、そこで必要とされる認知メカニズムは単純なので、社会的動物に非常に広く見られそうである。汎用的な社会的学習の仕組みの一番目のものは、個体の探索が適切なものに向けられるように制限することである。同種の他個体がある活動を行っているところを注視していると仮定しよう。結果として、その注目はとりわけ他個体が活動している場所に引き寄せられる（そのためこの効果は、「局所強調」と呼ばれる）、もしくは、その時扱われている対象物やそれに関連する道具など、一連の関連する環境の側面に引きつけられる（そのためこれは、別名「刺激強調」と呼ばれる）。観察者の探索が、（技能をもった）同種個体が特定の場所で使用している物体にいったん向けられると、その個体の努力は、そうした観察なしに始めなければならない時に比べて、採用すべき方法を発見しようとすることに向けられるだろう。この第二の汎用的な仕組みは、最も適切な種類の探索を促すものである。多くの動物はかなり幅広い動作のレパートリーをもっている。もし不適切な行動が試されれば、正しい場所で正しいものを扱ったとしても、成功する確率は小さいだろう。「反応促進」の場合、もし同種個体が観察者に馴染みのある動作（すなわちその個体自身のレパートリーにある動作）をしているところを見せれば、その状況を探索する機会がきた時に、観察者はレパートリーの中の他の動作よりもその動作を試しやすくなるだろう。刺激強調も反応促進も同じ過程の二つの側面なのだと思われる。もし脳の記録が社会的状況で観察されたものによって自動的に「プライムされる」、あるいは活性化され、そして個体が脳に場所と対象物についての記録をもっているなら、刺激強調が起こる。もし、そのレパートリーにある動作パターンの脳の記録をもっていたなら、反応促進が生じることになる。

これらの単純な効果の組み合わせは強力であり、結果は模倣に非常に似たものに見えうる。木の実を入手できない環境にいる個体群から連れて来られた類人猿を、木の実を石で割るのを日常的に見ている個体群に入れる実験を想定してみよう。はじめ新顔は木の実のなんたるかを知らないが、空腹になってきた。その個体がだんだんその集団に馴染むにつれて、いつも木の実割りをする場所に行く連中についていくことが許される。その場所では、浮き石や割られた木の実の残骸が散在していて、それらで遊ぶことができる。その新顔は、他の個体たちが石を拾い上げて、とても食べられそうに見えない硬い物体に向けて力を入れて打ち下ろすのを見る。そして、彼らが夢中になってそれを食べているのに気づく。試行錯誤学習によるフィードバックによって修正しながら、その地域を自身で探索した結果として —— それには、特に他個体たちが拾い上げるのを見た木の実と石に向けられた手の探索（刺激強調による）と、はっきりと振り下ろして打ち砕く動作（反応促進による）が含まれる――その新顔は見ることがなければ永久に無視していたであろう硬い物体からいかに食物を得るのかを発見する。テレビ等の解説では、類人猿が新しく加わった群れのメンバーの技能を模倣すると描かれるかもしれないが、私は、説明として模倣に頼るのを慎重に避けてきた。この特別な実験は、私の知る限り実施されたことはないが、似た種類の観察が多くの動物種で何度もなされており、大衆向きの説明ではしばしば模倣と呼ばれている。

では、プライミングという単純なメカニズムによって十分効果的になされる社会的学習という背景に対して、真の模倣をどのように捉えたらいいのだろうか。ほとんどの研究者は、ソーンダイクによる模倣の古典的な定義、「それがなされるのを見ることによってその行動をする学習」（Thorndike 1898）を用いている。すぐに、重要な疑問が生じる。その学習はその行動が行われているのを見たことによる直接の結果なのか（模倣）、それともその行動が行われているのを見たことは、単に探索の過程に影響するだけで、それが間接的に学習をより効果的にしたにすぎないのか。上記の記述的説明からは、確かなことを言うのは難しいだろう。おそらくその類人猿は、それがなされるのを見た時、石を打ち下ろして砕くことが食物を得る方法であることを実際に学習したであろう。たとえその時に用いる機会がなくても、その情報を覚え、次の週に機会が回ってきた時、そのコツを使うだろう。あるいは、そうでないかもしれない。動物の模倣学習を示したと主張する多くの実験室実験は、うまくできるモデル動物を観察する機会があったそのすぐ後にテストされており、曖昧さが残る。プライミングによって、観察の機会がなければしていたであろうよりも早く、モデルと同じ動作を試したという可能性を排除できないからである。そしてその動作に効果があったので、報酬の餌を得た。つまりその動物は、試行錯誤の結果として、その動作を再び用いることを学習するのである。

## 異なる種類の模倣 ― 文脈的と産出的

しかしながら、反応促進のみによる説明を除外する研究室実験がいくつかある。その一つで、セキセイインコが、報酬の餌を得る二つの同等の方法のうちの一つを示され（どちらの場合も、予め訓練された個体が見せられた）、この観察の後テストされるまで、しばらく待機させせられた（Heys & Saggerson 2002）。もう一つの例は、ウズラが、食物をうまく得るように予め訓練されたウズラの二つの動作のうち一つを見せられたが、テストされるまでの待っている間に別の活動をやらされて、注意をそらされた（Zentall & Akins 1996）。二つの実験とも、被験体たちは、その行動がなされるのを見ることから、どちらの行動をするかを学習したことを示した。このように少なくとも二種のトリでは（そしてヒトもそうだと思うが）、プライミングを超えることができる。つまり、模倣できる。しかし、これはどのような種類の模倣だろうか。模倣は一つ以上あるのだ。

このウズラとセキセイインコの実験では、学習された新しい情報は、新しい行動を学ぶというよりは、もっぱら既知の行動をいつ、どこで用いるのかについてであった。私はこれを**文脈的模倣**（contextual imitation）と呼んでいる。そして、新しい行動パターンをそれがなされるのを見ることで獲得する、より日常的な意味での模倣、**産出的模倣**（production imitation）（Byrne 2002b）と区別している。もし誰かが左回しではなくて右回しでねじを回すのを見た時、門扉を開けようと留め金を持ち上げるのを見た時、もしくは先端を出すために新しいボールペンの端を押すのを見た時、それを模倣して学習したなら、文脈的模倣によって学習したのである。その動作がされているのを見た時のねじを回す、留め金を上げる、ボールペンの頭を押すという動作は、われわれにとって新しいものではないからである。この文脈的／産出的の区別は、最初ヴィンセント・ジャニクとピーター・スレーターが、学習のタイプを区別するために用いた（Janik & Slater 1997）。文脈的学習、もしくは使用法の学習では、すでに知っている動作をいつ適用するかを応用して学習する。一方、産出的学習では、動作のレパートリーが増える。

文脈的模倣は社会的学習をより強力にする。第7章で述べた庭に置いた餌をトリが食べるようになる仕方のように、文脈的模倣は動物で見られる多くの行動の伝統を継続させる役割を果たしているだろう。しかし、これには限界もある。なぜなら、模倣された動作はその個体の行動レパートリーにすでになければならないからである。もちろん、新しい動作が試行錯誤によって学習される可能性はいつでもあり、今まで見てきたように、社会的文脈では、試行錯誤は刺激強調や反応促進によってずっと強力なものとなりうる。産出的模倣が本当に有用になるのは、ある動作がその動物種の自然の行動レパートリーにまだなく、試行錯誤による探索では**発見される可能性がまったくない**場合のみである。多くの動物は、産出的模倣なしで見事にやっている。

仮にあるとして、動物の産出的模倣の証拠はどこで見つかるだろうか。われわれはすでに、候補らしきものに出会っている。それは、チンパンジーや何頭かのオランウータンの道具使用や道具製作を含む、大型類人猿による複雑な食物抽出と食物処理技術である。彼らを特別の存在にしているのは、道具の使用そのものというよりは、類人猿たちの技能の入り組んだ複雑さだと私は第9章で論じた。第10章では、どうして類人猿には通常できて、サル類には通常できないのかを説明できる、物理的認知による単純な説明はないことを見た。ここでは、大型類人猿は――だが、おそらく他のいくつかの種も――産出的模倣によって新しい技能を学習することができ、そしてそれこそが、それらの種だけに目を見張る複雑な採食技術が見られるゆえんであると私は提案したい。

この主張を納得できるものにするには、認知的方法を用い、それをするためには何が必要かを調べることで、産出的模倣の過程そのものを解明することが大切である。二つの構成要素が必要となる。一つは、流れるようになされる巧みな動作を、それが構成される要素単位に分解して分析しなければならない。次に、これらの要素単位の計画された動作への組織化を見出す必要がある。ヒトでは、他人の行動がこのようだとすぐに自然とわかるが、どちらのプロセスも簡単なことではない。

## 動作の流れを分割する

機械工が自動車を組み立てる、コックが料理を作る、またネイティブ・スピーカーがお喋りをしているのを聴くなど、熟練した人が手慣れた手順をこなすのを見る時に知覚する行動は、論理的に区別できる要素に対応する既製の区切りをもって現れるわけではない。このことは、昔から発話に言えることが注目されてきた。音声の区切りは、新たな単語の信号というよりはむしろ、破裂音の一部であることが多い。だがこれと同じことが、実際すべての熟練した運動動作に当てはまる。われわれが直面している物理的刺激は、川の流れのようになめらかで流動的であり、貨物列車のように塊りごとに分割されてはいない。注目すべきことは、それにもかかわらず、われわれはそのなめらかで、切れ目なく見える動作の流れを知覚できる塊りに切り分けることができる、ということである。

ここで、「知覚できる」とは何を意味しているのだろうか。それに答えるには、ここでさりげなく持ち込んだ動作の塊りという考えについてより注意深く考えなければならない。人は、自分のレパートリーにすでにあるいかなる要素も「見る」（動作の流れの中から取り出す）ことができると私は提案したい（Byrne 2003b）。いかにしてねじを外すかを、あなたがすでに知っているなら、機械工がねじを外しているのに注目する。もし知らなければ、その代わりに繰り返しレンチが回される動きに注目する（同様に会話で、「ミサト」という名前をすでに知っていれば、それに気づく。知らなければ、「ミス」という音だけが聞こえ、「アト」という音の意味を何とか知ろうとするだろう）。だから、それぞれの要素の「大きさ」は関係ない。観察者が違えば、もしくは一人の観察者でも人生の違う時点であれば、一本の指の一つの特定の動きも、もしくは両手の運動の入念なつながりも、まさしく一つの要素として見えるかもしれない。

どちらかと言えば馴染みの薄い過程、たとえば上述の指の動きが行われているのを見る時、その要素に気づく分析的レベルは低いだろう。一方、既知の動作のわずかに異なる変形版を見る時に気づく基本的要素自体の分析レベルは高く、複雑なプロセスであるだろう。おそらく多くの場合、観察された行動が既存のレパートリーの一部と一致するレベルはこうした極端のどちらでもなく、単純ではあるが高度に熟達した動きから構成されていて、周りの対象物に目に見える変化をもたらしている。つまり、単純な目標指向の動きである（Zacks et al. 2001）。このような要素はその境界を定めるのがとても容易である。なぜなら、文を構成する音節のイントネーションと同じく、それらの要素は、加速と減速の独特なパターンによって特徴づけられるからである（Zacks 2004; Zacks et al. 2009）。この考えと一致して、たとえ刺激が実験的に弱められてその活動が認められなくなっても、その活動の基本的特徴を抽出することができる。デア・ボールドウィンは、ケーキの材料を素早くかき回すとか食器を洗うなどの人々が日常的な活動している様子を、主要な関節や指に発光点をつけて撮影した。そして、フィルムを処理して、それら光点の動きだけが残るようにした。光点の動きが呈示された時、実験協力者はどんな活動が示されたのかを推測することはできなかったが、その活動の構成要素を論理的な位相へと分節することができた（Baldwin et al. 2008; Loucks & Baldwin 2009）。

「注目された」それぞれの要素が、すでに観察者の行動レパートリーの中になければならないという考えは、自動的かつ好都合な結果をもたらす。そのような要素は、効果的な運動計画における建築用ブロックのようなものとして、直ちに使用できる。というのも、それが指の動きであっても精巧で馴染みのある日常行動であっても、すでに観察者の行動レパートリーにあるからである。だから、この原則に基づいた分割化によって、観察者が反復可能な構成要素の流れが自動的に提供される。そして、それによって私の言う模倣の認知的モデルの最初の構成要素が形成される（Byrne 2003b）。動作を、それらが観察者の行動レパートリーにもあるがゆえに「意味をなす」単位に分割することは、一方で、模倣とは異なることにも有用なプロセスであるだろう。実際、次に見るように、この能力は模倣ができない動物でも進化してきた証拠がある。つまり、明らかにこの能力は、模倣とは異なる適応的な結果のために進化してきたに違いない。それゆえ、動作の分割化は模倣の認知システムの最も原始的な部分であり、それを模倣のためには利用しえなかった祖先から受け継いできたものであって、模倣が機能するための主要な基盤となっているというのは、大いにありえることである。本題から逸れるが、サル類を用いた最近の神経心理学的研究が、これがいかにして生じたのであろうかを示している。

ヒト以外の霊長類は、観察した他個体の行動の中から、すでに自分自身の行動レパートリーにある動作を抽出できることが示されている。単一ニューロンからなる一つのシステムが、アカゲザルの運動前野で見つかった（Gallese et al. 1996; Rizzolatti et al. 1996, 2002）。これらのニューロンは、単純な手動作に反応するが、サル自身が動作をしても、他個体がするのを見ても、同じように反応する。これらの「ミラーニューロン」の基本的な特性は、（1）観察しているサル自身の行動レパートリーにある目的指向運動を検出する、（2）その運動を観察しているサル自身がしているのか他個体がしているのかを超えて、一般化する。

このユニットは、時に「サルのもの真似」細胞と言われるが、アカゲザルは、心理学実験室での長い研究があるにもかかわらず、模倣能力が発見された動物種に入っていない。実際、模倣によって新しい技能を学習することを確信できるまで示したサル種はない。サル類はまた、大型類人猿が行う精巧な食物加工技能ももっていない（だが、フサオマキザルについては第7章を参照。フサオマキザルは石の道具を用いる）。したがって、ミラーニューロン・システムが模倣メカニズムの一部を担っているとする強力な理由はない。ジャコモ・リゾラッティたちは、まったく異なる示唆をしている。つまり、このシステムは、観察しているサルが自分自身で行ったことがあるだろう動作を参照することで、仲間個体の振る舞いと、そしておそらくは次にするであろう動作を際立たせる働きをしているというのである（Rizzoratti et al. 2002）。これこそ、サルたちの素晴らしく優れているところであり、社会的に入り組んだ集団生活で落とし穴を避けるために、一日の一瞬一瞬に頼らなくてはならないものである。仲間の振る舞いの検出を可能にするミラーニューロンは、おそらく間違いなく生得的なものであろう。他方、経験によってミラーニューロンがより汎用的な特性をもつよう「鍛えられる」ことがないとする理由もない。セリア・ヘイズは、見られた動作となされた動作の結びつきを経験によって獲得しうるモデルを発展させた(Heyes & Ray 2000)。

社会的認知に起源がありそうではあるが、「サルのもの真似」というレッテルはそれなりに的を射ている。ミラーニューロン・システムは反応促進の神経基盤であって、周りにいる他個体が行うのを見た動作に向けて探索的行動を調整しているのかもしれない。そして、反応促進は、[文脈的と産出的という] 模倣の二つの形が働くのを可能にする、基本的な最初の通り道なのであろう。

## 動作レベルの模倣

ミラーニューロンによって働く反応促進は、観察者の行動レパートリーに潜在的に存在する動作に対応する運動パターンに対して正確に反応する。それゆえ反応促進が観察された運動の連続的流れを自動的に分析して、観察者の行動レパートリーにある、認知可能な馴染みのある一続きの動作にしていく。動作の流動的な流れがこの方法でいったん分割されると、動作レベルの模倣が可能になる。ここで必要とされるすべては、集められた運動プログラムを保持するのに必要な何らかの形の記憶だけである。上述したヘイズのモデルには、次の示唆が含まれていた。すなわち、通常観察されるひとつながりの動作間の一連のリンクは自動的に学習され、それらの動作が行われるのを観察することで一連の動作を（動作レベルで）コピーすることを可能にするだろう。

驚くことに、ヒト以外の動物の動作レベルの模倣の証拠はほんのわずかしかない。セキセイインコとウズラで示されている文脈的模倣 ― これらの種に特有な採食動作 ― の単一の項目は、それぞれ一動作からなり、動作レベルの模倣の最も単純な例と考えられるかもしれない。チンパンジーの場合は、三つの動作の順番をコピーすることがわかっているが、動作の連鎖はまったく恣意的で成功には関係がない（Whiten 1998）。多くの動物にとって、その限界はおそらくワーキングメモリの容量にあるようで、コピーされる一連の要素を抽出する能力にあるのではないらしい。ヒトは動作レベルの模倣により大きな能力を示す。モダンダンスの優美なステップ、もしくは偉大なテニスプレイヤーの無駄のない動きを考えればわかるであろう。しかし、これらを完全に模倣によって学ぶことの難しさから考えると、動作レベルの模倣が難しいことを示している。うまくコピーするには結局は見ることが必須であっても、通常われわれの学習は言語による要領の指示が必要である。

動作レベルの模倣では、動作の直線的な連鎖が、存在するであろうより高次の構造を認識することなくコピーされる。つまり、その構造は「平面的」である。実際には、純粋に直線的な構造をもつ行動をコピーすることが動物にとって有益であるような事例は比較的少ないだろう。動作の直線的つながりを試行錯誤学習によって作り上げるのは時間がかかるだろうが、前にも指摘したように、学習者にとってうまく働くつながりだけが学習され、確実である。この作業を動作レベルの模倣に依存するのは、確実性に劣る。

## プログラム・レベルの模倣

ヒトの動作の大半は、そしておそらくはヒト以外の大型類人猿の行動の多くも、計画されている。計画された動作は、直線的でなく、階層的に組織されている。つまり、体系的に下位目標に対処する埋め込まれたルーチンから構成されていて、直線的なのは最終的な出力連鎖においてのみである。パンクしたタイヤを修理するには、車をジャッキで持ち上げ、それから車輪を取り替え、次に車を降ろす。車を持ち上げるためには、ジャッキを見つけ、適切な場所に設置し、車を十分な高さにまで上げなければならない。十分な高さにまで上げるためには、ジャッキのハンドルを回し、高さの変化をチェックしなければならない。このルーチンを、適切な高さに到達するまで繰り返さなければならない、等々。観察者はあなたが「一つのことからもう一つのことへと」行うのを見ることになるが、それはどう計画されたかとは違う。それが見えたままの仕方でコピーするのは骨が折れるし、有効ではないだろう。

計画された行動の組織構成をコピーすることは、それができる動物にとって大いに割に合うことである。この種の、行動の階層的構造を他者の観察された行動から抽出してコピーすることを動作レベルの模倣から区別するために、私は**プログラム・レベルの模倣**という言葉を考案した（Byrne & Russon 1998）。だがこの突飛な言葉で煙に巻こうというのではない。それは、私たちが四六時中行っていることなのである。それはヒトにはごく自然にできるのであり、「プログラム・レベルの産出的模倣」は、われわれが通常模倣と呼んでいるものなのである。

この章の次の節では、ボトムアップによる機械論的認知分析によって、行動の組織構成が誰かの行動を見ることから分節されうるのか、それはいかにしてか、そして、それによってその行動がコピーされうるのかを考えよう。そこでの大きな疑問は、この能力をもつのはわれわれだけなのか、ということである。それとも、たとえばヒト以外の大型類人猿もまた、プログラム・レベルの模倣におけるわれわれの能力の幾分かをもっていると確信させてくれるのだろうか。

## 大型類人猿の模倣

今まで見てきたように、多くの動物は模倣によって学習する能力をまったくもたない。彼らは社会的学習はするが、模倣はしない。もっとも、多くの動物は、かなり模倣を必要とするような十分複雑な行動パターンを学習しない。その理由の一部は、それらの動物は手のような器用で柔軟性のあるものをもっていないことである。もし蹄や水かきしかもっていなかったら、獲得できる運動技能はかなり制限されてしまう。アライグマやリスやカワウソのような比較的器用な動物でさえ、両手を一緒に、左右対称の動きをすることでしか対象物を持つことができない。この状況は霊長類ではさらに興味深い。原始的な五指の霊長類の手（Napier 1961）は、操作肢として非常に効果的で、多くの種で拇指対向になっている。だから、サル類はとても小さい物でも片手で容易につまみ上げることができる。それでも、サルの手の技能は、野生状態においては普通、種特有の一定範囲の動作を器用に精密に行うことに限られていて、行動のより複雑な組織構成を作り上げるところまではいかない（Christel & Fragaszy 2000）。

大型類人猿になると、サル類に比べて、その手はかなり広範囲の適性を示す（Napier 1961）。その違いと帰結を示すために、マウンテンゴリラが日常行う食物操作の例を示そう。ルワンダのカリソケでは、ゴリラが主食とする四つの食物は、いずれも二つの手を、異なってはいるが相補的な役割を果たしながら用いることを要求する。これは**手役割の分化**（Elliott & Connolly 1984）と呼ばれる。われわれヒトにはもちろんこれは当たり前で、瓶の蓋を開ける、はさみで紙を切る、靴紐を結ぶ、テーブルで食事をする等々、一日に何百回も手役割の分化を用いている。すべての大型類人猿はできるのに、われわれと同じ能力を共有する他の種がいかに少ないかを知ると、ある種ショックである。手役割の分化によって可能になる手操作の精巧化は、手の指それぞれを独立して制御するゴリラの能力でさらに増大する。これは**指役割の分化**（Byrne et al. 2001a）と呼ばれる。物を手の一部で保持しながら、他の指は他の活動を実行しうる。たとえば、一部処理された食物を、すでに処理した食物片を持っている下の手の指で保持することができ、その間人差し指と親指でさらに多くの食物を集めて、食物処理のルーチンの一部を繰り返し、より手一杯の食物を集めることができる。これも、われわれヒトはこの能力を当たり前と思っている。茂みの中から小さな果実を摘んだり、また床に落ちて散らばったボタンを拾おうとする時、一つずつつまんだりつまみ上げたりするたび、いちいち他の場所に置きに行くのはばかばかしいだろう。しかし、このような単純な動作を効果的に行うのを可能にするわれわれの器用さは自然では希なことで、基本的に、最も近縁な隣人である大型類人猿に限られるのである。

手と指の役割分化の能力によって、マウンテンゴリラは、ずらりと並んだ棘や針、そして硬い殻によって物理的に守られている植物を処理できる（Byrne 2001）。その処理過程で、ゴリラは機能的に異なる動作の幅広いレパートリーを示す（たとえば、植物の基質に変化を加える多くの単一動作。アザミを加工するだけでも七二の異なった動作からなるという証拠がある）。人類学が道具使用を強調したためチンパンジーの一般的な手の技能が注目されてきたが、チンパンジーの植物処理が詳しく研究されるようになると、彼らにもゴリラと同じような能力があることがわかってきた（Corp & Byrne 2002a, b）。そのような器用さをもつ動物では、研究者が学習された行動の複雑な組織構成を探知できるほどに、手の行動が十分に豊かである。そして、他個体からの模倣によってこれらの精巧な技能を学ぶことができることは、確かに類人猿に利益になるだろう。

大型類人猿が実際に模倣によって技能を学習するという証拠は、実験よりは観察データから得られる。というのも、動物のプログラム・レベルの模倣の実験はまだ考案されていないからである。そのため証拠は間接的ではあるが、積み重ねられて十分強力である（Byrne 2002b, 2005）。まず第一に、若い大型類人猿が、複雑で階層的に構造化された手の技能ルーチン（そのいくつかは成体になって生存に必須である）を離乳前の数年で学ぶという事実がある。一方で、サル類にはそれと比較できる証拠はない。複雑さの証拠はマウンテンゴリラが最強で、五段階の連鎖した過程が記述されている（Byrne 1999c; Byrne & Byrne 1993; Byrne et al. 2001b 図11・1参照）。しかしチンパンジーでも明白で、道具使用（Boesch & Boesch 1990; Goodall 1986; Matsuzawa 2001; Matsuzawa & Yamakoshi 1996）においても、複雑な植物の食物を扱うこと（Corp & Byrne 200b; Stokes & Byrne 2001）においても見られる。オランウータンも植物の複雑な防衛機能に対処するのに時々道具を使用する事実から（Fox et al. 1999）、同じような能力をもつことがうかがわれる。このことは、ある種のヤシの木の危険な棘に対処する若いオランウータンの奮闘からも確かめられ

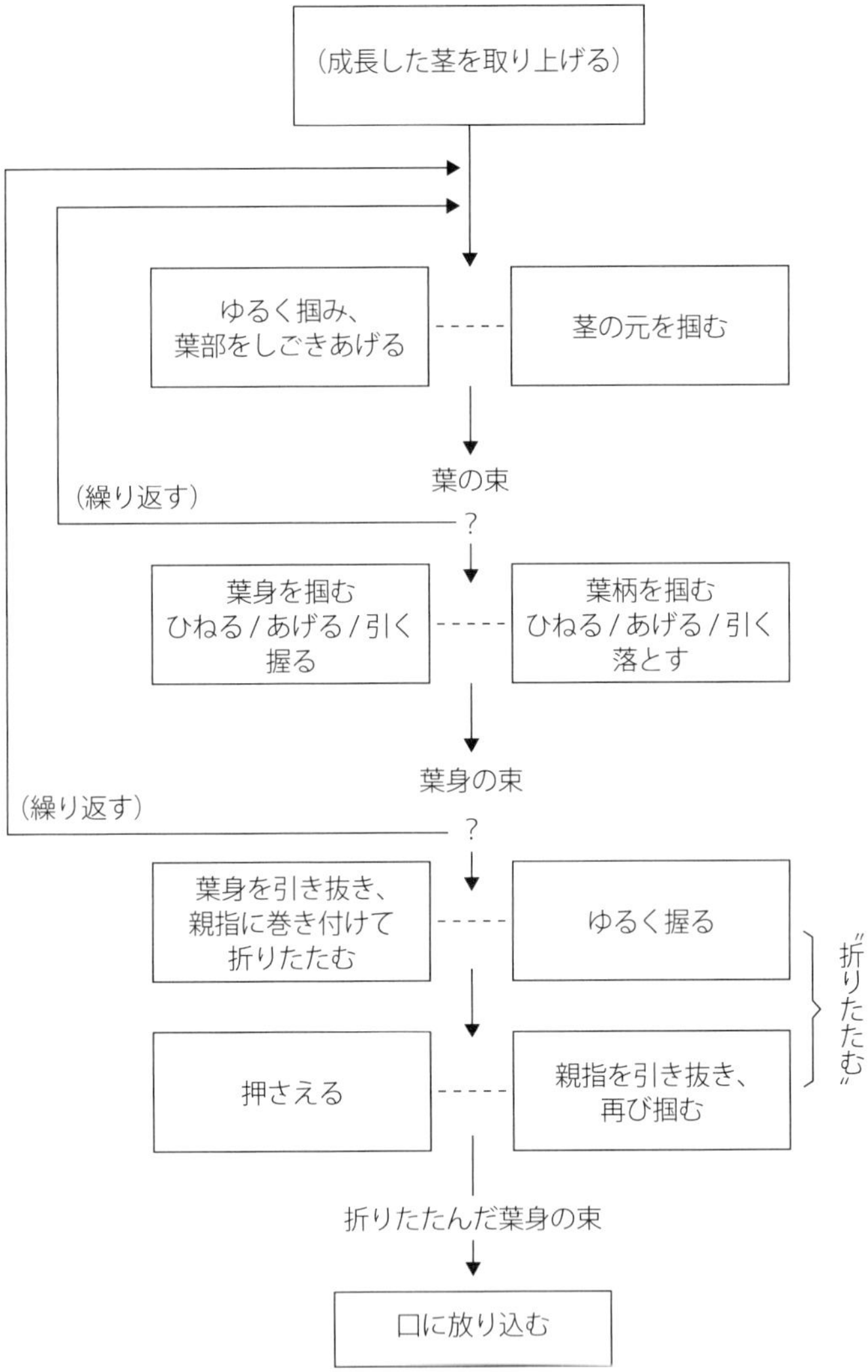


**図 11.1　ルワンダ、カリソケのイラクサ処理の技術**

図11・1は、イラクサ（*Laportea alatipes*）を食べるためにルワンダの大人のマウンテンゴリラが用いる植物を扱う過程を示している。動作の流れは上から下へと進む。任意の動作はカッコに入れて示されている。多くの個体においてどちらか一方の手に有意に局在する動作は、図の左側か右側に示されている。この組織構成に正確に従う個体もいるが、残りは左右逆転する。そこは、有意に半分以上の個体が、器用さを要する繊細な操作のために右手を使用する地域個体群である。協調された左右非対称の両手の動作は、水平の点線で示されている。この場合、二つの動作が単一の結果を達成するために同調されなければならない。

イラクサの葉はタンパク質が多く、不消化になる繊維質は少ない。しかし、この草は触れれば痛い棘毛で覆われている。特に、葉柄と葉の表に無数にある。ゴリラの処理技術は、手と特に口と棘毛との接触を最小にしつつ、葉身の摂取を最大にするのに非常に有効である。そのため、それはマウンテンゴリラの摂食行動レパートリーの重要な部分になっている。この技術は六段階からなる。最初の段階はいつも行われるわけではないが、茎全体を持ち上げる動作で、多くの他の植物を処理するのと共通している。第二段階では、もう一つの手で茎を押さえながら葉をしごき取る。これはこれらのゴリラがブドウの蔦から葉（棘がない）をしごきとる時、さらにチンパンジーがもう一つの手に握った棒状の道具で兵隊アリを掃き取る時にも見られる。これはおそらく、アフリカの大型類人猿に共有された生まれつきの動作レパートリーの一部と思われる。残りの四つの動作は、おそらくイラクサ食に独自のもので、ヴィルンガのマウンテンゴリラの高地集団によってのみ行われる。これら四つの動作が解決する問題は、イラクサ食の時にだけ出会うものである。この地のイラクサは温帯性の植物なので、ほとんどのゴリラの生息域には存在しない。

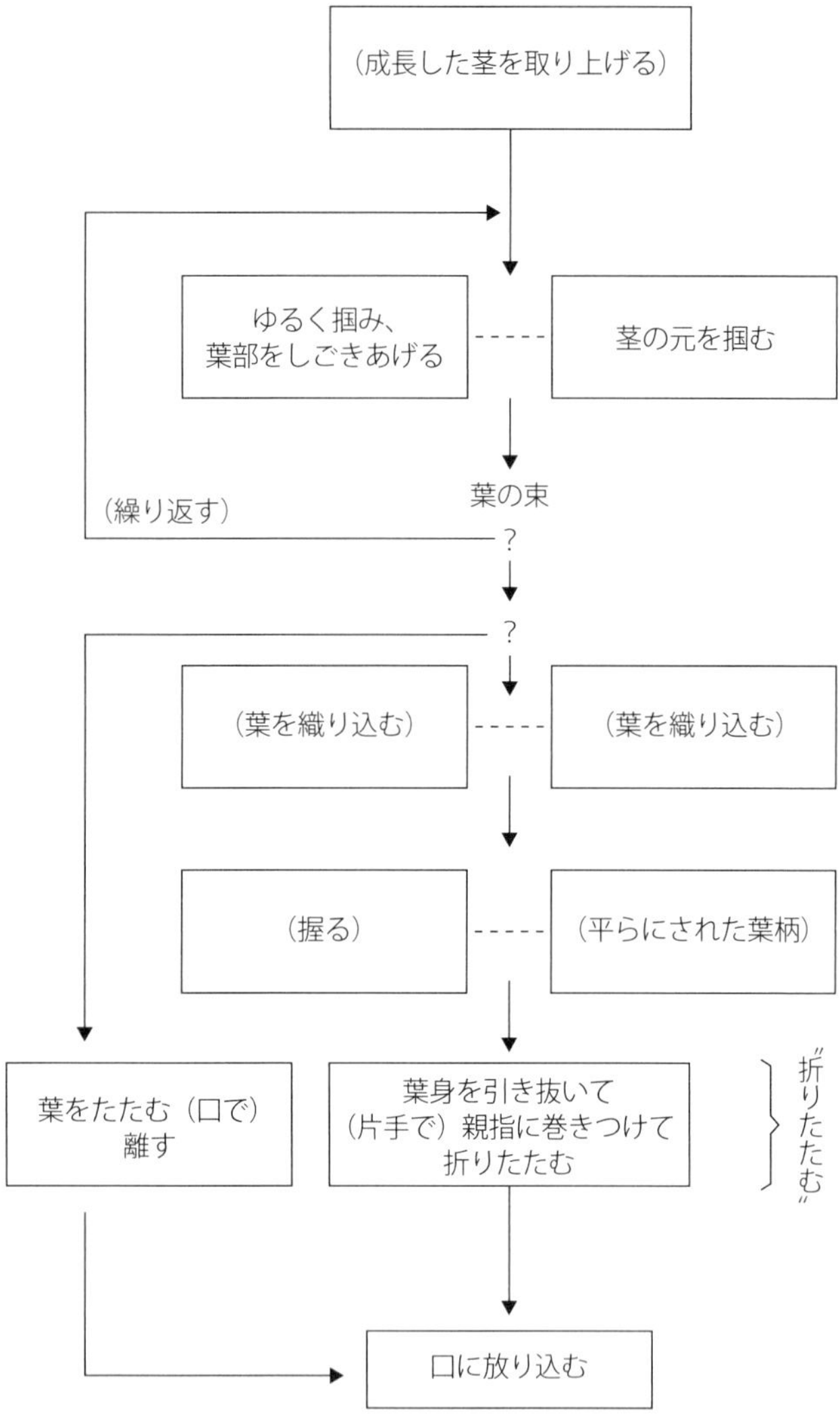


図 11.2　手に傷を負ったパンドラが使った修正された技術

る（Russon 1998）。サル類の採食行動についてはこれ類人猿以上に多くの研究がなされてきたが、これに匹敵する証拠は明らかになっていない。

以上に加えて、大人のマウンテンゴリラの技能の差異の詳細な分析から、細部（把握の型、左右の手の好み、正確にどの指が使われるか、運動の及ぶ範囲）は個体によって、母子の間でさえ、特異な個体差が見られるが、他方、それぞれの技術の全体的な「プログラム・レベル」の組織構成は、その土地の個体群の中では驚くほど標準化されていた（Byrne & Byrne 1993）。同じことが、チンパンジーの食事技術にも言えることがわかった（Corp & Byrne 2002b）。このような技術の標準化は説明が必要である。二つの可能性がある。一つは、類人猿の手がもつアフォーダンスが、植物の防衛の物理的形態と結びついて明確な最適化の勾配を決定し、それらと実践が相まって、すべての類人猿個体が不可避的に同じ方法を獲得したとい

---

（図11・2中の表記については図11・1に同じ。）このゴリラの個体群では多くの個体が手や足に罠による怪我をしている。違法であるが国立公園内では食用に小型アンテロープを捕まえるための罠が置かれていた。しかし、好奇心旺盛な若いゴリラは見慣れない対象物を探索する。その結果、しばしば殺されたり、障害個体となる。パンドラの怪我は特に厳しく、彼女の右手は手のひらの一部と拇指の第一関節が残るのみである。左手の2本指は機能していない。しかしながら、彼女は頑張って普通の生活をしている。そして、健康な赤ん坊を複数出産し、今日もカリソケ個体群に留まっている。彼女は、イラクサのような食べにくい植物を食べるのにどのように対応しているのだろうか。図から読みとれるように、その答えは、他の大人のゴリラと本質的に同じ方法であるが、しかしいくつか小さい修正を行い、わずかに異なるやり方で低いレベルの個体固有の結果を得ていた。たとえば、健常個体ならどのような場合でも両方の手で行う折りたたむ操作をするのに、両手だけでなく口を使った。パンドラが達成した印象的な処理レベルにもかかわらず、葉柄（棘に覆われた葉の幹）を切り離す段階は省かれる。それゆえ、イラクサを口の中に放り込む前に最終的な形に織り込まれるにもかかわらず、おそらくイラクサを食べる間、健常個体よりもやや多く棘に刺されただろう。

う可能性である（Tomasello & Call 1997）。あるいは、観察学習が関わっていて、技能の行動的組織構成の主要な側面が社会的学習によって伝えられていくかである。

二つのうちどちらの可能性が実際的であるかを解決するのに、第三の証拠が役に立つ。そのようなものとして、罠で負傷して肢体不自由になったゴリラやチンパンジーの研究がある。罠は通常アンテロープやイノシシを捕らえるために設置されるが、若いゴリラやチンパンジーは、生まれつきの好奇心のために怪我を負ってしまうことがある（Stokes et al. 1999）。もし大人の技術の標準化されたパターンが環境の制約とアフォーダンスによるのであるなら、重度に不自由な手をもつ動物は、健常な個体たちとはまったく異なった技術をもつことになるだろう。だがチンパンジーでもゴリラでも、肢体不自由個体は健常個体と同じ組織構成の行動を獲得し、実行する行動の低いレベルの細かい部分を修正することで困難を切り抜けている（Byrne & Stokes 2002; Stokes & Byrne 2001 図11・2参照）。このことは、標準的技術は社会的に伝達されたパターンであるという仮説を支持する。

マウンテンゴリラが食べる植物は温帯性のものである。中央アフリカでは、その分布は孤立した高山地域に限られる。そして食物処理技能が研究されてきたすべてのマウンテンゴリラは、最近まで一つの連続した個体群であったものの一部であった。しかし、もともとアフリカの異なった地域から来て、今はケント州のハウレットやポート・ラインプネの動物園にいる一つの飼育個体群のゴリラが、偶然食物資源として何年もイラクサに触れていた。このイラクサは、ルワンダのマウンテンゴリラが食べているものとは違う種類のものであるが、棘を避けて食べるという技術的問題はかなり似ている。もしカリソケでのイラクサ摂取技術がゴリラの手のアフォーダンスと植物がもつ制約による結果であるとすると、ケント州でも同じ技術が開発されると期待される。ポート・ラインプネの動物園で研究が行われると、ゴリラたちがまったく違った技術をもつことがわかった。ケントの伝統は十年そこそこの進展でしかなかったが、予期されたようにカリソケのゴリラより効率性は劣るものの、同じ結果を達成していた（Byrne et al. 2011 図11・3参照）。ここでも、ルワンダとケントにおいて、特定の技術の行動が社会的伝播によるという説明が支持された。

最後に、大型類人猿が複雑な食事技術の一定の側面を獲得するには模倣学習を必要とすることを、一つの逸話的観察が支持している。カリソケ個体群の一頭の大人のゴリラが、棘のあるイラクサを処理する時に使う技術が異なったのである。雌のピカソは、葉の束を折らなかったので、おそらくしばしば唇に棘が刺さっただろう（Byrne 1999b）。ピカソは、イラクサが生育しないより低地から研究地域に移動してきた。大人のゴリラは、密な草むらで他個体から見えないように独りで食事するので、マウンテンゴリラが植物処理を観察学習できる機会は子ども時代だけである。一番ありえるのは、技能をもつモデルを観察する機会に恵まれなかったために、ピカソが未完成の技術しかもてなかったということである。興味深いことに、研究していた集団で彼女の子どもだけが、この技術の特定の要素を欠くもう一頭のゴリラであった。

## 行動の階層構造を分節する

大型類人猿が、プログラム・レベルの模倣によって新しい技能を学習するという結論、そして、それが彼らの驚異的な食事技術が獲得される仕方であるという結論は、いまだ議論がある（Tennie et al. 2009）。

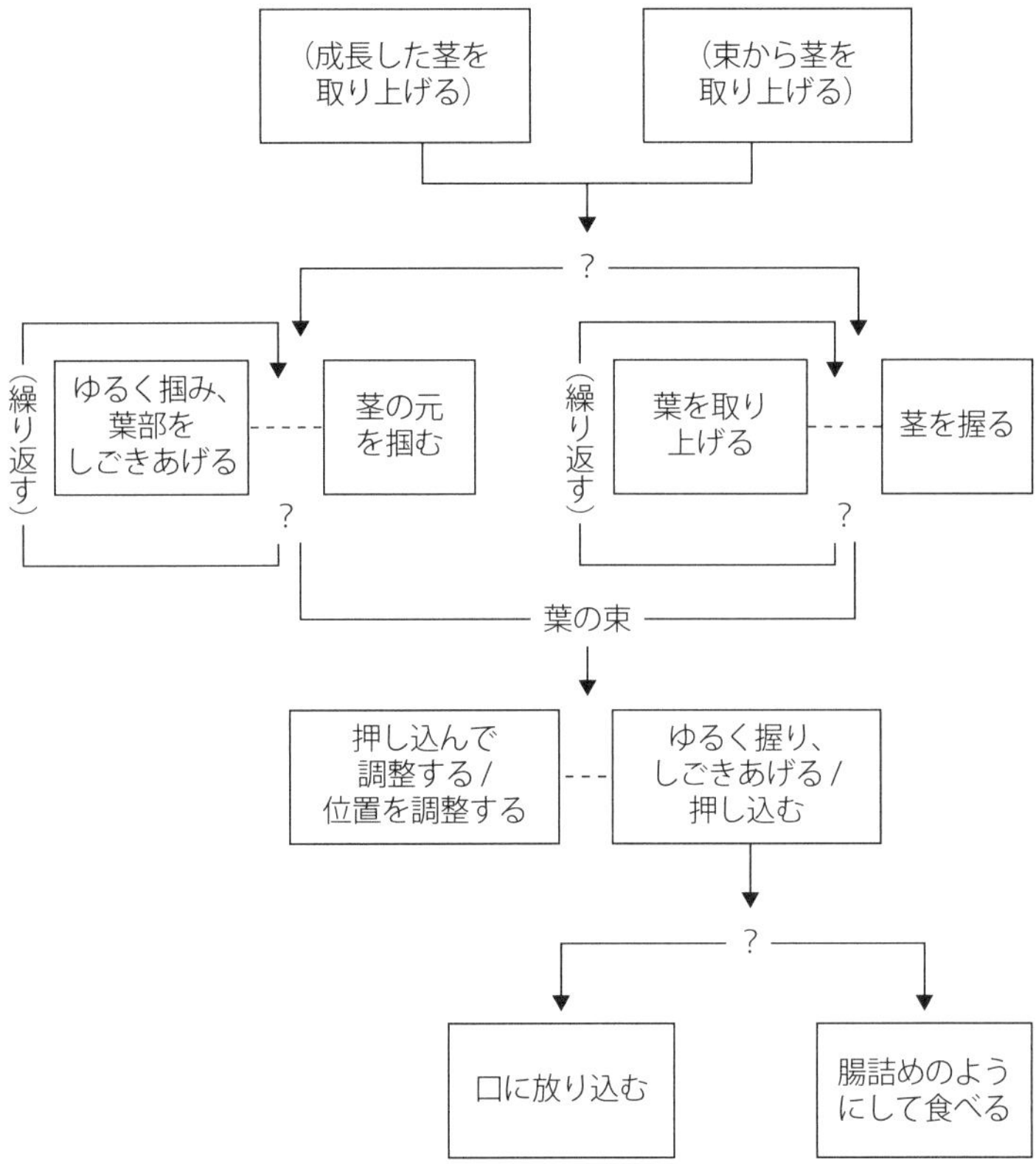


**図 11.3　ポート・ラインプネにおけるイラクサ処理の技術**

（図11・3中の表記については図11・1に同じ。）西ゴリラのいくつかの集団が、ケント州にあるハウレットとポート・ラインプネの二つの民間動物園で長年飼育され、繁殖にも成功していた。数年前、飼育係がハウレットのゴリラたちにヨーロッパ・イラクサ（*Urtica dioica*）の幹を生で与え始めた。この植物は、構造的にはアフリカの *Laportea alatipes* によく似ていて、栄養的にも近い。ゴリラたちは喜んでこれを食べた。後日、これらのゴリラの何頭かがポート・ラインプネに移動した。そこでは野生のイラクサが自生していて、集団のほとんどの成員は日常的にイラクサを食べるようになっていた。おそらくヨーロッパ・イラクサはアフリカ・イラクサに比べると柔らかいので、彼らは時には葉と幹を一緒に摂ることもあった。しかし、大体はカリソケの野生マウンテンゴリラ同様に葉身を食べることを好んだ。しかしながら、ケント州のゴリラたちはここに示されるように、彼らの標準形として、非常に異なる方法を発達させた。棘のある端と葉の表側を包み込み、葉の裏側が表に出るよう入念に折りたたむ処理の代わりに、何枚もの葉を一緒にしごき、逸れてしまった葉をもう一方の手で押し込む動作を使う。この動作は時々若いマウンテンゴリラに見られるが、彼らもいかに折りたたむかを学んでいく。それに加えて、ポート・ラインプネのゴリラは、カリソケと同じように、時に葉を幹からしごいてはぎ取るが、幹から一枚一枚葉を取って手に重ねるという面倒な方法も用いる。これもまた若いマウンテンゴリラで見られ、明らかに効率性に劣るが、この方法はおそらく、棘が刺さるのを最小限にするのに何かしら有利なのだろう。最後に、ポート・ラインプネでは、葉柄は外されない。葉柄は棘が多いにもかかわらず、食べられる、棘のある葉の端と表側が折りたたまれた葉の中に包み込まれないために、ポート・ラインプネの方法は機能するが劣っていると思われる。イラクサは、ケント州のゴリラたちにはずっと手に入らなかったので、食事の伝統を最も効率の良い方法に適合させるに十分なほど長い時間が経っていないのであろう。そもそも、西ゴリラは熱帯に生息する種である。だから、野生で捕獲された数頭の個体でさえ、自然でイラクサに出会ったことはなかっただろう。対照的に、カリソケでは、イラクサの採食は、何世代にもわたって、個体群の技能レパートリーの伝統的な部分であった。

そして実際、心理学者が模倣による学習について語る時、それがきわめて複雑で巧みなことであるかのように聞こえる。たとえば、「その子どもは自分を想像上で大人の環境に置き、その行動の目的が何か、いかにその目的を達成するために取り組むかを決めなければならない」（Tomasello et al. 2009）。これはなかなか大変なことのように思えるが、少なくともわかりやすい。もっと悪いかもしれないものは、次のような主張である。「模倣的コピーは…モデルによってなされた行動（そしておそらく、その意図）は、（模倣者の視点から知覚された）モデルの視点から、それを行う上で必要なことを、模倣者の視点から行うことを可能にするメタ表象に翻訳されなければならない。その限りにおいて、二次的な表象が関わるであろう」（Whiten & Byrne 1991）。模倣に関するこれらの、そして他の多くの定義が共有していることは、模倣者が、コピーされる個体の心を洞察する必要があると仮定していることである。つまり、模倣は意図性に依存している。しかし、実際に必要ではない。大型類人猿の食事技術を念頭に、私は「行動分節」モデルを開発した（Byrne 1999a, 2003b）。この模倣の理論は、同じで巧みな一連の動作を多数回実行した変動性の中に見られる、**統計的規則性**に基づいている。これが機能するのに、モデルの意図を洞察する必要はない。

ある運動の実行は、慣れ親しんだ、よく練習したものであっても、そのたびわずかずつ異なるものである。しかし、その変動は制約されている。なぜなら、ある特徴が抜けてしまうとか、基準型から大きく外れてしまった場合、その行為は目的を達成できないからである。行動が実行されるのを一回見ただけでは、これらの基底にある制約が見えてこないだろう。しかし、繰り返された目標指向動作の統計的な規則性は、その背景にある組織的構造を明らかにするのに役立つ。離乳前の大型類人猿は、一日のほとんどを母親から一～二メートルのところで過ごす。そして（主な栄養はまだミルクから得ているので）、自分自身の探索行動によって周りの環境の構造について学ぶと同時に、知覚で行われるどんな活動も観察する自由時間がたっぷりある。若いゴリラがイラクサのような植物を扱うようになる時までに ―― 棘状の毛があるのでそれより早い時期の試みは挫かれてしまうので、たとえば二歳の終わり頃 ―― 母親がイラクサを巧みに処理するのを何百回と見ているだろう。

若いゴリラが、観察した行動の統計的な規則性から、棘のあるイラクサをいかに処理するのをどうやって学習するのかを考えてみよう。サルやヒトと同様、大型類人猿は自分の行動レパートリーにある構成要素を認識することによって、流動的な動作を分割する能力をもっている。それゆえ、母親の行動は個別の要素のつながりとして知覚され、これらの動作要素のそれぞれは、若い個体がすでに実行できる親しんだ動作であるだろう。この時、馴染みのある動作の要素のレパートリーは、次の三つに由来する。（1）生得的な手の能力から、（2）植物や母親が食餌の際に捨てた残り物など、周りの環境にある対象物と何時間も遊んだ経験から、（3）おそらくはイラクサよりは処理が簡単な他の植物を食べた自分自身の経験から。イラクサを食べることに適した母親の特別な連続的動作に注目する何らかの方法を、子どもがもっているとしよう。おそらく、子どもはイラクサを探索したことがあり、触ると痛いのに、不思議なことに母親はそれらに関わることを楽しんでいるように見え、母親がイラクサを扱うのを本質的に興味深いものにする（関連する動作の連続に学習を集中させるこのようなメカニズムは、どのような運動学習の「ボトムアップ」モデルにも必須であろう）。そして、運動行動は本質的に変動するものであり、植物もまた個体によって変わるので、母親がイラクサを摂食するのを若いゴリラが見る時の要素のつながりは、そのたびに異なるだろう。しかしながら、いつでも母親の出発点は成長している無傷のイラクサの幹である。彼女は

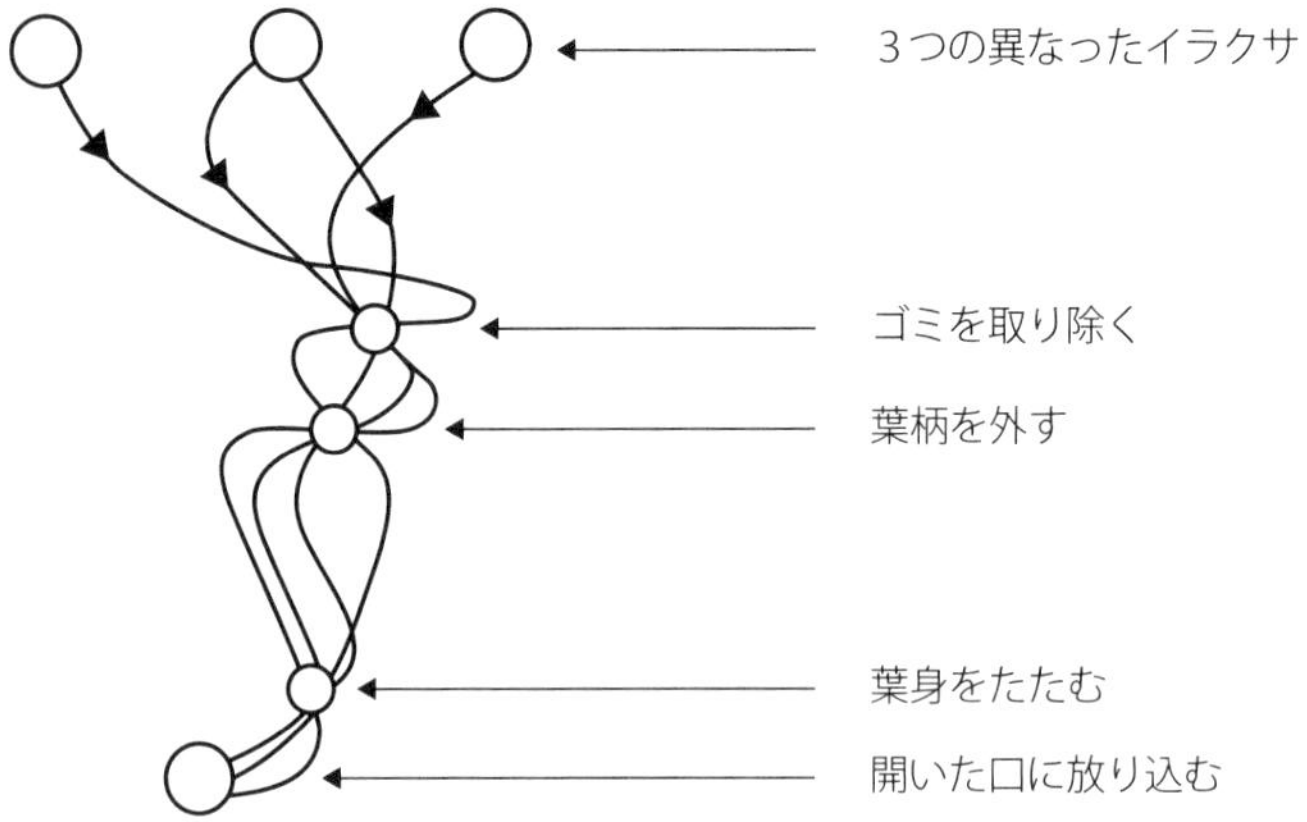


**図 11.4　イラクサ処理の視覚的図式化**

図11・4において二次元空間のそれぞれの白丸がイラクサの物理的状態を示し、その空間をめぐる運動が植物の状態の変化を表していると想像してほしい。これがこの図式化で示そうとしたことである。それぞれのイラクサは、互いにわずかずつ異なる（あるものは花をつけている、あるものはかなり短い、他の植物と絡まっているなど）。こうして、図の一番上で、三つの異なるイラクサが多少異なる場所に位置している。巧みな技能をもつ大人のゴリラがそれぞれのイラクサに行う操作が下に向かう波状の線で表されている。始める状況が異なるので、当然線は互いに異なる。しかしまた、「繰り返される」動作であっても、まったく同じであることはない。それゆえ、同じ植物であっても場合によって、また処理者が異なれば、わずかに違って処理されるだろう。そのことを、出発点の一つから二つの違う線を出すことで表そうとした。しかしこのような変動があっても、線はいくつかの似かよった場所で互いに交差する傾向がある。なぜなら、用いられた動作が同じような結果を生まないならば、イラクサは食べるのに適するようにならないからである。これら結果の状態は白丸で示され、それらに概ね対応する操作を表す名前が付されている。たとえば、葉身が葉柄から外され、一枚ずつ折りたたまれて丸められた時だけ、唇に［棘を］触れさせずに口の中にイラクサを入れる準備ができている。図の一番下は、その最後の段階である。

この課題の熟練者であるので、その最終段階はいつも同じであり、きちんと折りたたまれたイラクサの葉の包みを口に放り込む。これらの間に、とりわけ動作のあまり重要でない部分に変動が生じるが、しかるべき側面は同じにならなければならない。さもないと、結果は失敗することになる（図11・4参照）。

　繰り返し観察をし、時間とともに変わる行動から規則性を自動的に取り出す心「の働き」によって、一つのパターンが徐々に明らかになっていくだろう。母親はいつも片方の手で、もう一つの手に保持をさせて、イラクサをすき取る動きをする。その時イラクサは時にまだ地面についたままで、葉なしの幹が地面から出て残る（母親はそれは食べない）。母親はいつも両方の手を向かい合わせて、ひねったり揺さぶったりする動きをする。すると瞬く間にたくさんの葉柄が地面に落ちる（彼女はそれも食べない）。彼女はいつも一方の手を使って、もう一つの手からはみ出た葉身の束を折りたたむ。そして、この折りたたまれた束を親指で押さえ込む。さらに、動作のそれぞれの段階は毎回、正確に同じ順序で実行される。

　繰り返し観察された行動において、統計的規則性は、イラクサ摂食の間に生じる他の多くの動作から、

---

　上記のような制約があるので、イラクサのいくつかの状態が何度も繰り返し起こる。作業のためには必然的なのである。巧みな行動が繰り返される似た行動を抽出することに特殊化した知覚システムによって、それらのポイントが「自動的に」抽出される。そして、それらの性質と順序がまさに、その過程をコピーするのに必要とされるものである。この図は、動作の抽出と同時に、状態を抽出点でもうまく表現できていることに注目してほしい。つまり、葉柄を外す動作は葉の束を折りたたむ動作の前にくる、あるいは葉柄が外された状態は折りたたまれた葉の束の状態の前にくる。動作の反復を抽出するのと状態から状態への推移の反復を抽出するのと、観察者にとってどちらが容易かは実証可能な問題である。どちらもプログラム・レベルの模倣を可能にするのに役立つだろう。

必須の最小限の動作セットを際立たせるが、それらはうまく目標を達成するのに決定的であるわけではない。ただし、配置されるべき正しい順序を示している。ヒトの赤ちゃんは、八ヵ月齢でも、繰り返し話される一続きの無意味単語の中に、統計的規則性を検出することができる（Saffran et al. 1996）。それゆえ、繰り返される順序へのこのような感受性は、ヒトの発達の初期から活性化されているに違いない。若いゴリラにとっての規則性を検出する有用性は、それぞれの手の動きの直線的連鎖に当てはまるだけでなく、手と指が一緒になって操作する方法にも当てはまる。手が異なる仕事をしながら、時空間的に密接に協働することが目標達成に不可欠である時、また一つの手が一度に二つの目的のために使われなくてはならない場合に、こうした結合が、一連の動作が行われるたびに繰り返される。単なる偶然の結合ではそうはならない。

他の統計的規則性は、巧妙な動作のモジュール構造と階層的組織構成からくる。（イラクサの葉身を持つ手を開き、もう片方の手でごみを念入りにつまみ出すことによって）ごみを取り除く操作が実行される時、その動作はいつも一続きの中の特定のところで生じる。そしてまた、他の場合には起きないのに、ある場合に、一続きのプログラムのある部分が二回、あるいは数回繰り返される。たとえば、「イラクサを引き抜いて並べ、両手を共働させて幹から葉を剥がし、それから葉柄を引きはがして落とす」のように言葉で記述できる過程は、母親がごみを取り除くのを続け、食べるため葉身を折りたたむ前に、何度か繰り返される。このようにして際立たせられた動作のつながりの下位部分が、単一の要素になるだろう。もしくは、この例におけるように、いくつかの要素のつながりとなるだろう。［要素の］省略も反復も、次のことを伝えている。そのつながりのいくつかの部分は、他の部分より強く互いに結びついている、すなわち、それらはモジュールとして機能する。ごみを除いてきれいにするというような選択可能な段階は、モジュール間で生じ、モジュール内で起こることはない。下位のつながりの反復、たとえばより大きな束にするため反復するというようにサブルーチンとして、階層的に利用されるモジュールの証拠を与える。

モジュール構造を示すさらなる手がかりは、（モジュール内ではなく、モジュール間で生じる）休止の分布と、モジュール間に生じる中断から迅速に回復する可能性によって与えられそうである。ゴリラは、手の中の植物材料を処理する間、しばしば数秒間の休止を入れる。それは、他個体の動きや動作をチェックするためである。彼らはモジュール内よりはモジュール間で自然と食事を中断する。最後に、別のモジュールが通常の動作の連鎖の一部と完全に入れ替えられることがある。たとえば、一方の手が姿勢を支えるために必要となった場合、通常二つの手で行う過程を一つの手で行う必要があるだろう。もし代替されたモジュールがすでに親しんでいる連鎖として認識されれば、その代替モジュールもまた潜在的な構造を示すことになる。ついには、代替的方法の分類が作られるかもしれない。

これらの統計的な規則性のすべてが、まさしく、われわれ研究者に大人のゴリラのイラクサ処理の階層的性質を発見させるものである（Byrne & Byrne 1993 図11・5参照）。**行動の分節モデル**を展開するに当たって、私は、同じ情報が類人猿自身によって抽出され、用いられることが可能であり、この能力は、若い類人猿が他個体を繰り返し観察することで、複雑な技術の、両手によって調整された、連鎖する階層的組織構成を知覚し、コピーすることを可能にするものであると提案した。野生の類人猿について知られていることから、ヒト以外の類人猿が行動を分節する能力は手や身体の動作の視覚領域に限定され、聴覚領域では可能ではないということは確かにありそうである。対照的に、現生人類は音声材料を分節することが日常的に可能である（ボノボのカンジが、単語の指し示すものが文章中の関連する節の統語的組織構

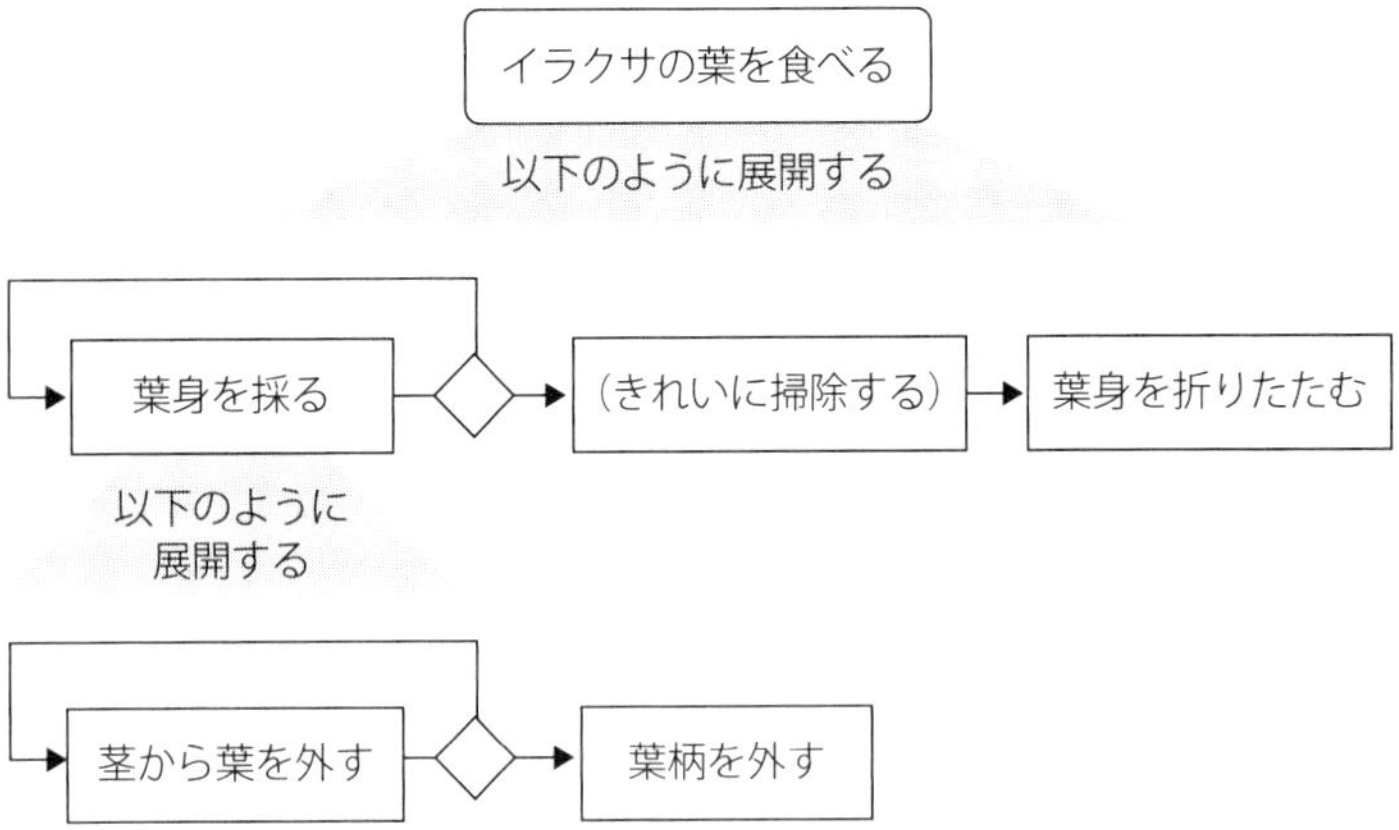


**図 11.5　マウンテンゴリラのイラクサ処理の階層構造**

図11・5　イラクサ処理の過程が一つの習得された連鎖からなるというよりは、二つの連続したモジュールから成り立っているという証拠がある。（1）第一のモジュール（「葉身を採る」）は何度か繰り返されることが可能であるが、必要でなければ行われない。（2）第二のモジュール（「葉身を折りたたむ」）の前に、オプションのごみを取る段階が挿入されることがあるが、必要でなければやらない。これらのモジュールの第一のものそれ自体が二つの異なるモジュールから構成されているという証拠も同様である。すなわち、最初のもの（「茎から［葉を］外す」）は、第二のもの（「葉柄を外す」）が開始される前に、何度か繰り返されることもあるし、されないこともある。この構造は、観察された証拠を説明するために最小限必要なものである。実際には、階層はもっとずっと深く、入り組んだものだろう。

成に依存する時に、それらの単語に正確に反応し、明らかにヒトの発話を分節する能力があることから、この能力は、少なくとも人間にしっかりと育てられた類人猿にまで広げられることになるかもしれない（Savage-Rumbaugh et al. 1993）。現在の証拠では、自然環境下の類人猿はこのような能力をもっていない）。大型類人猿の得手は、「類人猿言語」実験に参加した個体が獲得した数百のＡＳＬ手話で明らかに示されたように、顕著に手に関わる領域にある（Gardner & Gardner 1969; Gardner et al. 1989）。

行動の分節は、もちろんある環境下においてであるが、計画された行動の基底にある階層的組織構成を取り出すことを可能にする。このモデルが機能する仕方から見ると、決定的な条件は、「独立して多数見ること」が必要だということである。個体の組織構成の中で馴染みがない何らかの巧みな行動を一回見ただけでは、有効な分節はできないだろう。効果的な行動の多数のサンプルを見ることが必要である。サンプルは互いに独立でなくてはならない。そうであることで、知覚された要素のつながり内の変動に関する情報が存在するのである。というのも、それらの要素に関連した変動性に敏感になってこそ、行動の分節過程によって鍵となる（不変の）要素の所在を見つけることができるからである。こうして、巧みな行動の同じ部分のビデオクリップを見たとしても、馴染みのない行動を分節する役に立たない。われわれは大いに日常的能力を過大評価しているかもしれないが（Bargh & Chartrand 1999）、現生人類は、この限界に影響されない。先に取り上げたボールドウィンの研究で巧妙に示されたように、実験の参加者は蛍光を発する点の運動に還元された運動のビデオクリップを一回見て、その運動を論理的位相へと分節することができた。

こうして、行動分節モデルは、大型類人猿がプログラム・レベルの模倣を示すべき時と、示すはずのない時を明らかに予測する。そしてそれは、同じ目標に向けて計画された動作の連鎖を独立して何回観察できたかに依存する。ヒトの子どもの心理学的実験で通常用いられ、類人猿研究にも適用されている、二度か三度明確に提示する方法は、単純に十分とは言えない。実際、大型類人猿は、そのような検査に概して失敗してきた。すべて熟練の行為者による、数十、おそらくは数百の連鎖を見ることが必要とされる。この過程は、集中的な凝視を必要としない。野生の大型類人猿の自然の子育ては、母親の行動を比較的日常的に観察することから、道具製作、道具使用を含めて巧みな食物処理を学ぶのに必要な種類の観察を自動的に提供するだろう。プログラム・レベルの模倣に対して行動の組織構成に関する階層的情報を利用するためには、その情報を貯蔵し、それを動作に変換する信頼のおける方法、つまりワーキングメモリがなくてはならない。ゴリラの食物処理で見出された階層構造は相対的に「浅い」という事実から、ゴリラのワーキングメモリ容量は、ヒトのそれに比べて限界があることが示唆される。

## 模倣を超えて

この章は専門的な模倣の定義に踏み込まざるをえなかったが、それには十分な理由があったことを理解していただけたらと願っている。大型類人猿の洞察の進化的起源に迫るという目的があってのことだったのである。模倣は表象的な理解に依存していると長いこと考えられてきた。そして、他の領域で洞察を示す霊長類の種だけが模倣の証拠も与えるという一致が、この結びつきを支持している。しかし、大型類人猿が模倣によって——行動の分節によって——学習する方法を調べると、模倣に含まれる意味はより強力になる。他者の行動を分節する能力、そうして観察によって他者の技能のいくつかを学習する能力は――多くの動物に共有されている、他のすべての個体的、社会的な技能学習の方法と共に――、大型類人猿にとって重要である。そしてそれ以上に、それはヒトの行動の基本的属性であり、寒く湿ったルワンダの山岳地域で暮らすゴリラにとっていかに大事であるとはいえ、効果的な方法で食物を処理する複雑な方法を身につけるという有利さをはるかに超えた意味をもつ。第12章では、いかにして行動分節が、前の諸章で概説したような、われわれに近い隣人によって示される形態の洞察による理解に至ったのか、そしてそれがついには、ヒトの認知のユニークな達成の基礎を作ったのかについて、一つの見方を展開する。

# 第12章 洞察へのロードマップ

## なぜ生じたのかについて、どのようなことが考えられるか

ヒトがユニークな認知的特徴をもつことは自明である。未来を想像し、それを実現させ、現代の科学技術を理解し、利用する。そしてとりわけ、社会的世界を調整し、意味づけるのに言語を用いる。この最終章の目的は、真猿のサル類や原猿（他の動物種もまた）と共有する遺産を形作る認知能力のセットから、ヒトを特徴づけるユニークな能力へと至るありうる経路を描くことである。前の諸章を通して積み上げてきた主張は、現生人類が達成したことの鍵が**洞察**、すなわち、人や物がどうやって動くのか、政治家であれ腕時計であれ、何が動かしたり行動させたりするのかを表象する能力（日常的な言葉で言えば、理解する能力）であり、そうした心的表象から新しい情報を計算し、未来についての予測を基に決断する能力である、ということにある。この章の議論は、霊長類の社会的能力の中に洞察の兆候が明らかであるという事実にもかかわらず、霊長類の系統における洞察の進化的起源は物理的世界を扱うことにある、というものである。特に、重大な展開は行動分節であった。もともとは気候の変化に直面して、現生大型類人猿の

祖先が直面した、より効率的に採食する淘汰圧の増大への適応であったというのが最もありえるが、結果として、個体が外的世界にいかに対処するかについてのすべての側面に影響を与えている。

## 洞察をそれほど必要としない認知

出発点は、われわれヒトが一般的に霊長類、真猿のサル類と、いくつかの例では原猿とも共有している共通の認知的遺産である。これは、洞察を可能にした認知能力がその後の一つの系統の中で進化する跳躍台になったと見ることができる。霊長類全般が他のほとんどの哺乳類より認知的に優れているかどうかは、私の議論では重要ではない。もっとも、この主張はマイケル・トマセロとジョゼップ・コール（Tomasello & Call 1997）が擁護している。イルカ、オウム、カラス、そしてゾウは、サル類よりもヒトのそれにより近い能力をもっているという議論もできるだろう（現在のところ、その証拠は原猿にとって少し不利である。それゆえ、しばしば特段に真猿のサル類に言及するが、そのことは、原猿の無能力に対する強い確信を示すものではない）。しかしポイントは、霊長類の証拠だけが、われわれに直接続く系列における進化的変化の連鎖について語ることができる、というところにある。現生種のデータを利用して、ヒトを含めた大型類人猿がそこから進化してきた霊長類の認知能力を再構築することができる。そして、そうすることで、霊長類がすでに素晴らしい認知能力をもつ動物種であったことを示すことになる。大雑把ではあるが、現生霊長類集団の間で広く共有されていることがわかってきたこれらの認知能力すべてを、われわれの祖先である種に帰属させることができる。それは何であろうか。

すべての霊長類は、学習、特に社会的学習の強力なメカニズムを装備している。彼らは他個体の視線を追い、そこから得られる情報をより効率的に探索するために利用することができる。彼らは他個体と一緒にいることから、社会的学習という選択肢をもっている。とりわけ、同種個体の行動という文脈の中で他個体を見ることによって、場所、対象物、動作が「プライムされ」、探索による学習をより早くする。この種の社会的学習は他個体の知識を素早く利用することを可能にし、時にその結果は、保守主義の危険をもたらすこともあるが、その地域の伝統になる。サル類と類人猿は、一時的同盟を形成したり、相互援助や支援の長期的友好関係を築きあげるなどして、他個体を利用することができる。そして、報復や逆に騙されるリスクもあるが、時には騙しによって他個体を利用しようとする。このことすべてをするためには、霊長類の多くの種が、かなりの量の社会的記憶を蓄積できることは明らかだ。それには、たくさんの他個体をそれとして認識する、他個体の振る舞いを正確に解釈する、彼らの個性的特徴を記憶するというようなことが必要なだけでなく、さらに、血縁関係や親和関係、社会的順位 ―― その個体自体に対してとともに他個体との相対的関係も ――、支援が自分からのものか相手に負うのかに適切に反応することも必要である。実験的研究から、サル類の社会関係に関するデータベースは、視界から外れた第三者間の相互作用の音を偶然聞くことによっても増強されることが示されている。それらに気づいて記憶するために、これらの霊長類は精巧な知覚システムを所有していて、何十という個体を一目で認識し、互いに見分ける視覚・聴覚的手がかりに気づき、他個体の行動の微妙な違いを見分けることができなければならない。

多くの場合、この結論が依拠しているデータは、ヒヒ、マカク、チンパンジーのような大きな社会集団で暮らす種のものである。それ以上に、長期継続する社会集団で暮らす霊長類は、より孤立的に暮らす種に比べて、余分に認知的挑戦に直面する。仲間というものは必然的に、個体が出会いうる最も厳しい競争を突きつける。だが、もし集団生活が生存にとって不可欠であれば（霊長類の場合、集団生活は原則として捕食の危険性を減少させる）、それを妨げるいかなる争いも悲惨な結果をもたらすだろう。結果として、集団生活が社会関係に対応するためのより優れた知性を選択してきたという理論は、脳容量の数学的分析結果によって支持されてきた。霊長類、そしていくつかの哺乳類種において、一般的に大きな集団で暮らす種は、新皮質が他の部位に比べて大きい（多くの場合、彼らの全脳容量も同じように大きい。そのことは、新皮質の拡大は、脳の他の部位に問題なく安全に寄生しえないことを示唆している）。さらに、より大きな新皮質をもつ動物種は、他個体を騙す行動により多く関わり、社会的学習ができて、実際に行うことをよりしばしば示し、よりしばしば道具を作る傾向があり、それをより改良することがわかった。これらの能力のうち最も印象的なものが、比較的大型のサル類と類人猿によって示されてきた。これは、脳容量と身体の大きさとの間に全般的な関係があることを思い起こせば合点がいく。脳はエネルギー的にコストがかかり、そのエネルギー要求は情け容赦ない。その結果、身体の大きさに比例して大きな脳は、かなりの生存リスクをもたらす。このことがすでに、かなり印象的な認知能力をもつ動物の姿を描き出している。しかしこれらのどれも、表象的理解とか新しい情報を計算するという意味での洞察を必要としない。もちろん、われわれヒトのように、洞察をもつ動物個体はこれらのどんな課題に対しても洞察をうまく適用するであろうし、その結果課題を巧みにこなすだろう。しかし、私が描いてきた能力のそれぞれは、おそらくより単純な方法で説明が可能である。そしてヒト以外の霊長類の表象的な理解を示す証拠は、多くの事例で無いのである。

何種かの霊長類は、物理的世界を解釈するのにかなり進んだ能力を示すことがわかっている。再び、その証拠は主として比較的身体の大きなサル類と類人猿のものであるが、おそらく、それは彼らがより集中的に研究されているからにすぎない。これらの種の個体は、他個体の視点の幾何学的配置を計算し、それに応じて自分の動作を計画することがわかった。最も印象的なのは、彼らの意思決定が直近の現在に縛られないことである。彼らは、今存在しない選択肢の間で決定することができるし、到達するのにかなり時間がかかる視野の届かない場所の間の選択肢についても決定することができる。そうする時に、時に彼らは将来可能性のある競争を考慮する。もしくは、周囲の気温や日照との関係で、果実の熟れ具合への影響に合わせることとさえできる。このように、特に空間領域で、ヒト以外の霊長類、そして多くの他の動物も、ある種の洞察、つまり蓄えた現実の表象から新たな情報を計算する能力を示す。この「採食の際の洞察力」は原始的であると思われ、霊長類だけでなく、ずっと広い範囲の動物で見られ、大型類人猿に限定されていないことは確かである。だがそれ以上にこの能力は、より一般的ないかなる洞察とも結びついているようには見えない。つまり、われわれが典型的に考えるような、ものごとがいかに機能するのか、なぜその個体がそんなことをするのかなど、ヒトが理解しようとするその他の状況の洞察とは結びついていないようである。

## 類人猿の得手

表象的理解をより一般的なもの、特に他個体を理解すること（それを「社会的洞察」と呼んでもよいかもしれない）に応用する能力の進化的起源の手がかりは、大型類人猿のデータにある。それは何も、類人猿が明らかにより社会的な動物だからという理由ではない。現生類人猿は社会システム的にサル類と一貫して異なるわけではないし、とりわけその社会的組織構成がより大きな認知的挑戦を与えるようにも見えない。ほぼ恒久的に集団生活をし、他個体に対する反応が、相手が誰であるかをどれだけ知っているかに依存している種に対して、集団の大きさは社会的挑戦の測度として用いられてきた。多くのサルの種が、実際に類人猿よりも大きなサイズの集団で生活している（もし現在の類人猿が集団の仲間に対してより大きな洞察力をもっているとするなら、そのこと自体が、彼らの認知的挑戦をより大きいものにするだろう。しかし、これをいかにしてそうなったかの説明として使うなら、循環論になってしまう）。類人猿が一貫して他と異なるところは、卓越した食事技術を発達させた能力にある。それは第9章で指摘した。そして、それを行う能力は、第11章で説明したように、行動の分節に基づいている。

すべての霊長類の強化された学習と社会的ネットワークを構築する能力は、一般的には新皮質の拡張と関係づけられてきたが、大型類人猿においてのみ――特にヒトにおいて――特徴的に拡大された脳の領野は、小脳である（Barton 2012; MacLeod et al. 2003）。小脳は新皮質よりもずっと多くの神経細胞を有している。霊長類一般に対して、二つの構造が共に拡大した。そこで、新皮質の拡大に相関するもののすべて――集団生活による挑戦、騙しを使う頻度、道具の改良、等々――を同様に、小脳にも帰属させることができよう。しかし、小脳の役割は伝統的に運動の制御とタイミングに追いやられてきた。だが、デイビッド・マルが計算処理という観点からその神経組織を調べたところ、まったく異なる結論に行き着いた（Marr 1969）。マルは、小脳のネットワーク結合を示すために十九世紀の解剖学者サンティアゴ・ラモン・イ・カハールによる見事な図を用い、また、最近の電気生理学を用いて、小脳のシナプス結合がどのように機能しているかを示し、小脳の機能をその工学的特性から推定することを試みた。マルの結論は、小脳は巧みな動作の複雑な計画をするために、理想的にデザインされているというものであった。つまり、大型類人猿の食事技術に見られる複雑で階層的に構造化された運動プログラムの発達を可能にする、理想的な構造なのである。最近、ロブ・バートンは、私が行動分節と見なした行動連鎖を実行し理解する類人猿特有の能力を可能にしたのは、現生類人猿の進化における急激な小脳の増大であるという強力な論証を展開している（Barton & Venditti 2014）。

行動分節は、行動の「水面下を見て」、何度も見られた行動から統計的規則性を抽出することで、その行動を生じさせた論理的組織構成を検出する能力を与える。ここまで、私はこの能力を、他個体の行動を分節化し、それによってその階層的組織構成をコピーすることによって、新しい技能を学び、それによって仲間や過去の世代の個体からさえも、その発見から利益を得る方法としてのみ扱ってきた。しかし、言語、発話、その他の現生人類の認知を示す特徴の進化が、大型類人猿 ── すでに階層的に組織構成された行動を分節できる種 ── においてであったことは、偶然の一致ではない。これが、この最終章の論点である。すなわち、行動分節は、模倣だけでなく、他の認知活動にも密接に関わっている。そしてそれは、複雑な行動を解釈し理解する、基本的過程の一部なのである。

## 原因と意図を「見る」ため分節する

行動分節モデルでは、分節の過程は巧みな行動を観察することから始まるが、世界にある対象物へのその動作の物理的因果的効果も、その動作を行う者の意図も、前もって理解している必要はない。しかし行動分節は、世界を意図－原因として見る道への必要な一歩であるように思われる。機械的な原因や意図的な動作への洞察の起源の、鍵なのである。

因果関係を考えてみよう。分節された行動が、環境中のものを操作することに関わる時、それらのものに生じることが見られた物理的変化は、それらに適用された動作に沿って分節されるだろう。それゆえ、物理的世界の変化は、動作の連鎖と——統計的に——結びつけられるようになる。もし動作のある一つの連鎖が、周りの世界にある結果をいつも生じさせるなら、統計的な意味で、その動作が変化の原因である。こうして、行動分節は機械的原因を——相関関係として——明白にする。もちろん、原因には相関関係以上の意味があるが、おそらく、日常的な目的のためには、もしくは進化にとっては、問題ではない。この種の信頼できる相関関係は「まずまずの原因」と言ってよいだろう。それ以上を必要とするのは、ものごとの根本を扱う物理学者や哲学者ぐらいであろう。

事実はこうである。ヒトにとってさえ、ほとんどのものごとは、それらやそれらによく似たものごとが、以前同じ状況のもとでしばしば起こったので、きっと起こるだろうと見ている。太陽は明日の朝昇るだろう。なぜなら、それはほぼ規則的に、予測可能な間隔で、長い間そうだったからである。完璧な論理ではないが、十分納得できる。小さな子どもからやつぎばやの「なぜ？」の質問に答えようとしたことのある親なら誰でも、はまり込んだ因果関係の深みから簡単に抜け出せると知っている。こんな経験があるだろう。「わかったわ、お母さん。ということは、昼と夜は地球が太陽の周りを回っているから起こるってことね。じゃあ、地球はどうしてそうするの？」実際、多くの日常的状況について深く物理学を探っても、日常生活の助けになることはほとんどないし、相関関係としての原因が満足のいくように深まるものでもないことが多い。ものは「常に落下し、上昇しない」というまずまずの相関的原理を、遍在する不可視の力場の概念に置き換えても、いわんや（完全に検知不能な）仮想的な重力子の交換と置き換えても、多くの人々にとっては途方に暮れるだけである。対照的に、行動分節は非常にうまく変化する環境の相関的構造を取り出す。**相関としての原因**は、現実を表象する価値ある日常の方法なのである。

意図性について考えてみよう。分節過程によって抽出された行動の組織構成はどれも、必然的に現実世界の文脈の中に置かれ、価値ある目標を達成した時、個体は満足する。これは、熟練の動作をしているところを観察された個体がそれをしているのは、まさに生物学的に利点があり、満足のいく理由があるからだということである。典型的に、これらの個体は観察者の親密な仲間か血縁であることが多く、観察者自身とほぼ同じ問題に立ち向かっている。そのため、特定の組織的構造を、それを実行することによる典型的な、満足のいく結果と結びつけることは、多くの場合容易なことである。実際、その特定の結果を達成するポイントは、おそらく観察者がすでに理解しているものである。こうして、意図された目的は、うまくいった実行によって通常もたらされる結果から、統計的に示される（「不成功」もまた、観察可能な行動に基づいて統計的に同定することができる。それは、個体が明らかに満足しておらず、別の活動に移らずに、その動作を、同じやり方や別のやり方で再試行する場合に対応している)。このことは、次のことを意味する。行動分節は、原則として、他個体の先立つ意図、行動の目的を計算することを可能にする。それは、もし自分が実行すれば、自分にとって意味のある目標を達成するだろう行動パターンを認識することで可能になる。行動を分節することができ、自分たちが棲む環境の中で他個体に観察した行動をした経験が多少ともある動物は、それゆえ、他個体の意図の少なくとも一部を、その行動だけから検出することができるはずである。

因果関係の場合と同様、行動分節から抽出された意図は、この言葉の弱い意味での意図である。この種の意図は、頭で描かれた心的状態というよりも、通常の行動連鎖の適切な結果という以上である必要はない。しかし、因果関係の場合と同じく、こうした「まずまずの意図」は、ほとんどの日常的な目的には十分であろう。**結果としての意図**に敏感な動物は、誤信念や意図的な策略に思いをいたすことはできないだろうが、日常の多くの動作や社会的信号が意図する目的を拾い上げることはできるだろう。さらに、自己の鏡映像認識や共感を説明するには十分な、自己・他者に対する洞察を得ることはできるだろう。まずまずの意図は、普通心に描くような心の理論の能力には達しないが、メンタライジングであると言える。すべての現生類人猿に認められる手を制御する繊細で精巧な動作と結びついて、この限定的な種類の意図理解であっても、ジェスチャーによるコミュニケーションをするには十分であるに違いない。第4章で見たように、すべての現生大型類人猿が意図を伝えるコミュニケーションを行うのに、精巧なジェスチャーの体系を用いている。

## 「まずまずの」原因と意図を超えて —— 二種類の洞察

それゆえ、行動分節は、他個体の（しばしば繰り返される）動作の組織構成を分節し、因果的に構造化された計画を効率よく学習することを可能にする強力な方法であるだけでなく、「まずまずの」（満足のいく結果としての）意図と（相関としての）因果を与える。とはいうものの、現生人類は、この種の統計的洞察を超えて、もっと深い仕方で因果や意図を表象し、心的状態としての意図と、抽象的な性質をもつその基底にある原因を計算することができる。つまり、日常生活でわれわれが言うような、何が起こっているかについての何らかの現実の理解をもつのである。無理のない仮定は、現生人類がもっている洞察は、ヒト以外の大型類人猿のもつ、行動分節の単なる統計的洞察と「置き換わった」というものであろう。しかしながら、私の提案は、それは実際に起こったことではなかったであろうということである。

私は、洞察は二度進化し、成人の現生人類には両方とも可能であると提案する（図12・1）。ヒト以外の類人猿は、因果の理解は相関関係に限定され、意図の理解は期待される結果に限定されるが、非言語的な洞察のテストにはうまく対応できる。なぜなら、そうしたテストは一般に理解を示すことよりは、結果を得ることに依存しているからである。発達心理学者のジャン・ピアジェは、理解を示すためには、単に正しい答えを得るだけでなく、事態を正しく言葉で説明できることが重要であると指摘した。そのため今日の発達心理学では、子どもが心的状態を述べることで心の理論を示すことができる年齢の時と、同じ子どもが観察された行動だけから心の理論を示す年齢の時との間に、大きな溝がある。この明白な葛藤は

「解消される」ことはないと思われる。なぜなら、それは正確に、子どもの異なった年齢で獲得される二種類の洞察を反映しているからである。はじめに、子どもは、行動分節によって統計的に得た情報を用いて、つまりまずまずの意図によって、非言語的な心の理論のテストに合格できるようになる（そして、同じことが、原因－結果理解のテストにも当てはまることがわかるだろうと予想する）。それからずっと後になってはじめて、その子どもは、見たものについて考えを巡らせることができるようになる。これは、アネッテ・カミロフ－スミスが「再表象化」（Karmiloff-Smith 1993）として記述している過程である。こうして、その子は最終的に、心的状態のような眼に見えない実体によって何が起こっているのかを説明することができる。

この提案は、次の強力な予測を生みだす。

- 心の理論についてのすべての非言語的テストに、ヒト以外の大型類人猿はいつかは「合格」するであろう。
- 原因－結果の論理についてのすべての非言語的テストに、ヒト以外の大型類人猿はいつかは「合格」するであろう。

洞察の第二の種類は、もちろん、言語に依存したものであり、複雑な情報の構造を表象し操作する巨大な力と効率性をもっている。そして最も確かなのは、言語は、最後の共通祖先からわれわれに至る系統である、ヒトの進化の系列においてのみ発達したということである。「ヒトの進化の系列においてのみ」という以上に正確に言うことができないのは残念なことである。それでも、今までの諸章で述べてきた比較研究の証拠から、次のように言うことができる。行動分節と、それによる可能性として統計的な種類の洞察が、すべての現生大型類人猿の共通祖先が出現した時代の最も新しい年代である、一二〇〇万年前に進化した。しかし言語の進化については、少なくとも三つの異なる年代が提案されてきた。ホモ・エレクトゥスと結びつけられる脳容量の突然の増大があったおよそ二〇〇万年前、分子年代測定によって示され、金の採掘や抽象的な表記法のような文化と結びついた今日の実践の最初の兆しを示す、南アフリカでの現生人類の起源と結びつけられるおよそ二〇万年前、それと、南部ヨーロッパの最も古い洞窟絵画のおよそ四万年前で、その製作者たちは、現生人類と同じ、抽象的な実体を表象する能力をもっていたと大方の研究者が確信している。残念なことに、今ある証拠からこれらの仮説を選択して決定できそうにはない。何が最もありそうなシナリオかは、研究者によってまったく異なるだろう。

この不確実性が、どのような淘汰圧が現在の形の言語への進化をもたらしたのかを同定するのを難しくしている。上記の三つの異なった年代の提案に従って、言語は、非常に異なった状況に暮らす、非常に異なる種類の動物に起源をもつことになる。さらに、このように言語の「一つの起源」を語ることさえ、単純化しすぎであることはあまりに明らかである。いくつかの段階で進化が進んだという方が、ずっとありそうだ。最初の「原言語」はジェスチャーに基づいたものであったろう。それは、現生類人猿のジェスチャーによるコミュニケーションに欠けている指示と統語法をもつ、ジェスチャー言語であったろう。もしくは統語法のない発話に基づくもので、新しい発声を獲得する能力を備えた原人による、必要によって発展させることのできる柔軟な音声記号語彙であったろう。この新しい発声を獲得する能力は、現生類人

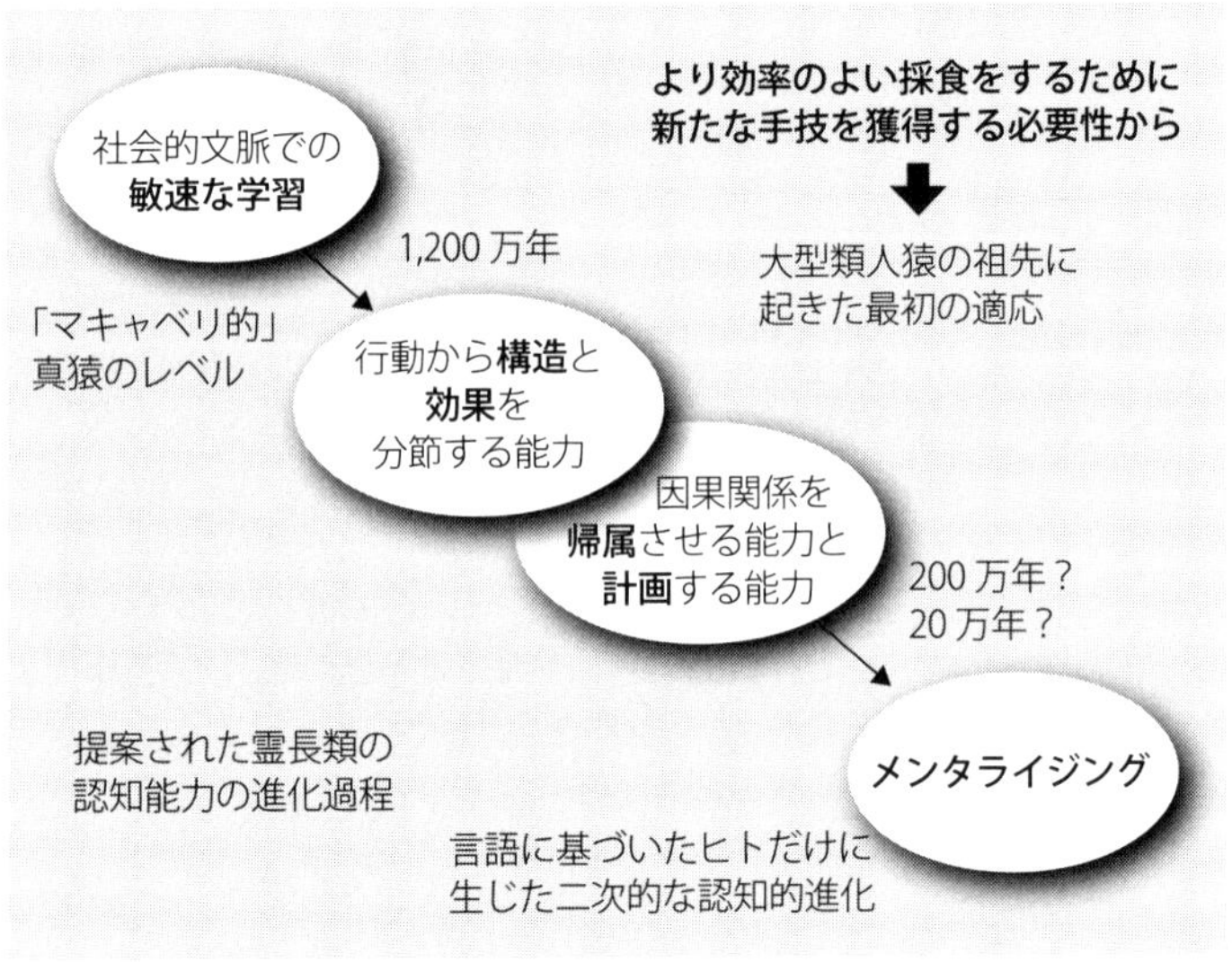


**図 12.1 心的状態に対する二種類の洞察の提案**

図12・1 この仮説では、他個体の心的状態を計算しそれに反応する能力は二回進化した。一回目は、われわれと現生大型類人猿とが共有している祖先の時、もう一回はヒトの系列だけに起こった。両方とも有用ではあるが、その結果の能力は異なっていた。出発点は、現生のサルを含めた霊長類が共有する真猿の状態で、社会的文脈で特別速い学習が可能だった。協力や騙しのようないくつかの高い知性を要するように見える行動を可能にしたが、これらの戦術がどのように働くのかについて洞察はなかった。速い学習は大きな新皮質量の産物であり、類人猿の祖先は霊長類としてはきわめて大きかったので、彼らは、この「洞察なしの」知性において、とりわけ多才であったろう。ヒト系列で本当の洞察をある程度示すことができた最初の種は、一二〇〇万年かもう少し前に現れた、現存のすべての大型類人猿の祖先種（専門的には「クラウングループ［進化系統樹が一点から放射状に広がった一群］の祖先」）であった。初期の類人猿にとって状況を非常に困難にした気候の乾燥化に対応して、より効率よく採食し食物を処理する必要に駆られて、この祖先種で小脳がずっと大きくなるとともに、行動分節をする能力が進化した。分節化は、

他個体の行動の組織構成と効果を見分けることを可能にし、その結果コピーが可能になり、技能が一個体によって発見されれば、ずっとより効率的にその獲得と伝達が可能になった。それゆえ、この種は、印象的な複雑な行動の伝統を多く示したであろう。加えて、それらの個体はものごとがどのように働くのか、物理的分野においても心理的分野においても、ほぼ正確に特定できたであろう。そして、比較的進んだ計画的行動を示したであろう。しかしながら、そのような特定能力も、社会的相互作用における誤信念やその結果にまでは及んでいなかっただろうし、重力のような物理的分野の見えない原因を仮定することもなかったであろう。これらの表象のためにさらに必要な複雑性のレベルには、われわれが現生人類に見ている意味での言語が要求されるだろう。現代の意味で完全な言語が約二〇〇万年前の最初のホモ属にとって可能だったのか、二〇万年前の最初のホモサピエンスにおいてだったのか、それともヨーロッパの洞窟芸術が生まれた時のような他の時代で可能になったのかは、わかっていない。図の中にクエスチョンマークがあるのはそのためである。しかし、ヒトの大人が今日できるようなメンタライジングのたぐいは、その魔法の時代より後になるまで可能にはならなかったであろう。

---

猿の音声コミュニケーションにはない（私には、前者の仮説がよりありそうに思える。「類人猿言語」の研究は、大型類人猿が十分ジェスチャーを指示的に用いる準備があることを示している。さらに、巧みな採食処理の研究から、彼らは、句構造文法の階層に一致する動作の構造を十分発達させられることが示されている）。どちらの推理に立つとしても、一つ以上の「起源」年代が必要である。発話が人類の生物学的特性である証拠がたくさんあるが（Lenneberg 1968）、それが言語についても当てはまるかどうかはいくぶん曖昧である（何人かは強く論じている。Pinker 1994）。あるいは、今日知られている数千の言語の単語が疑いなくそうであるように、言語の普遍文法を作り上げている慣習のセットは発明された、という可能性もある。

それはさておき、二種類の洞察についての私の理論を実証するのに必要なことと言えば、言語がすべての大型類人猿に共通している行動分節の能力よりずっと後に発達した、ということだけである。そのことに疑う余地はない。

## 類人猿を理解する

いくつかの仕方で、この理論は現在の見方とうまくかみあっている。たとえば、運動領域における発達にその根拠を得ている。生物人類学者は、霊長類系列に見られる把握力のある手の重要性、特に類人猿の精密な把握を支える能力に長く注目しており（Christel 1993; Napier 1961）、その発達を、類人猿の運動皮質におけるより広い手の脳内表現に関係づけた（Deacon 1997a）。この出発点から、行動分節の考えは、プログラム・レベルの模倣によって複雑な技術を新たに学習する類人猿――不釣り合いなほど拡大された小脳をもっている――の、より優れた能力を説明する。行動分節は、機械的もしくは社会的な領域に対して単純ではあるが統計的な形式の洞察をするための、重要な橋渡しとなる。「統計的洞察」においては、因果関係は同じ環境でいつも決まって繰り返される結果から検出され、意図は、観察されている行為者を満足させているように見える結果から検出される。こうして、ここで展開してきた理論に従えば、採食をより効率的にする方法として技術に関わる範囲において進化した能力が、二次的に社会的な内容に適用された。最初は、母親が食用の植物を処理している、昆虫釣りをするための道具を作っているというような、物理的世界に働きかける社会的内容にのみ、おそらく適用された。後に、それと同じ認知過程の下位システムがより汎用的に、純粋に社会的状況で（まずまずの）社会的因果関係と個体の目標を検出することに適用され、また純粋に物理的な世界で日常的に起こる出来事に対する（まずまずの）機械的因果関係を検出することに適用された。その結果は――大型類人猿であまねく――不完全ではあるが、他個体の意図と物理的因果関係に有効なたぐいの洞察をもたらした。

大型類人猿は、下位のルーチンが埋め込まれた階層的パターンに従う新たな動作プログラムを構築する。それは、言語の句構造の文法を彷彿とさせる。しかし、コミュニケーションになると、彼らは統語構造の形跡を示さない。こうして、類人猿は新しい、階層的に組織された動作を作り上げるが、より汎用的な階層的組織化の力という概念はもち合わせていないように見える。「類人猿の言語習得」プロジェクトでの学習に見られるように、現生人類の認知能力を構成するブロックをたくさん使って人工的に足場を築いてあげたとしても、類人猿が教えられたコミュニケーション・システムを生産的な使用に用いたときの可能性――意図を伝達するという**考え**――に気づくことを示す証拠は見られない。大型類人猿は他個体の行動を変え、影響を与えるためにジェスチャーを意図的に用いるが、生物学的に賦与されたジェスチャーに（実際には）依然として制限されている。新しい名前、たとえば物や個体を指示するための名前を提案したり導入したりするといかに有用であるかを理解している兆候は、彼らにはない。指示という**考え**が欠けている。大型類人猿は、すべての霊長類集団で行われているように、他個体を騙すように機能する行動を獲得する。そして、時には、確実に他個体が知らないようにして利益を得る新しい方法を計算することまである。そうではあっても、彼らは、他個体によって時に騙されてきたとか、騙しに報復するという動機を抱くという**考え**を理解しているという兆候は示さない。大型類人猿は鏡に映る自分の姿を理解することができ、実体としての自己の何らかの概念を発達させていることを示している。しかし、自分の姿にきまり悪さやプライドを示すようにはならない。自分が他個体にどのように見えるかという考えをもっていないのである。石の道具の扱い方を学習する時のように、個体での学習が非常に難しい状況では、類人猿は他個体の学習を助ける一連の行動特性をもっている。その過程は、機能的教授とでも呼べるものである（この場合、最良の証拠はチンパンジーからのものだ）。子どもに半分処理した食物を取るのを許したり、ちょうどよい石の道具を使うのを許したりする。ごく希に、必要な動作をわざとゆっくりとやって見せるなど、彼らの行動が本当の教育のように見えることがある。しかしもし、チンパンジーや他の類人猿が教育という考えとその能力に即した教えることの価値を理解しているなら、そのように狙いをつけた学習支援が日常的に観察されるほど頻繁に起こっていてもよいだろう。しかしそうではない。

いったいどんな環境で、何らかの種類の言語の適応的な利益がその進化を促したのかを、われわれはついに知ることはないかもしれない。その利益は、強化されたコミュニケーションにおいて直接的にもたらされるし、よりたやすく扱うことができ保持することができる頑健な心的表象を可能にすることにおいて間接的にももたらされる。比較的大きな社会集団における協力行動がしばしば提案されてきたが、そこには、悪意のある騙しを偶然なものとか誤解であるとかというように回顧的に再解釈する利益も含まれるだろう。あるいは、さらに良いもの、良いものへと道具を発達させる圧力が意図的な教育を選好し、日常の発話の先駆としての技術的な形式の言語の出現を促したのかもしれない。しかし何であったとしても、それは現生大型類人猿の心的能力をもつ種でのみ起こることができた。

## 補足の議論 —— 異端の思索

この章では、コピーすることができる階層的に組織された構造という点で計画された行動を、相関関係で近似した因果関係と通常の結果で近似した目的をもつものとして理解することは、行動分析の機械的処理からの結果でありえると論じてきた。そのような能力は、大型類人猿にも、いまだ幼い子どもにも見られる。観察されている対象の心についていかなるメンタライジングをする必要もなく、物理的システムの実際の因果構造の心的表象も必要がない。

もちろん、ヒトの成人は原因と意図の表象をもつことができる。特に、われわれは自分の信念に基づいて、それが誤ったものであってもなくても、自分の動作を（うまく）説明する。また、われわれは子どもたちに、一つのものごとが別のものごとの原因だとか、ある人たちは自分たちとは違った信念をもっているということを教える。しかし、これらの言語による回顧的な説明は、何の説明もなしにわれわれの行動を生みだしている因果的な心的状態に、実際に対応しているのであろうか。ヒトは、自分たちの日常の行動の多くが、われわれの気づかない心的過程による自動的な産物であるかもしれない（Bargh & Chartrand 1999）ということを受け入れがたく思っている。しかしこのことは、心の理論の問題として真剣に考えるべきであると私は思っている。大型類人猿の「統計的洞察力」のシステムを、子どもっぽいこととして捨て去ることはできないだろう。というのも、それは、われわれ大人の日常生活にも欠かせないであろうからである。

われわれの多くは、社会という複雑な世界の中でそれほど努力もせずに活動することができるし、それを大変な仕事とも思わない。それについてよくよく考えなくてはならないこともない。なぜそうなのかについては二つの可能性がある。一つには、他人の心的状態について計算することが因果的役割をもち、たくさん練習することで「自動化する」という通常の過程が、慎重に考えるのでなければ心的状態の計算を意識化できないくらい速く効率的にしてきたのであろう。わかりやすい喩えを挙げれば、自動車を運転することに関わる技術の学習である。人通りを横切って曲がる時にまず目と足を使って行うことを正確に明確にすることは、熟練の運転者にとっては実に難しいが、彼らはそれを難なく安全に実行することができる。一方、学習中の運転者は行動の適切な連鎖を知っているだろうが、それらを行うのは巧くない。

それに代わる異端の考えというのは、この無意識の過程である。それは統計的な規則性からの抽出に基づいて、大型類人猿ができるのと同じように行動分節を可能にし、実際にわれわれの日常の社会行動や物質的世界との相互作用を**引き起こしている**。メンタライジングは統計的洞察に置き換わったのではない。それは付け加えられたのである（発達心理学者のイアン・アパリイは、異なった視点から同様の結論に至った。Apperly & Butterfill 2009）。この見方においては、メンタライジングはより控えめに、そして違う目的のために使われる。日常の事柄は、系統発達的に古い処理によって扱われる。

われわれがメンタライジングの技能を用いなければならない状況としては、子どもにプロセスや人々について説明して教える時と、正確に知っていることと非常に異なる仕方で自分の騙し行動を後づけで釈明をする場合の言い訳がある。そのようないかなる言語的な（誤った）解釈をする過程も言語能力の機能であり、だから、それはヒトの進化においては最近のことであるに違いない。しかし、われわれが「心の理論」に帰属する日常の行動を支える能力は、ヒト以外の大型類人猿とおそらく共有している。もっとも彼らは、われわれができるようには自分の行動を説明したり、議論したりはできないが。

もちろんこの異端の可能性は、すでに論じた仮説に依存している。つまり、図12・1に示されているように、他個体の心的状態を扱う能力は二回進化したという説である。最初の過程は、ヒト以外の霊長類とわれわれが共有している行動分節の能力に基づいた統計的な過程であり、結果としての意図は、観察された行動の頻度から抽出される。ヒトは他の大型類人猿のいずれよりもずっと大きな小脳と新皮質をもっているので、われわれは彼らよりもこの能力に長けているであろうし、ワーキングメモリの容量による制約も少ない。第二の進化はより新しく、ヒトの系列にのみ起こった。これは言語を要求し、それによって正式に意図を表象できるようになり、実際とは異なる「もし〜だったら」という筋書きを計算するためにそれを利用することができるようになる。それには、故意の誤表象による騙しや、学習者の知識の不足を理解した上で教えることも含まれる。ほとんどの時間、われわれは第一段階の過程に依存している。それは処理速度が速く、効率が良く、無意識的である。そして、必要に迫られたら、処理速度は遅いけれども、論理的に弁護可能で、言語的に説明可能な第二の過程に立ち戻ることができる。こうして、われわれの日常の社会生活のほとんどが、親類である類人猿と共有している能力によって調整され、動かされている。もちろん、われわれだけが、それらのことを言葉で表現できるのではあるが！

# 訳者あとがき

本書は、*Evolving Insight*（Oxford University Press, 2016）の日本語訳である。日本語版への序で著者が述べているように、前著『考えるサル』と同じ話題を扱ってはいるが、改訂版ではない。二〇年間に学問的環境もかなり変化し、扱える動物種も題材もその範囲が深化拡大した。定年を機に、これまで著者が考えてきた動物の認知世界をまとめた書であるといえよう。

本書は十二章で構成されている。その内容を手短に見てみよう。第1章で行動主義を中心とした比較心理学を批判したのち、第2章では動物の行動を見るのにどうして認知主義（認知モデル）を採用するのか説明している。第3章では音声、第4章ではジェスチャーを用いたコミュニケーションについてレビューした。音声によるコミュニケーションは真猿サル類の研究が有名だが、類人猿はジェスチャーを多く用いる。意図的コミュニケーションには視覚的な身振りの方が向いているからだ。第5、6、7章では、社会的認知が扱われている。他者の無知を理解しているか（第5章）、それに伴う脳の進化（第6章）、文化的伝達を可能にする認知能力（第7章）、そしてその集大成としての心の理論を扱ったのが第8章である。協力、自己認知、死、共感、教えるなどの問題が議論された。つなぎの第9章からあとは、本書の本題となる。第10章では、物理的世界の因果関係の認知、たとえば認知地図や道具使用にかかわる知能を議論する。第11章では、その認知における行動を分節するプログラムという、新しい概念を提唱する。それは模倣を担うプログラムであるが、その模倣は自分のもっている動作を組み立てる文脈的模倣と新たな動作が増える産出的模倣の二種類があるとした。後者は動物界では稀で、類人猿の食物処理技術に見られる。食物処理過程における動作の階層構造までを分節して模倣するプログラム・レベルの模倣は、類人猿に限られる。それを長年のゴリラの観察から明らかにした。最終章では、以上の考察から洞察が二段階で進化してきたことを提案する。第一段階は、物理的世界の因果関係を認知し、行動を分節して模倣する能力として獲得し、第二段階は、物理的世界で目に見えない原因を仮定し、相手の誤信念を理解するような高度な表象化する能力で、言語の機能と深く関係している。実際のわれわれの生活では、多くの問題は第一段階の能力で解決されうるもので、第二段階の洞察力は子どもへの教育や自分の騙し行動の釈明などのときに使われるという。その意味で、多くの能力を大型類人猿と共有しているのである。

『考えるサル』の翻訳には、成田空港から手紙をくださった小原秀雄先生の依頼で参加したが、本書『洞察の起源』は著者からのお誘いであった。二〇一四年八月にベトナムのハノイで開催された東南アジア初の国際霊長類学会に参加した折、その時会長でいらした松沢哲郎先生から「ディックが来ているよ」と言われ、その場で彼に引き合わせてくれた。ポスター会場の片隅で話しているうちに、もうすぐ定年を迎えること、いま大事な本を執筆していて、秋には完成する予定であることを知った。「翻訳をする気はあるか」と彼から言われた。「できれば」と答え、そのまま別れた。本が出版されたのは大分遅れて、二〇一六年三月であった。イギリスのアマゾンから本が届いたのは五月になってからで、一章を読んでからディックにメールを出し、他に翻訳権を問い合わせている日本人がいないかを確かめた。オックスフォード大学出版からも後押しをされたので、引き受けてくれる出版社を探した。幸い新曜社の塩浦暲社長が興味を示してくださったので、早速私が手に入れた原著をお送りした。その後、新曜社が翻訳権を取ってくれた知らせをもらい、素訳を年内に仕上げるつもりで始めたのだが、終わったのは翌年五月の連休後梅雨が始まる頃であった。難しかった。後にディックに『考えるサル』の三倍時間がかかったと言ったら、それだけの内容を書いたのだから当然だと言われてしまった。できた素訳を塩浦社長が実に丁寧に読んでくださり、読みやすい日本語に仕上げてくれた。それから原文を辿りながら全て読み返し、ほぼいまの形になったのは去年の暮れのことである。

早く訳すことを目指して、三人で分担した。第1章から第5章、それと本来は私が訳すべき第9章を訳してくれたのは卒業生で心理学科の講師をしてくれている比較心理学者の田淵朋香さん。第6章から第8章は私の妻で言語学を専門とする久美子が担当、彼女は普段から京大のチンパンジー研究やトマセロの研究に注目していた。最後の第10章から12章は私であるが、それとともに全体を通して一応文体と訳語の統一を図った。Insight を従来の心理学用語「洞察力」にするか、新たに「見通す力」にするか迷っていたが、塩浦社長の「洞察しかないでしょう」の一言で決まった。Parse behavior を「行動の構成要素分析」としていたが、「分節」という言葉を使うようにアドバイスしてくださったのも塩浦さんであった。著者自身からもメールを通じてさまざまな解説を受けたが、それでもまだ自信のない箇所が幾つもある。それはひとえに代表である私の責任である。単語・動物名の訳は、『ジーニアス英和大辞典』（大修館）、『リーダーズ英和辞典』（研究社）、『ランダムハウス英和大辞典』（小学館）に従い、サル名、分類名などは、京都大学霊長類研究所のホームページなどを参考にした。

最後に、著者のバーン氏とのメールのやり取りで気がついたことを記しておきたい。二六九頁の後半に「言語、発話、その他の現生人類の認知を示す特徴の進化が、大型類人猿 —— すでに階層的に組織構成された行動を分節できる種――においてであったことは、偶然の一致ではない」とあるが、この文章の真意は、ヒトは大型類人猿の一員である、もしくはヒトのもつ言語を含めた高度な認知機能も、大型類人猿の存在なしでは生まれてこなかったという彼からのメッセージである。ヒトと大型類人猿は、これからも地球上で互いに共存していかなければならない存在であるとバーン氏は言いたいのである。そういう意味から本書をお楽しみいただければ、訳者全員の喜びである。

二〇一八年二月

訳者を代表して

小山高正

新曜社

**洞察の起源**

動物からヒトへ、状況を理解し他者を読む心の進化

初版第1刷発行　2018年5月15日

著　者　リチャード・W・バーン

訳　者　小山高正
　　　　田淵朋香
　　　　小山久美子

発行者　塩浦　暲

発行所　株式会社　新曜社
101-0051　東京都千代田区神田神保町3－9
電話（03）3264-4973（代）・FAX（03）3239-2958
e-mail : info@shin-yo-sha.co.jp
URL : http://www.shin-yo-sha.co.jp
組版所　Katzen House

印　刷　新日本印刷

製　本　イマキ製本所


ISBN978-4-7885-1578-9 C1040

著者紹介

## リチャード・W・バーン（Richard W. Byrne）

1975 年ケンブリッジ大学の認知心理学で学位を取得、1979 年よりアフリカでヒヒのフィールドワークを開始、その後もチンパンジー、ゴリラの観察を続ける。セント・アンドリューズ大学心理学・神経科学部教授を務め、現在名誉教授。著書には翻訳されたものとしては、『考えるサル：知能の進化論』（大月書店）[1997 年度イギリス心理学会ブック賞]、『マキャベリ的知性と心の理論の進化論：ヒトはなぜ賢くなったか』、『マキャベリ的知性と心の理論の進化論Ⅱ：新たなる展開』（いずれもナカニシヤ出版）がある。

訳者紹介

## 小山高正（こやま　たかまさ）

1979 年大阪大学大学院文学研究科単位取得満期退学、お茶の水大学助手、川村学園女子大学講師を経て、現在日本女子大学人間社会学部心理学科教授。主な著書として、『社会性の比較発達心理学』（アートアンドブレーン）、『遊びの保育発達学』（川島書店）、訳書として『考えるサル：知能の進化論』（大月書店）がある。

## 田淵朋香（たぶち　ともか）

2000 年早稲田大学大学院文学研究科修士課程修了、2003 年日本女子大学大学院人間社会研究科単位取得満期退学、現在日本女子大学人間社会学部心理学科講師。主な著書に、『日常にいかす心理学：新版・心理学事始』（アートアンドブレーン）がある。

## 小山久美子（こやま　くみこ）

1989 年日本女子大学大学院文学研究科英文学専攻単位取得満期退学、川村学園女子大学講師を経て、現在川村学園女子大学文学部国際英語学科教授。主な著書に『英語学用語辞典』（共）（三省堂）、訳書に『現代英文法総論』（共）（開拓社）がある。

# 人名索引

■マ行



■ヤ行



■ラ行



■ワ行

# 事項索引

## ■さ行

■た行

## ■や行



## ■ら行

■わ行

# 文　献

Allman, J M, Hakeem, A, Erwin, J M, Nimchinsky, E, & Hof, P (2001), "The anterior cingulate cortex. The evolution of an interface between emotion and cognition," *Annals of the New York Academy of Sciences*, 935, 107-17.

Allman, J M, Tetreault, N A, Hakeem, A Y, Manaye, K F, Semendeferi, K, Erwin, J M, Park, S, Goubert, V, & Hof, P R (2010), "The von Economo neurons in frontoinsular and anterior cingulate cortex in great apes and humans," *Brain Structure and Function*, 214(5-6), 495-517.

Anderson, J R (1984), "Monkeys with mirrors: Some questions for primate psychology," *International Journal of Primatology*, 5, 81-98.

Anderson, J R, Gillies, A, & Lock, L C (2010), "Pan thanatology," *Current Biology*, 20(8), R349-51.

Anderson, J R, Myowa-Yamakoshi, M, & Matsuzawa, T (2004), "Contagious yawning in chimpanzees," *Proceedings of the Royal Society of London B: Biology Letters Supplement*, 271, S468-70.

Apperly, I & Butterfill, S A (2009), "Do humans have two systems to track beliefs and belief-like states?," *Psychological Review*, 116, 953-70.

Arnold, K & Barton, R A (2001), "Postconflict behavior of spectacled leaf monkeys (Trachypithecus obscurus). II. Contact with third parties," *International Journal of Primatology*, 22, 267-86.

Balda, R P & Kamil, A C (1992), "Long-term spatial memory in Clark's nutcracker, *Nucifraga columbiana*," *Animal Behaviour*, 44(4), 761-9.

Baldwin, D, Andersson, A, Saffran, J, & Meyer, M (2008), "Segmenting dynamic human action via statistical structure," *Cognition*, 106(3), 1382-407.

Ban, S D, Boesch, C, & Janmaat, K R L (2014), "Taï chimpanzees anticipate revisiting high-valued fruit trees from further distances," *Animal Cognition*, 17(6), 1353-64.

Bargh, J A & Chartrand, T L (1999), "The unbearable automaticity of being," *American Psychologist*, 54, 462-79.

Barton, R A (1998), "Visual specialization and brain evolution in primates," *Proceedings of the Royal Society of London B*, 265, 1933-7.

Barton, R A (2006), "Primate brain evolution: Integrating comparative, neurophysiological, and ethological data," *Evolutionary Anthropology*, 15, 224-36.

Barton, R A (2012), "Embodied cognitive evolution and the cerebellum," *Philosophical Transactions of the Royal Society of London B: Biological Sciences*, 367(1599), 2097-107.

Barton, R A & Dunbar, R I M (1997), "Evolution of the social brain," in A Whiten & R W Byrne (eds), *Machiavellian Intelligence II: Extensions and Evaluations* (Cambridge: Cambridge University Press), 240-63.〔友永雅己・小田亮・平田聡・藤田和生（監訳）(2004)『マキャベリ的知性と心の理論の進化論Ⅱ：新たなる展開』ナカニシヤ出版〕

Barton, R A & Venditti, C (2014), "Rapid evolution of the cerebellum in humans and other great apes," *Current Biology*, 24, 2440-4.

Bates, L A, Handford, R, Lee, P C, Njiraini, N, Poole, J H, Sayialel, K, Sayialel, S, Moss, C J, & Byrne, R W (2010), "Why do African elephants (*Loxodonta africana*) simulate oestrus? An analysis of longitudinal data," *PLoS ONE*, 5(3).

Bates, L A, Lee, P C, Njiraini, N, Poole, J H, Sayialel, K, Sayialel, S, Moss, C J, & Byrne, R W (2008), "Do elephants show empathy?," *Journal of Consciousness Studies*, 15, 204-25.

Bates, L A, Sayialel, K N, Njiraini, N, Moss, C J, Poole, J H, & Byrne, R W (2007), "Elephants classify human ethnic groups by odor and garment color," *Current Biology*, 17(22), 1938-42.

Beck, B B (1980), *Animal Tool Behaviour* (New York: Garland Press).

Benhamou, S (1996), "No evidence for cognitive mapping in rats," *Animal Behaviour*, 52, 201-12.

Boesch, C (1991), "Teaching among wild chimpanzees," *Animal Behaviour*, 41, 530-2.

Boesch, C (1996), "The emergence of cultures among wild chimpanzees," in W G Runciman, J Maynard-Smith, & R I M Dunbar (eds), *Evolution of Social Behaviour Patterns in Monkeys & Man* (London: The British Academy), 251-68.

Boesch, C & Boesch, H (1984), "Mental map in wild chimpanzees: An analysis of hammer transports for nut cracking," *Primates*, 25, 160-70.

Boesch, C & Boesch, H (1990), "Tool use and tool making in wild chimpanzees," *Folia Primatologica,* 54, 86-99.

Boesch, C & Boesch-Achermann, H (2000), *The Chimpanzees of the Taï Forest: Behavioural Ecology and Evolution* (Oxford: Oxford University Press).

Bovet, D & Washburn, D A (2003), "Rhesus macaques (*Macaca mulatta*) categorize
unknown conspecifics according to their dominance relations," *Journal of Comparative Psychology*, 117, 400-5.

Boysen, S T, Berntson, G G, Mannan, M B, & Cacioppo, J T (1996), "Quantity based interference and symbolic representations in chimpanzees (*Pan troglodytes*)," *Journal of Experimental Psychology: Animal Behavior Processes*, 22(1), 76-86.

Brewer, S & McGrew, W C (1990), "Chimpanzee use of a tool-set to get honey," *Folia Primatologica*, 54, 100-4.

Brooks, R & Meltzoff, A N (2015), "Connecting the dots from infancy to childhood:

A longitudinal study connecting gaze following, language, and explicit theory of mind," *Journal of Experimental Child Psychology*, 130, 67-78.

Brothers, L (1990), "The social brain: A project for integrating primate behavior and neurophysiology in a new domain," *Concepts in Neuroscience*, 1, 27-51.

Brüne, M, Ribbert, H, & Schiefenhövel, W (2003), *The Social Brain* (Chichester, West Sussex: John Wiley).

Bugnyar, T (2002), "Observational learning and the raiding of food caches in ravens, *Corvus corax*: Is it 'tactical' deception?," *Animal Behaviour*, 64, 185-95.

Bugnyar, T (2007), "An integrative approach to the study of 'theory-of-mind'-like abilities in ravens," *Japanese Journal of Animal Psychology*, 57, 15-27.

Bugnyar, T & Heinrich, B (2005), "Ravens, *Corvus corax*, differentiate between knowledgeable and ignorant competitors," *Proceedings of the Royal Society of London B: Biological Sciences*, 272(1573), 1641-6.

Bugnyar, T & Heinrich, B (2006), "Pilfering ravens, *Corvus corax*, adjust their behaviour to social context and identity of competitors," *Animal Cognition*, 9(4), 369-76.

Bugnyar, T, Stowe, M, & Heinrich, B (2004), "Ravens, *Corvus corax*, follow gaze direction of humans around obstacles," *Proceedings of the Royal Society of London B: Biological Sciences*, 271(1546), 1331-6.

Busse, C D (1976), "Do chimpanzees hunt cooperatively?," *Nature*, 112, 767-70.

Byrne, R W (1979), "Memory for urban geography," *Quarterly Journal of Experimental Psychology*, 31, 147-54.

Byrne, R W (1981), "Distance calls of Guinea baboons (Papio papio) in Senegal: An analysis of function," *Behaviour*, 78, 283-312.

Byrne, R W (1993), "A formal notation to aid analysis of complex behaviour: Understanding the tactical deception of primates," *Behaviour*, 127, 231-46.

Byrne, R W (1994), "The evolution of intelligence," in P J B Slater & T R Halliday (eds), *Behaviour and Evolution* (Cambridge: Cambridge University Press), 223-65.

Byrne, R W (1995a), *The Thinking Ape: Evolutionary Origins of Intelligence* (Oxford: Oxford University Press).〔小山高正・伊藤紀子（訳）(1998)『考えるサル：知能の進化論』大月書店〕

Byrne, R W (1995b), "Primate cognition: Comparing problems and skills," *American Journal of Primatology*, 37, 127-41.

Byrne, R W (1996), "The misunderstood ape: Cognitive skills of the gorilla," in A E Russon, K A Bard, & S T Parker (eds), *Reaching into Thought; The Minds of the Great Apes* (Cambridge: Cambridge University Press), 111-30.

Byrne, R W (1997a), "What's the use of anecdotes? Attempts to distinguish psychological mechanisms in primate tactical deception," in R W Mitchell, N S Thompson, & L Miles

(eds), *Anthropomorphism, Anecdotes, and Animals: The Emperor's New Clothes?* (New York: SUNY Press, Biology and Philosophy), 134 - 50.

Byrne, R W (1997b), "The technical intelligence hypothesis: An additional evolutionary stimulus to intelligence?," in A Whiten and R W Byrne (eds), *Machiavellian Intelligence II: Extensions and Evaluations* (Cambridge: Cambridge University Press), 289 - 311.〔友永雅己・小田亮・平田聡・藤田和生（監訳）(2004)『マキャベリ的知性と心の理論の進化論Ⅱ：新たなる展開』ナカニシヤ出版〕

Byrne, R W (1998), "Imitation: The contributions of priming and program - level copying," in S Braten (ed.), *Intersubjective Communication and Emotion in Early Ontogeny* (Studies in emotion and social interaction; Cambridge: Cambridge University Press), 228 - 44.

Byrne, R W (1999a), "Imitation without intentionality. Using string parsing to copy the organization of behaviour," *Animal Cognition*, 2, 63 - 72.

Byrne, R W (1999b), "Cognition in great ape ecology. Skill - learning ability opens up foraging opportunities," *Symposia of the Zoological Society of London*, 72, 333 - 50.

Byrne, R W (1999c), "Object manipulation and skill organization in the complex food preparation of mountain gorillas," in S T Parker, R W Mitchell, & H L Miles (eds), *The Mentality of Gorillas and Orangutans* (Cambridge: Cambridge University Press), 147 - 59.

Byrne, R W (2000a), "How monkeys find their way. Leadership, coordination, and cognitive maps of African baboons," in S Boinski & P Garber (eds), *On the Move: How and Why Animals Travel in Groups* (Chicago: University of Chicago Press), 491 - 518.

Byrne, R W (2000b), "Is consciousness a useful scientific term? Problems of 'animal consciousness'," *Vlaams Diergeneeskundig Tijdschrift*, 69, 407 - 11.

Byrne, R W (2001), "Clever hands: The food processing skills of mountain gorillas," in M M Robbins, P Sicotte, & K J Stewart (eds), *Mountain Gorillas. Three Decades of Research at Karisoke* (Cambridge: Cambridge University Press), 293 - 313.

Byrne, R W (2002b), "Imitation of complex novel actions: What does the evidence from animals mean?," *Advances in the Study of Behavior*, 31, 77 - 105.

Byrne, R W (2003a), "Novelty in deception," in K Laland & S Reader (eds), *Animal Innovation* (Oxford: Oxford University Press), 237 - 59.

Byrne, R W (2003b), "Imitation as behaviour parsing," *Philosophical Transactions of the Royal Society of London B*, 358, 529 - 36.

Byrne, R W (2004), "The manual skills and cognition that lie behind hominid tool use," in A E Russon & D R Begun (eds), *Evolutionary Origins of Great Ape Intelligence* (Cambridge: Cambridge University Press), 31 - 44.

Byrne, R W (2005), "Detecting, understanding, and explaining animal imitation," in S Hurley & N Chater (eds), *Perspectives on Imitation: From Mirror Neurons to Memes* (Cambridge, MA: MIT Press), 255 - 82.

Byrne, R W (2007), "Culture in great apes: Using intricate complexity in feeding skills to trace the evolutionary origin of human technical prowess," *Philosophical Transactions of the Royal Society (B)*, 362, 577-85.

Byrne, R W & Bates, L A (2006), "Why are animals cognitive?," *Current Biology*, 16, R445-48.

Byrne, R W & Byrne, J M E (1991), "Hand preferences in the skilled gathering tasks of mountain gorillas (*Gorilla g. beringei*)," *Cortex*, 27, 521-46.

Byrne, R W & Byrne, J M E (1993), "Complex leaf-gathering skills of mountain gorillas (*Gorilla g. beringei*): Variability and standardization," *American Journal of Primatology*, 31, 241-61.

Byrne, R W & Corp, N (2004), "Neocortex size predicts deception rate in primates," *Proceedings of the Royal Society of London B: Biological Sciences*, 271, 1693-9.

Byrne, R W, Corp, N, & Byrne, J M E (2001a), "Manual dexterity in the gorilla: Bimanual and digit role differentiation in a natural task," *Animal Cognition*, 4, 347-61.

Byrne, R W, Corp, N, & Byrne, J M E (2001b), "Estimating the complexity of animal behaviour: How mountain gorillas eat thistles," *Behaviour*, 138, 525-57.

Byrne, R W, Hobaiter, C, & Klailova, M (2011), "Local traditions in gorilla manual skill: Evidence for observational learning of behavioral organization," *Animal Cognition*, 14(5), 683-93.

Byrne, R W & Rapaport, L G (2011), "What are we learning from teaching?," *Animal Behaviour*, 82(5), 1207-11.

Byrne, R W & Russon, A E (1998), "Learning by imitation: A hierarchical approach," *Behavioral and Brain Sciences*, 21, 667-721.

Byrne, R W, Sanz, C M, & Morgan, D B (2013), "Chimpanzees plan their tool use," in C M Sanz, C Boesch, & J Call (eds), *Tool Use in Animals*: Cognition and Ecology (Cambridge: Cambridge University Press), 48-63.

Byrne, R W & Stokes, E J (2002), "Effects of manual disability on feeding skills in gorillas and chimpanzees: A cognitive analysis," *International Journal of Primatology*, 23, 539-54.

Byrne, R W & Tanner, J E (2006), "Gestural imitation by a gorilla: Evidence and nature of the phenomenon," *International Journal of Psychology and Psychological Therapy*, 6, 215-31.

Byrne, R W & Whiten, A (1985), "Tactical deception of familiar individuals in baboons (Papio ursinus)," *Animal Behaviour*, 33, 669-73.

Byrne, R W & Whiten, A (1988), *Machiavellian Intelligence: Social Expertise and the Evolution of Intellect in Monkeys, Apes and Humans* (Oxford: Clarendon Press).〔藤田和生・山下博志・友永雅己（監訳）(2004)『マキャベリ的知性と心の理論の進化論：ヒトはなぜ賢くなったか』ナカニシヤ出版〕

Byrne, R W & Whiten, A (1990), "Tactical deception in primates: The 1990

database," *Primate Report*, 27, 1-101.

Byrne, R W & Whiten, A (1991), "Computation and mindreading in primate tactical deception," in A Whiten (ed.), *Natural Theories of Mind* (Oxford: Basil Blackwell), 127-41.

Byrne, R W & Whiten, A (1992), "Cognitive evolution in primates: Evidence from tactical deception," *Man*, 27, 609-27.

Byrne, R W & Whiten, A (1997), "Machiavellian intelligence," in A Whiten & R W Byrne (eds), *Machiavellian Intelligence II: Extensions and Evaluations* (Cambridge: Cambridge University Press), 1-23.〔友永雅己・小田亮・平田聡・藤田和生（監訳）(2004)『マキャベリ的知性と心の理論の進化論Ⅱ：新たなる展開』ナカニシヤ出版〕

Caldwell, M C & Caldwell, D K (1966), "Epimeletic (care-giving) behavior in Cetacea," in K S Norris (ed), *Whales, Dolphins and Porpoises* (Berkeley: University of California Press), 755-89.

Call, J (2001), "Body imitation in an enculturated orangutan (*Pongo pygmaeus*)," *Cybernetics and Systems*, 32, 97-119.

Call, J & Tomasello, M (2007), *The Gestural Communication of Apes and Monkeys* (Hillsdale, NJ: Lawrence Erlbaum Associates).

Call, J & Tomasello, M (2008), "Does the chimpanzee have a theory of mind? 30 years later," *Trends in Cognitive Sciences*, 12, 187-92.

Caro, T M (1980), "Predatory behaviour in domestic cat mothers," *Behaviour*, 74, 128-47.

Caro, T M (1994), *Cheetahs of the Serengeti Plains: Grouping in an Asocial Species* (Chicago: University of Chicago Press).

Caro, T M & Hauser, M D (1992), "Is there teaching in non-human animals?," *Quarterly Review of Biology*, 67, 151-74.

Cartmill, E A & Byrne, R W (2007), "Orangutans modify their gestural signaling according to their audience's comprehension," *Current Biology*, 17(15), 1345-8.

Cartmill, E A & Byrne, R W (2010), "Semantics of primate gestures: Intentional meanings of orangutan gestures," *Animal Cognition*, 13, 793-804.

Chance, M R A & Mead, A P (1953), "Social behaviour and primate evolution," *Symposia of the Society of Experimental Biology*, 7, 395-439.

Cheney, D L & Seyfarth, R M (1985), "Social and nonsocial knowledge in vervet monkeys," *Philosophical Transactions of the Royal Society of London B*, 308, 187-201.

Cheney, D L & Seyfarth, R M (1986), "The recognition of social alliances by vervet monkeys," *Animal Behaviour*, 34(6), 1722.

Cheney, D L & Seyfarth, R M (1990a), *How Monkeys See the World: Inside the Mind of Another Species* (Chicago: University of Chicago Press).

Cheney, D L & Seyfarth, R M (1990b), "Attending to behaviour versus attending to knowledge: Examining monkeys' attribution of mental states," *Animal Behaviour*, 40,

742-53.

Christel, M I (1993), "Grasping techniques and hand preferences in Hominoidea," in H Preuschoft & D J Chivers (eds), *Hands of Primates* (New York: Springer Verlag), 91-108.

Christel, M I & Fragaszy, D (2000), "Manual function in *Cebus apell*a. Digital mobility, preshaping, and endurance in repetitive grasping," *International Journal of Primatology*, 21(4), 697-719.

Clayton, N S & Dickinson, A (1998), "Episodic-like memory during cache recovery by scrub jays," *Nature*, 395, 272-8.

Clutton-Brock, J (1995), "Origins of the dog: Domestication and early history," in J Serpell (ed), *The Domestic Dog: Its Evolution, Behaviour and Interactions with People* (Cambridge: Cambridge University Press), 7-20.〔武部正美（訳）(1999)『ドメスティック・ドッグ：その進化・行動・人との関係』チクサン出版社〕

Cochet, H & Byrne, R W (2014), "Complexity in animal behaviour: Towards common ground," *Acta Ethologica*, 18, 337-41.

Collins, D A & McGrew, W C (1987), "Termite fauna related to differences in tool-use between groups of chimpanzees (*Pan troglodytes*)," *Primates*, 28(4), 457-71.

Cords, M (1997), "Friendships, alliances, reciprocity and repair," in A Whiten & R W Byrne (eds), Machiavellian Intelligence II: Extensions and Evaluations (Cambridge: Cambridge University Press), 24-49.〔友永雅己・小田亮・平田聡・藤田和生（監訳）(2004)『マキャベリ的知性と心の理論の進化論Ⅱ：新たなる展開』ナカニシヤ出版〕

Corp, N & Byrne, R W (2002a), "The ontogeny of manual skill in wild chimpanzees: Evidence from feeding on the fruit of *Saba florida*," *Behaviour*, 139, 137-68.

Corp, N & Byrne, R W (2002b), "Leaf processing of wild chimpanzees: Physically defended leaves reveal complex manual skills," *Ethology*, 108, 1-24.

Crawford, M P (1937), "The cooperative solving of problems by young chimpanzees," *Comparative Psychology Monographs*, 14 (Serial Number 68).

Crockford, C, Wittig, R M, Seyfarth, R M, & Cheney, D L (2007), "Baboons eavesdrop to deduce mating opportunities." *Animal Behaviour*, 73, 885-890.

Crockford, C, Wittig, R M, Mundry, R, & Zuberbühler, K (2012), "Wild chimpanzees inform ignorant group members of danger," *Current Biology*, 22(2), 142-6.

Cunningham, E & Janson, C H (2007), "Integrating information about location and value of resources by white-faced saki monkeys (*Pithecia pithecia*)," *Animal Cognition*, 10(3), 293-304.

Custance, D M, Whiten, A, & Bard, K A (1995), "Can young chimpanzees (Pan troglodytes) imitate arbitrary actions? Hayes & Hayes (1952) revisited," *Behaviour*, 132, 11-12.

Dally, J M, Emery, N J, & Clayton, N S (2004), "Cache protection strategies by western scrub-jays (*Aphelocoma californica*): Hiding food in the shade," *Proceedings of the Royal*

*Society of London B: Biological Sciences*, 271 Suppl 6, S387 - 90.

Dally, J M, Emery, N J, & Clayton, N S (2005), "Cache protection strategies by western scrub - jays, Aphelocoma californica: Implications for social cognition," *Animal Behaviour*, 70(6), 1251 - 63.

Dally, J M, Emery, N J, & Clayton, N S (2006), "Food - caching western scrub - jays keep track of who was watching when," *Science*, 312, 1662 - 5.

Dally, J M, Emery, N J, & Clayton, N S (2010), "Avian theory of mind and counter espionage by food - caching western scrub - jays (*Aphelocoma californica*)," *European Journal of Developmental Psychology*, 7(1), 17 - 37.

Dasser, V (1988), "Mapping social concepts in monkeys," in R W Byrne & A Whiten (eds), *Machiavellian Intelligence: Social Expertise and the Evolution of Intellect in Monkeys, Apes and Humans* (Oxford: Clarendon Press), 85 - 93.〔藤田和生・山下博志・友永雅己（監訳）(2004)『マキャベリ的知性と心の理論の進化論：ヒトはなぜ賢くなったか』ナカニシヤ出版〕

Dawkins, R & Krebs, J R (1978), "Animal signals: Information or manipulation?," in J R Krebs & N B Davies (eds), *Behavioural Ecology: An Evolutionary Approach* (Oxford: Blackwell Scientific Publications), 282 - 309.〔山岸哲・巌佐庸（監訳）(1994)『進化からみた行動生態学』蒼樹書房〕

Deacon, T W (1997a), "What makes the human brain different?," *Annual Review of Anthropology*, 26, 337 - 57.

Deacon, T W (1997b), *The Symbolic Species: The Co - evolution of Language and the Brain* (New York: W W Norton and Company).〔金子隆芳（訳）(1999)『ヒトはいかにして人となったか：言語と脳の共進化』新曜社〕

Deaner, R O, van Schaik, C P, & Johnson, V (2006), "Do some taxa have better domaingeneral cognition than others? A meta - analysis of nonhuman primate studies," *Evolutionary Psychology*, 4, 149 - 96.

de Waal, F B M (1982), *Chimpanzee Politics* (London: Jonathan Cape).〔西田利貞（訳）(2006)『チンパンジーの政治学：猿の権力と性』産経新聞出版〕

de Waal, F B M (1986), "Deception in the natural communication of chimpanzees," in R W Mitchell & N S Thompson (eds), *Deception: Perspectives on Human and Non - human Deceit* (Albany: State University of New York State).

de Waal, F B M (1991), "Complementary methods and convergent evidence in the study of primate social cognition," *Behaviour*, 118, 297 - 320.

de Waal, F B M (2008), "Putting the altruism back into altruism: The evolution of empathy," *Annual Review of Psychology*, 59, 279 - 300.

de Waal, F B M & Aureli, F (1996), "Consolation, reconciliation, and a possible cognitive difference between macaque and chimpanzee," in A E Russon, K A Bard, & S T Parker

(eds), *Reaching into Thought: The Minds of the Great Apes* (Cambridge: Cambridge University Press), 80-110.

de Waal, F B M & van Roosmalen, A (1979), "Reconciliation and consolation among chimpanzees," *Behavioral Ecology and Sociobiology*, 5, 55-6.

Di Fiore, A & Suarez, S A (2007), "Route-based travel and shared routes in sympatric spider and woolly monkeys: Cognitive and evolutionary implications," *Animal Cognition*, 10(3), 317-29.

Douglas-Hamilton, I, Bhalla, S, Wittemyer, G, & Vollrath, F (2006), "Behavioural reactions of elephants towards a dying and deceased matriarch," *Applied Animal Behaviour Science*, 100(1-2), 87-102.

Dunbar, R I M (1988), *Primate Social Systems* (London: Croom Helm).

Dunbar, R I M (1991), "Functional significance of social grooming in primates," *Folia Primatology*, 57, 121-31.

Dunbar, R I M (1992a), "Time: A hidden constraint on the behavioural ecology of baboons," *Behavioural Ecology and Sociobiology*, 31, 35-49.

Dunbar, R I M (1992b), "Neocortex size as a constraint on group size in primates," *Journal of Human Evolution*, 20, 469-93.

Dunbar, R I M (1998), "The social brain hypothesis," *Evolutionary Anthropology*, 6, 178-90.

Dunbar, R I M (2003), "The social brain: Mind, language, and society in evolutionary perspective," *Annual Review of Anthropology*, 32, 163-81.

Dunbar, R I M & Bever, J (1998), "Neocortex size determines group size in insectivores and carnivores," *Ethology*, 104, 695-708.

Dyer, F (1991), "Bees acquire route-based memories but not cognitive maps in a familiar landscape," *Animal Behaviour*, 41, 239-46.

Elliott, J M & Connolly, K J (1984), "A classification of manipulative hand movements," *Developmental Medicine and Child Neurology*, 26, 283-96.

Emery, N J (2006), "Cognitive ornithology: The evolution of avian intelligence," *Philosophical Transactions of the Royal Society of London B: Biological Sciences*, 361(1465), 23-43.

Emery, N J & Clayton, N S (2001), "Effects of experience and social context on prospective caching strategies by scrub jays," *Nature*, 414, 443-6.

Emery, N J & Clayton, N S (2004), "The mentality of crows: Convergent evolution of intelligence in corvids and apes," *Science*, 306, 1903-7.

Emery, N J & Clayton, N S (2005), "Evolution of the avian brain and intelligence," *Current Biology*, 15(23), R946-50.

Emery, N J, Seed, A M, von Bayern, A M, & Clayton, N S (2007), "Cognitive adaptations of social bonding in birds," *Philosophical Transactions of the Royal Society of London B:*

*Biological Sciences*, 362(1480), 489-505.
Feeney, M C, Roberts, W A, & Sherry, D F (2009), "Memory for what, where, and when in the black-capped chickadee (*Poecile atricapillus*)," *Animal Cognition*, 12(6), 767-77.
Fisher, J & Hinde, R A (1949), "The opening of milk bottles by birds," *British Birds*, 42, 347-57.
Flombaum, J I & Santos, L R (2005), "Rhesus monkeys attribute perceptions to others," *Current Biology*, 15(5), 447-52.
Fodor, J A (1983), *The Modularity of Mind* (Cambridge, MA: MIT Press).〔伊藤笏康・信原幸弘（訳）(1985)『精神のモジュール形式：人工知能と心の哲学』産業図書〕
Fox, E, Sitompul, A, & van Schaik, C P (1999), "Intelligent tool use in wild Sumatran orangutans," in S T Parker, H L Miles, & R W Mitchell (eds), The Mentality of Gorillas and Orangutans (Cambridge: Cambridge University Press), 99-116.
Fragaszy, D, Izar, P, Visalberghi, E, Ottoni, E B, & de Oliveira, M G (2004), "Wild capuchin monkeys (Cebus libidinosus) use anvils and stone pounding tools," *American Journal of Primatology*, 64(4), 359-66.
Franks, N R & Richardson, T (2006), "Teaching in tandem-running ants," *Nature*, 439(7073), 153.
Frith, C D & Frith, U (2005), "Theory of mind," *Current Biology*, 15(17), R644-6.
Frith, U & Happé, F (2005), "Autism spectrum disorder," *Current Biology*, 15(19), R786-90.
Galdikas, B M F & Vasey, P (1992), "Why are orangutans so smart?," in F D Burtin (ed.), *Social Processes and Mental Abilities in Non-human Primates* (Lewiston, NY: Edward Mellon Press).
Galef, B G (1990), "Tradition in animals: Field observations and laboratory analyses," in M Bekoff & D Jamieson (eds), *Interpretations and Explanations in the Study of Behaviour: Comparative Perspectives* (Boulder, Colorado: Westview Press), 74-95.
Galef, B G (1991), "Information centres of Norway rats: Sites for information exchange and information parasitism," *Animal Behaviour*, 41(2), 295.
Galef, B G (2003), "'Traditional' foraging behaviours of brown and black rats (*Rattus norwegicus* and *Rattus rattus*)," in D M Fragaszy & S Perry (eds), *The Biology of Traditions: Models and Evidence* (Cambridge: Cambridge University Press), 159-86.
Gallese, V, Fadiga, L, Fogassi, L, & Rizzolatti, G (1996), "Action recognition in the premotor cortex," *Brain*, 119, 593-609.
Gallup, G G (1970), "Chimpanzees: Self-recognition," *Science*, 167, 86-7.
Gallup, G G (1979), "Self-awareness in primates," *Scientific American*, 67, 417-21.
Garber, P (1988), "Foraging decisions during nectar feeding by tamarin monkeys (Saguinus mystax and Saguinus fuscicollis, Callitrichidae, primates) in Amazonian

Peru," *Biotropica*, 20, 100-6.
Gardner, R A & Gardner, B T (1969), "Teaching sign language to a chimpanzee," *Science*, 165, 664-72.
Gardner, R A, Gardner, B T, & Van Cantfort, T E (1989), *Teaching Sign Language to Chimpanzees* (New York: SUNY Press).
Genty, E, Breuer, T, Hobaiter, C, & Byrne, R W (2009), "Gestural communication of the gorilla (*Gorilla gorilla*): Repertoire, intentionality and possible origins," *Animal Cognition*, 12, 527-46.
Genty, E & Zuberbuehler, K (2014), "Spatial reference in a bonobo gesture," *Current Biology*, 24, 1601-5.
Gibson, K R (1986), "Cognition, brain size and the extraction of embedded food resources," in J G Else & P C Lee (eds), *Primate Ontogeny, Cognitive and Social Behaviour* (Cambridge: Cambridge University Press), 93-105.
Glickman, S E & Sroges, R W (1964), "Curiosity in zoo animals," *Behaviour*, 26, 151-8.
Goodall, J (1986), *The Chimpanzees of Gombe: Patterns of Behavior* (Cambridge, MA: Harvard University Press).〔杉山幸丸・松沢哲郎（監訳）(1990)『野生チンパンジーの世界』ミネルヴァ書房〕
Goodall, J, Bandora, A, Bergmann, E, Busse, C, Matama, H, Mpongo, E, Pierce, A, & Riss, D (1979), "Intercommunity interactions in the chimpanzee population of the Gombe National Park," in D Hamburg & E R McCown (eds), *The Great Apes* (Menlo Park: Benjamin Cummings), 13-54.
Goody, E N (1995), *Social Intelligence and Interaction: Expressions and Implications of the Social Bias in Human Intelligence* (Cambridge: Cambridge University Press).
Guinet, C & Bouvier, J (1995), "Development of intentional stranding hunting techniques in killer whale (Orcinus orca) calves at Crozet Archipelago," *Canadian Journal of Zoology*, 73, 27-33.
Hakeem, A Y, Sherwood, C C, Bonar, C J, Butti, C, Hof, P R, & Allman, J M (2009), "Von Economo neurons in the elephant brain," *Anatomical Record*, 292, 242-8.
Hamilton, W (1855), *Discussions on Philosophy and Literature* (New York: Harper & Brothers).
Hamilton, W D (1971), "Geometry for the selfish herd," *Journal of Theoretical Biology*, 31, 295-311.
Harcourt, A (1992), "Coalitions & alliances: Are primates more complex than nonprimates?," in A H Harcourt & F B M de Waal (eds), *Coalitions and Alliances in Humans and Other Animals* (Oxford: Oxford University Press), 445-71.
Hare, B, Call, J, Agnetta, B, & Tomasello, M (2000), "Chimpanzees know what conspecifics do and do not see," *Animal Behaviour*, 59, 771-85.

Hare, B, Call, J, & Tomasello, M (2001), "Do chimpanzees know what conspecifics know?," *Animal Behaviour*, 61(1), 139-51.

Hare, B & Tomasello, M (2004), "Chimpanzees are more skilful in competitive than in cooperative cognitive tasks," *Animal Behaviour*, 68, 571-81.

Healy, S D & Rowe, C (2007), "A critique of comparative studies of brain size," *Proceedings of the Royal Society of London B: Biological Sciences*, 274(1609), 453-64.

Held, S, Mendl, M, Devereux, C, & Byrne, R W (2001), "Behaviour of domestic pigs in a visual perspective taking task," *Behaviour*, 138, 1337-54.

Helfman, G S & Schultz, E T (1984), "Social transmission of behavioural traditions in a coral reef fish," *Animal Behaviour*, 32, 379-84.

Helsler, N & Fischer, J (2007), "Gestural communication in Barbary macaques (Macaca sylvanus): An overview," in J Call & M Tomasello (eds), *The Gestural Communication of Monkeys and Apes* (Mahwah, NJ: Lawrence Erlbaum Associates).

Hemelrijk, C K (1994a), "Reciprocation in apes: From complex cognition to selfstructuring," in W C McGrew, L F Marchant, & T Nishida (ed), *The Great Apes Revisited* (Cabo San Lucas, Baja, Mexico: Cambridge University Press).

Hemelrijk, C K (1994b), "Support for being groomed in long-tailed macaques," *Animal Behaviour*, 48, 479-81.

Hemelrijk, C K (1997), "Cooperation without genes, games or cognition," in P Husbands & I Harvey (eds), *Fourth European Conference on Artificial Life* (Cambridge, MA: MIT Press), 511-20.

Hemelrijk, C K & Bolhuis, J J (2011), "A minimalist approach to comparative psychology," *Trends in Cognitive Science*, 15(5), 185-6.

Heyes, C M (1993a), "Imitation, culture, and cognition," *Animal Behaviour*, 46, 999-1010.

Heyes, C M (1993b), "Anecdotes, training, trapping and triangulating: Do animals attribute mental states?," *Animal Behaviour*, 46, 177-88.

Heyes, C M (1994), "Reflections on self-recognition in primates," *Animal Behaviour*, 47, 909-19.

Heyes, C M (1995), "Self-recognition in primates: Further reflections create a hall of mirrors," *Animal Behaviour*, 50(6), 1533-42.

Heyes, C M (1998), "Theory of mind in non-human primates," *Behavioral and Brain Sciences*, 21, 101-48.

Heyes, C M & Ray, E D (2000), "What is the significance of imitation in animals?," *Advances in the Study of Behavior*, 29, 215-45.

Heyes, C M & Saggerson, A (2002), "Testing for imitative and nonimitative social learning in the budgerigar using a two-object/two-action test," *Animal Behaviour*, 64, 851-9.

Hobaiter, C & Byrne, R W (2011a), "Serial gesturing by wild chimpanzees: Its nature and

function for communication," *Animal Cognition*, 14, 827-38.

Hobaiter, C & Byrne, R W (2011b), "The gestural repertoire of the wild chimpanzee," *Animal Cognition*, 14, 745-67.

Hobaiter, C & Byrne, R W (2012), "Gesture use in consortship: Wild chimpanzees' use of gesture for an 'evolutionary urgent' purpose," in S Pika & K Liebal (eds), *Developments in Primate Gesture Research* (Amsterdam: John Benjamins Publishing Company), 129-46.

Hobaiter, C, Poisot, T, Zuberbuehler, K, Hoppit, W J E, & Gruber, T (2014), "Social network analysis shows direct evidence for social transmission of tool use in wild chimpanzees," *PLoS ONE*, 12(9), e1001960.

Hohmann, G & Fruth, B (2003), "Culture in bonobos? Between-species and withinspecies variation in behavior," *Current Anthropology*, 44, 563-71.

Hoppitt, W, Blackburn, L, & Laland, K N (2007), "Response facilitation in the domestic fowl," *Animal Behaviour*, 73(2), 229-38.

Hoppitt, W & Laland, K N (2008), "Social processes influencing learning in animals: A review of the evidence," *Advances in the Study of Behavior*, 38, 105-65.

Humle, T & Matsuzawa, T (2002), "Ant dipping among the chimpanzees of Bossou, Guinea, & some comparisons with other sites," *American Journal of Physical Anthropology*, 58, 133-48.

Humle, T & Snowdon, C T (2008), "Socially biased learning in the acquisition of a complex foraging task in juvenile cotton-top tamarins (*Saguinus oedipus*)," *Animal Behaviour*, 75, 267-77.

Humphrey, N K (1972), "'Interest' and 'pleasure': Two determinants of a monkey's visual preferences," *Perception*, 1, 395-416.

Humphrey, N K (1976), "The social function of intellect," in P P G Bateson & R A Hinde (eds), *Growing Points in Ethology* (Cambridge: Cambridge University Press), 303-17.

Jabbi, M, Swart, M, & Keysers, C (2007), "Empathy for positive and negative emotions in the gustatory cortex," *NeuroImage*, 34(4), 1744-53.

Janik, V M & Slater, P J B (1997), "Vocal learning in mammals," *Advances in the Study of Behavior*, 26, 59-99.

Janmaat, K R L, Ban, S D, & Boesch, C (2013), "Chimpanzees use long-term spatial memory to monitor large fruit trees and remember feeding experiences across seasons," *Animal Behaviour*, 86, 1183-1205.

Janmaat, K R L, Byrne, R W, & Zuberbühler, K (2006), "Primates take weather into account when searching for fruits," *Current Biology*, 16, 1232-7.

Janson, C H (2000), "Spatial movement strategies: Theory, evidence, and challenges," in S Boinski & P A Garber (eds), *On the Move: How and Why Animals Travel in Groups* (Chicago: Chicago University Press), 165-203.

Janson, C H (2007), "Experimental evidence for route integration and strategic planning in wild capuchin monkeys," *Animal Cognition*, 10(3), 341-56.

Jarvis, E D & Consortium, A B N (2005), "Avian brains and a new understanding of vertebrate brain evolution," *National Review of Neuroscience*, 6, 151-9.

Jerison, H J (1963), "Interpreting the evolution of the brain," *Human Biology*, 35, 263-91.

Jerison, H J (1973), *Evolution of the Brain and Intelligence* (New York: Academic Press).

Jolly, A (1966), "Lemur social behaviour and primate intelligence," *Science*, 153, 501-6.

Joly, M & Zimmermann, E (2011), "Do solitary foraging nocturnal mammals plan their routes?," *Biology Letters*, 7(4), 638-40.

Judge, P (1982), "Redirection of aggression based on kinship in a captive group of pigtail macaques (Abstract)," *International Journal of Primatology*, 3, 301.

Kaminski, J, Call, J, & Tomasello, M (2004), "Body orientation and face orientation: Two factors controlling apes' behavior from humans," *Animal Cognition*, 7, 216-33.

Kaminski, J, Call, J, & Tomasello, M (2008), "Chimpanzees know what others know, but not what they believe," *Cognition*, 109(2), 224-34.

Kaminski, J, Riedel, J, Call, J, & Tomasello, M (2005), "Domestic goats, *Capra hircus*, follow gaze direction and use social cues in an object choice task," *Animal Behaviour*, 69(1), 11-18.

Kandel, E R (1979), *Behavioral Biology of Aplysia* (San Francisco: W H Freeman).

Karin-D'Arcy, M & Povinelli, D J (2002), "Do chimpanzees know what each other see? A closer look," *International Journal of Comparative Psychology*, 15, 21-54.

Karmiloff-Smith, A (1993), Beyond Modularity: A Developmental Perspective on Cognitive Science (Cambridge, MA: Bradford/MIT Press).〔小島康次・小林好和（監訳）(1997)『人間発達の認知科学：精神のモジュール性を超えて』ミネルヴァ書房〕

Keysers, C (2011), *The Empathic Brain. How the Discovery of Mirror Neurons Changes our Understanding of Human Nature* (Social Brain Press).〔立木教夫・望月文明（訳）(2016)『共感脳：ミラーニューロンの発見と人間本性理解の転換』麗澤大学出版会〕

King, B J (1986), "Extractive foraging and the evolution of primate intelligence," *Human Evolution*, 1(4), 361-72.

King, B J (2004), *The Dynamic Dance: Nonvocal Communication in African Great Apes* (Cambridge, MA: Harvard University Press).

Kitchen, D M, Cheney, D L, & Seyfarth, R M (2005), "Male chacma baboons (Papio hamadryas ursinus) discriminate loud call contests between rivals of different relative ranks." *Animal Cognition*, 8(1), 1-6.

Kobayashi, H & Kohshima, S (1997), "Unique morphology of the human eye," *Nature*, 387, 767-8.

Koops, K, Visalberghi, E, & van Schaik, C P (2014), "The ecology of primate material

culture," *Biology Letters*, 10(11), 20140508.

Krebs, J R & Dawkins, R (1984), "Animal signals: Mind reading and manipulation," in J R Krebs & N B Davies (eds), *Behavioural Ecology: An Evolutionary Approach* (Oxford: Blackwell), 380-401.〔山岸哲・巌佐庸（監訳）(1994)『進化からみた行動生態学』蒼樹書房〕

Kuczaj, S, Tranel, K, Trone, M, & Hill, H (2001), "Are animals capable of deception or empathy? Implications for animal consciousness and animal welfare," *Animal Welfare*, 10, S161-73.

Kummer, H (1967), "Tripartite relations in hamadryas baboons," in S A Altmann (ed), *Social Communication among Primates* (Chicago: University of Chicago Press), 63-71.

Kummer, H (1982), "Social knowledge in free-ranging primates," in D R Griffin (ed), *Animal Mind - Human Mind* (New York: Springer-Verlag).

Laland, K N (1996), "Is social learning always locally adaptive?," *Animal Behaviour*, 52(3), 637-40.

Laland, K N, Atton, N, & Webster, M M (2011), "From fish to fashion: Experimental and theoretical insights into the evolution of culture," *Philosophical Transactions of the Royal Society of London B: Biological Sciences*, 366(1567), 958-68.

Laland, K N & Hoppit, W J E (2003), "Do animals have culture?," *Evolutionary Anthropology*, 12, 150-9.

Lefebvre, L (2005), "Ecology and evolution of social learning," *International Conference on Social Learning* (St Andrews, Scotland).

Lefebvre, L, Reader, S M, & Sol, D (2004), "Brains, innovations and evolution," *Brain, Behavior and Evolution*, 63, 233-46.

Lefebvre, L, Whittle, P, Lascaris, E, & Finkelstein, A (1997), "Feeding innovations and forebrain size in birds," *Animal Behaviour*, 53, 549-60.

Lehmann, H E (1979), "Yawning: A homeostatic reflex and its psychological significance," *Bulletin of the Menninger Clinic*, 43, 123-36.

Leland, S (1997), Peaceful Kingdom. Random Acts of Kindness by Animals (California, USA: Conari Press).〔高橋恭美子（訳）(1999)『地上の天使たち：本当にあった動物たちの無償の愛の物語』原書房〕

Lenneberg, E H (1968), *The Biological Basis for Language* (New York: Wiley).

Liebal, K (2007), "Gestures in orangutans," in J Call & M Tomasello (eds), *The Gestural Communication of Apes and Monkeys* (Mahwah, NJ: Lawrence Erlbaum Associates), 69-98.

Liebal, K, Call, J, & Tomasello, M (2004a), "Use of gesture sequences in chimpanzees," *American Journal of Primatology*, 64(4), 377-96.

Liebal, K, Pika, S, Call, J, & Tomasello, M (2004b), "To move or not to move: How apes

adjust to the attentional state of others," *Interaction Studies*, 5, 199-219.

Liebal, K, Pika, S, & Tomasello, M (2006), "Gestural communication of orangutans (*Pongo pygmaeus*)," *Gesture*, 6, 1-38.

Limongelli, L, Boysen, S T, & Visalberghi, E (1995), "Comprehension of cause-effect relations in a tool-using task by chimpanzees (Pan troglodytes)," *Journal of Comparative Psychology*, 109, 18-26.

Loretto, M C, Schloegl, C, & Bugnyar, T (2010), "Northern bald ibises follow others' gaze into distant space but not behind barriers," *Biology Letters*, 6(1), 14-17.

Loucks, J & Baldwin, D (2009), "Sources of information for discriminating dynamic human actions," *Cognition*, 111, 84-97.

Machiavelli, N (1532/1979), *The Prince* (Harmondsworth, Middlesex: Penguin Books).〔野田恭子（訳）(2008)『君主論：ビジネスで役立つ人心掌握の智恵150』イースト・プレス〕

Mackinnon, J (1978), *The Ape within Us* (London: Collins).〔水原洋城（訳）(1981)『わが内なる類人猿』早川書房〕

MacLeod, C E, Zilles, K, Schleicher, A, Rilling, J K, & Gibson, K R (2003), "Expansion of the neocerebellum in Hominoidea," *Journal of Human Evolution*, 44(4), 401-29.

Macphail, E M (1982), *Brain and Intelligence in Vertebrates* (Oxford: Clarendon Press).

Macphail, E M (1985), "Vertebrate intelligence: The null hypothesis," in L Weiskrantz (ed), *Animal Intelligence* (Oxford: Clarendon Press), 37-50.

Marr, D (1969), "A theory of cerebellar cortex," *Journal of Physiology*, 202, 437-70.

Mason, W A & Hollis, J H (1962), "Communication between young rhesus monkeys," *Animal Behaviour*, 10, 211-21.

Matsuzawa, T (2001), "Primate foundations of human intelligence: A view of tool use in nonhuman primates and fossil hominids," in T Matsuzawa (ed), *Primate Origins of Human Cognition and Behavior* (Tokyo: Springer-Verlag), 3-25.

Matsuzawa, T & Yamakoshi, G (eds) (1996), "Comparisons of chimpanzee material culture between Bossou and Nimba, West Africa," in A E Russon, K A Bard, & S T Parker (eds), *Reaching into Thought: The Minds of Great Apes* (Cambridge: Cambridge University Press), 211-34.

McComb, K, Baker, L, & Moss, C (2006), "African elephants show high levels of interest in the skulls and ivory of their own species," *Biology Letters*, 2(1), 26-8.

McComb, K, Shannon, G, Sayialel, K N, & Moss, C (2014), "Elephants can determine ethnicity, gender, and age from acoustic cues in human voices," *Proceedings of the National Academy of Sciences*, 111, 5433-5438.

McGrew, W C (1989), "Why is ape tool use so confusing?," in V Standen & R A Foley (eds), *Comparative Socioecology: The Behavioural Ecology of Humans and Other Mammals*

(Oxford: Blackwell Scientific Publications), 457-72.

McGrew, W C (1992), *Chimpanzee Material Culture: Implications for Human Evolution* (Cambridge: Cambridge University Press).〔足立薫・鈴木滋（訳）(1996)『文化の起源をさぐる：チンパンジーの物質文化』中山書店〕

McGrew, W C & Tutin, C E G (1978), "Evidence for a social custom in wild chimpanzees?," *Man*, 13, 234-51.

McKiggan, H (1995), "Cognitive capacities underlying the use of mirror and video images by two species of mangabey (*Cercocebus t. torquatus and C. a. albigena*)," Ph.D. (University of St Andrews).

Melis, A P, Call, J, & Tomasello, M (2006a), "Chimpanzees (*Pan troglodytes*) conceal visual and auditory information from others," *Journal of Comparative Psychology*, 120(2), 154-62.

Melis, A P, Hare, B, & Tomasello, M (2006b), "Chimpanzees recruit the best collaborators," *Science*, 311(5765), 1297-300.

Mercader, J, Barton, H, Gillespie, J, Harris, J, Kuhn, S, Tyler, R, & Boesch, C (2007), "4,300-year-old chimpanzee sites and the origins of percussive stone technology," *Proceedings of the National Academy of Sciences*, 104, 1-7.

Miles, H L (1986), "Cognitive development in a signing orangutan," *Primate Report*, 14, 179-80.

Mitani, J C & Watts, D P (2001), "Why do chimpanzees hunt and share meat?," *Animal Behaviour*, 61, 915-24.

Mitchell, R W & Hamm, M (1997), "The interpretation of animal psychology: Anthropomorphism or behavior reading?," *Behaviour*, 134, 173-204.

Morris, R G (1981), "Spatial localization does not require the presence of local cues," *Learning and Motivation*, 12, 239-60.

Morton, J & Frith, U (2004), *Understanding Developmental Disorders: A Causal Modeling Approach* (Oxford: Blackwell Publishers).

Moura, A C de A & Lee, P C (2004), "Capuchin stone tool use in Caatinga dry forest," *Science (Washington, DC)*, 306(5703), 1909.

Napier, J R (1961), "Prehensility and opposability in the hands of primates," *Symposia of the Zoological Society of London*, 5, 115-32.

Newell, A & Simon, H A (1972), *Human Problem Solving* (New York: Prentice-Hall).

Nisbett, R E & Ross, L (1980), *Human Inference: Strategies and Shortcomings of Social Judgement* (Englewood Cliffs, NJ: Prentice-Hall).

Noser, R & Byrne, R W (2007a), "Mental maps in chacma baboons (*Papio ursinus*): Using intergroup encounters as a natural experiment," *Animal Cognition*, 10, 331-40.

Noser, R & Byrne, R W (2007b), "Travel routes and planning of visits to out-of-sight

resources in wild chacma baboons, *Papio ursinus*," *Animal Behaviour*, 73, 257-66.

Noser, R & Byrne, R W (2015), "Wild chacma baboons (*Papio ursinus*) remember single foraging episodes," *Animal Cognition*, 18, 921-9.

Onishi, K H & Baillargeon, R (2005), "Do 15-month-old infants understand false beliefs?," *Science*, 308, 255-8.

Parker, S T (2015), "Re-evaluating the extractive foraging hypothesis," *New Ideas in Psychology*, 37, 1-12.

Parker, S T & Gibson, K R (1977), "Object manipulation, tool use, and sensorimotor intelligence as feeding adaptations in cebus monkeys and great apes," *Journal of Human Evolution*, 6, 623-41.

Parker, S T & Gibson, K R (1979), "A developmental model for the evolution of language and intelligence in early hominids," *Behavioural and Brain Sciences*, 2, 367-408.

Parr, L A, Waller, B M, & Fugate, J (2005), "Emotional communication in primates: Implications for neurobiology," *Current Opinion in Neurobiology*, 15(6), 716-20.

Patterson, F & Linden, E (1981), The Education of Koko (New York: Holt, Rinehart, and Linden).〔都守淳夫（訳）(1984)『ココ、お話しよう』どうぶつ社〕

Paz-y-Mino, G, Bond, A B, Kamil, A C, & Balda, R P (2004), "Pinyon jays use transitive inference to predict social dominance," *Nature*, 430, 778-81.

Pepperberg, I M (1999), *The Alex Studies. Cognitive and Communicative Abilities of Grey Parrots* (Cambridge, MA: Harvard University Press).〔渡辺茂・山崎由美子・遠藤清香（訳）(2003)『アレックス・スタディ：オウムは人間の言葉を理解するか』共立出版〕

Pepperberg, I M & Gordon, J D (2005), "Number comprehension by a grey parrot (*Psittacus erithacus*), including a zero-like concept," *Journal of Comparative Psychology*, 119(2), 197-209.

Perry, S, Baker, M, Fedigan, L, Gros-Louis, J, Jack, K, MacKinnon, K C, Manson, J H, Panger, M, Pyle, K, & Rose, L (2003), "Social conventions in wild white-faced capuchin monkeys: Evidence for traditions in a neotropical primate," *Current Anthropology*, 44, 241-68.

Pfungst, O (1911), *Clever Hans. The Horse of Mr. von Osten: A Contribution to Experimental Animal and Human Psychology* (trans. C L Rahn; originally published in German, 1907) (New York: Henry Holt).

Pika, S (2007a), "Gestures in subadult gorillas (Gorilla gorilla)," in J Call & M Tomasello (eds), *The Gestural Communication of Apes and Monkeys* (Mahwah, NJ: Lawrence Erlbaum Associates), 99-130.

Pika, S (2007b), "Gestures in subadult bonobos (Pan paniscus)," in J Call & M Tomasello (eds), *The Gestural Communication of Apes and Monkeys* (Mahwah, NJ: Lawrence Erlbaum

Associates), 41-67.

Pilbeam, D & Smith, R (1981), "New skull remains of Sivapithecus from Pakistan," *Memoirs of the Geological Survey of Pakistan*, 11, 1-13.

Pinker, S (1994), *The Language Instinct: The New Science of Language and Mind* (Harmondsworth: Penguin).

Plooij, F X (1984), *The Behavioral Development of Free-living Chimpanzee Babies and Infants* (Norwood, NJ: Ablex Publishing Corporation).

Plotnik, J M, de Waal, F B M, and Reiss, D (2006), "Self-recognition in an Asian elephant," *Proceedings of the National Academy of Sciences*, 103, 17053-17057.

Plotnik, J M, Lair, R, Suphachoksahakun, W, & de Waal, F B M (2011), "Elephants know when they need a helping trunk in a cooperative task," *Proceedings of the National Academy of Sciences*, 108(12), 5116-21.

Polansky, L, Kilian, W, & Wittemeyer, G (2015), "Elucidating the significance of spatial memory on movement decisions by African savannah elephants using state-space models," *Proceedings of the Royal Society of London B*, 282, 20143042.

Poole, J H & Granli, P K (2011), "Signals, gestures, and behavior of African elephants," in C J Moss, H J Croze, & P C Lee (eds), *The Amboseli Elephants: A Long-Term Perspective on a Long-Lived Mammal* (Chicago: University of Chicago Press), 109-24.

Povinelli, D J, Bering, J M, & Giambrone, S (2000), "Towards a science of other minds: Escaping the argument by analogy," *Cognitive Science*, 24(3), 509-41.

Povinelli, D J & Cant, J G H (1995), "Arboreal clambering and the evolution of selfconception," *Quarterly Journal of Biology*, 70, 393-421.

Povinelli, D J & Eddy, T J (1996), "What young chimpanzees know about seeing," *Monographs of the Society for Research in Child Development*, 61(3), 1-189.

Povinelli, D J, Nelson, K E, & Boysen, S T (1990), "Inferences about guessing and knowing by chimpanzees (*Pan troglodytes*)," *Journal of Comparative Psychology*, 104, 203-10.

Povinelli, D J, Nelson, K E, & Boysen, S T (1992a), "Comprehension of role reversal in chimpanzees: Evidence of empathy?" *Animal Behaviour*, 43, 633-40.

Povinelli, D J & O'Neill, D K (2000), "Do chimpanzees use gestures to instruct each other during cooperative situations?," in S Baron-Cohen, H Tager-Flusberg, & D J Cohen (eds), *Understanding Other Minds: Perspectives from Autism* (2nd edn) (Oxford: Oxford University Press), 459-87.〔田原俊司（監訳）(1997)『心の理論：自閉症の視点から』八千代出版〕

Povinelli, D J, Parks, K A, & Novak, M A (1991), "Do rhesus monkeys (Macaca mulatta) attribute knowledge and ignorance to others?," *Journal of Comparative Psychology*, 105, 318-25.

Povinelli, D J, Parks, K A, & Novak, M A (1992b), "Role reversal by rhesus monkeys, but

no evidence of empathy," *Animal Behaviour*, 44, 269-81.

Povinelli, D J, Rulf, A B, & Bierschwale, D T (1994), "Absence of knowledge attribution and self-recognition in young chimpanzees (Pan troglodytes)," *Journal of Comparative Psychology*, 108, 74-80.

Povinelli, D J & Vonk, J (2003), "Chimpanzee minds: Suspiciously human?," *Trends in Cognitive Sciences*, 7(4), 157-60.

Premack, D & Woodruff, G (1978), "Does the chimpanzee have a theory of mind?," *Behavioural and Brain Sciences*, 1, 515-26.

Prior, H, Schwarz, A, & Guentuerkuen, O (2008), "Mirror-induced behavior in the magpie (Pica pica): Evidence of self-recognition," *PLoS Biology*, 6, 1642-50.

Raihani, N J & Ridley, A R (2008), "Experimental evidence for teaching in wild pied babblers," *Animal Behaviour*, 75(1), 3-11.

Rapaport, L G & Brown, G R (2008), "Social influences on foraging behavior in young nonhuman primates: Learning what, where, and how to eat," *Evolutionary Anthropology: Issues, News, and Reviews*, 17(4), 189-201.

Reader, S M, Hager, Y, & Laland, K N (2011), "The evolution of primate general and cultural intelligence," *Philosophical Transactions of the Royal Society of London B: Biological Sciences*, 366(1567), 1017-27.

Reader, S M & Laland, K N (2001), "Social intelligence, innovation and enhanced brain size in primates," *Proceedings of the National Academy of Sciences*, 99, 4436-41.

Reid, P J (2009), "Adapting to the human world: Dogs' responsiveness to our social cues," *Behavioural Processes*, 80(3), 325-33.

Reiss, D & Marino, L (2001), "Mirror self-recognition in the bottlenose dolphin: A case of cognitive convergence," *Proceedings of the National Academy of Sciences*, 98(10), 5937-42.

Rendell, L & Whitehead, H (2001), "Culture in whales and dolphins," *Behavioral and Brain Sciences*, 24, 309-82.

Riedman, M L, Staedier, M M, Estes, J A, & Hrabrich, B (1989), "The transmission of individually distinctive foraging strategies from mother to offspring in sea otters (*Enhydra lutris*)," Eighth Biennial Conference on the Biology of Marine Mammals (Pacific Grove, CA).

Ristau, C (1991), "Aspects of the cognitive ethology of an injury-feigning bird, the piping plover," in C Ristau (ed), *Cognitive Ethology: The Minds of Other Animals*. (Hillsdale, NJ: Lawrence Erlbaum Associates), 91-126.

Rizzolatti, G, Fadiga, L, Fogassi, L, & Gallese, V (1996), "Premotor cortex and the recognition of motor actions," *Brain Research*, 3, 131-41.

Rizzolatti, G, Fadiga, L, Fogassi, L, & Gallese, V (2002), "From mirror neurons to imitation: Facts and speculations," in A N Meltzoff and W Prinz (eds), *The Imitative Mind:*

*Development, Evolution, and Brain Bases* (Cambridge: Cambridge University Press), 247-66.

Rosch, E, Mervis, C B, Gray, W D, Johnson, D M, & Boyes-Braem, P (1976), "Basic objects in natural categories," *Cognitive Psychology*, 8, 382-439.

Ruiz, A M, Gómez, J C, Roeder, J J, & Byrne, R W (2009), "Gaze following and gaze priming in lemurs," *Animal Cognition*, 12, 427-34.

Ruiz, A M, Marticorena, D C, Mukerji, C, Goddu, A, & Santos, L R (2010), "Do rhesus monkeys reason about false beliefs?," International Primatological Society 23rd Congress (Kyoto).

Russon, A E (1998), "The nature and evolution of intelligence in orangutans (*Pongo pygmaeus*)," *Primates*, 39(4), 485-503.

Russon, A E & Andrews, K (2011), "Orangutan pantomime: Elaborating the message," *Biology Letters*, 7(4), 627-30.

Sabbatini, G, Truppa, V, Hribar, A, Gambetta, B, Call, J, & Visalberghi, E (2012), "Understanding the functional properties of tools: Chimpanzees (*Pan troglodytes*) and capuchin monkeys (*Cebus apella*) attend to tool features differently," *Animal Cognition*, 15(4), 577-90.

Saffran, J R, Aslin, R N, & Newport, E L (1996), "Statistical learning by 8-month-old infants," *Science*, 274, 1926-8.

Sambrook, T & Whiten, A (1997), "On the nature of complexity in cognitive and behavioural science," *Theory and Psychology*, 7, 191-213.

Santos, L R, Marticorena, D, & Goddu, A (2007), "Do monkeys reason about the false beliefs of others?," 14th Biennial Meeting of the Society for Research in Child Development (Boston, MA).

Santos, L R, Nissen, A G, & Ferrugia, J A (2006), "Rhesus monkeys, Macaca mulatta, know what others can and cannot hear," *Animal Behaviour*, 71(5), 1175-81.

Sanz, C, Call, J, & Morgan, D (2009), "Design complexity in termite-fishing tools of chimpanzees (*Pan troglodytes*)," *Biology Letters*, 5(3), 293-6.

Sanz, C & Morgan, D (2009), "Complexity of chimpanzee tool using behaviors," in E V Lonsdorf, S R Ross, & T Matsuzawa (eds), *The Mind of the Chimpanzee: Ecological and Experimental Perspectives* (Chicago: University of Chicago Press), 127-40.

Savage-Rumbaugh, E S, Murphy, J, Sevcik, R A, Brakke, K E, Williams, S L, & Rumbaugh, D M (1993), "Language comprehension in ape and child," *Monographs of the Society for Research in Child Development*, 58(3-4), 1-222.

Schel, A M, Machanda, Z, Townsend, S W, Zuberbühler, K, & Slocombe, K E (2013), "Chimpanzee food calls are directed at specific individuals," *Animal Behaviour*, 86(5), 955-65.

Seed, A M, Call, J, Emery, N J, & Clayton, N S (2009), "Chimpanzees solve the trap problem when the confound of tool-use is removed," *Journal of Experimental Psychology: Animal Behaviour Processes*, 35(1), 23-34.

Seed, A M, Clayton, N S, & Emery, N J (2007), "Postconflict third-party affiliation in rooks, *Corvus frugilegus*," *Current Biology*, 17(2), 152-8.

Seyfarth, R M & Cheney, D L (1984), "Grooming, alliances and reciprocal altruism in vervet monkeys," *Nature*, 308, 541-2.

Seyfarth, R M & Cheney, D L (2002), "What are big brains for?," *Proceedings of the National Academy of Sciences*, 99, 4141-2.

Seyfarth, R M, Cheney, D L, & Marler, P (1980a), "Vervet monkey alarm calls: Semantic communication in a free-ranging primate," *Animal Behaviour*, 28, 1070-94.

Seyfarth, R M, Cheney, D L, & Marler, P (1980b), "Monkey responses to three different alarm calls: Evidence of predator classification and semantic communication," *Science*, 21 0, 801-3.

Sharman, M (1981), "Feeding, ranging and social organisation of the Guinea baboon," Ph.D. (St Andrews).

Shepherd, S V & Platt, M L (2008), "Spontaneous social orienting and gaze following in ringtailed lemurs (*Lemur catta*)," *Animal Cognition*, 11(1), 13-20.

Shettleworth, S J (1998), *Cognition, Evolution and Behavior* (New York: Oxford University Press).

Shettleworth, S J (2010), "Clever animals and killjoy explanations in comparative psychology," *Trends in Cognitive Science*, 14(11), 477-81.

Shultz, S & Dunbar, R I M (2006), "Both social and ecological factors predict ungulate brain size," *Proceedings of the Royal Society of London B: Biological Sciences*, 273(1583), 207-15.

Shumaker, R, Walkup, K R, & Beck, B (2011), *Animal Tool Behavior: The Use and Manufacture of Tools by Animals* (Baltimore, Maryland: The Johns Hopkins University Press).

Sigg, H & Stolba, A (1981), "Home range and daily march in a hamadryas baboon troop," *Folia Primatologica*, 36, 40-75.

Smet, A F & Byrne, R W (2014), "African elephants (Loxodonta africana) recognize visual attention from face and body orientation," *Biology Letters*, 10, 20140428.

Southgate, V, Senju, A, & Csibra, G (2007), "Action anticipation through attribution of false-belief by 2-year-olds," *Psychological Science*, 18, 587-92.

Sternberg, R J (1985), "General intellectual ability," in R J Sternberg (ed), *Human Abilities: An Information Processing Account* (New York: W H Freeman).

Stokes, E J & Byrne, R W (2001), "Cognitive capacities for behavioural flexibility in wild chimpanzees (*Pan troglodytes*): The effect of snare injury on complex manual food

processing," *Animal Cognition*, 4, 11-28.

Stokes, E J, Quiatt, D, & Reynolds, V (1999), "Snare injuries to chimpanzees (*Pan troglodytes*) at 10 study sites in East and West Africa," *American Journal of Primatology*, 49, 104-5.

Struhsaker, T T (1967), "Behaviour of vervet monkeys," *University of California Publications of Zoology*, 82, 1-74.

Suzuki, S, Kuroda, S, & Nishihara, T (1995), "Tool-set for termite-fishing by chimpanzees in the Ndoki Forest, Congo," *Behaviour*, 132, 219-35.

Takasaki, H (1983), "Mahale chimpanzees taste mangoes: Toward acquisition of a new food item?" *Primates*, 24(2), 273-5.

Tanner, J E & Byrne, R W (1993), "Concealing facial evidence of mood: Evidence for perspective-taking in a captive gorilla?" *Primates*, 34, 451-6.

Tanner, J E & Byrne, R W (1996), "Representation of action through iconic gesture in a captive lowland gorilla," *Current Anthropology*, 37, 162-73.

Tanner, J E & Byrne, R W (1999), "The development of spontaneous gestural communication in a group of zoo-living lowland gorillas," in S T Parker, R W Mitchell, & H L Miles (eds), *The Mentalities of Gorillas and Orangutans: Comparative Perspectives* (Cambridge: Cambridge University Press), 211-39.

Taylor, R J, Balph, D F, & Balph, M H (1990), "The evolution of alarm calling: A costbenefit analysis," *Animal Behaviour*, 39(5), 860.

Tebbich, S, Taborsky, M, Fessl, B, & Blomqvist, D (2001), "Do woodpecker finches acquire tool-use by social learning?" *Proceedings of the Royal Society of London B: Biological Sciences*, 268(1482), 2189-93.

Tennie, C, Call, J, & Tomasello, M (2009), "Ratcheting up the ratchet: On the evolution of cumulative culture," *Philosophical Transactions of the Royal Society of London B: Biological Sciences*, 364(1528), 2405-15.

Terborgh, J, Robinson, S K, Parker, T A, Munn, C A, & Pierpont, N (1990), "Structure and organization of an Amazonian forest bird community," *Ecological Monographs*, 60, 213-38.

Thompson, E (2001), "Empathy and consciousness," *Journal of Consciousness Studies*, 8(5-7), 1-32.

Thorndike, E L (1898), "Animal intelligence: An experimental study of the associative process in animals," *Psychological Review and Monograph*, 2(8), 551-3.

Thornton, A & McAuliffe, K (2006), "Teaching in wild meerkats," *Science*, 313(5784), 227-9.

Thornton, A & Raihani, N J (2010), "Identifying teaching in wild animals," *Learning and Behaviour*, 38(3), 297-309.

Tomasello, M & Call, J (1997), *Primate Cognition* (New York: Oxford University Press).

Tomasello, M, Call, J, & Hare, B (1998), "Five primate species follow the visual gaze of conspecifics," *Animal Behaviour*, 55(4), 1063-9.

Tomasello, M, Call, J, & Hare, B (2003), "Chimpanzees understand psychological states – the question is which ones and to what extent," *Trends in Cognitive Sciences*, 7(4), 153-6.

Tomasello, M, Call, J, Nagell, C, Olguin, R, & Carpenter, M (1994), "The learning and use of gestural signals by young chimpanzees: A trans-generational study," *Primates*, 35, 137-54.

Tomasello, M, George, B, Kruger, A, Farrar, J, & Evans, E (1985), "The development of gestural communication in young chimpanzees," *Journal of Human Evolution*, 14, 175-86.

Tomasello, M, Gust, D, & Frost, T A (1989), "A longitudinal investigation of gestural communication in young chimpanzees," *Primates*, 30, 35-50.

Tomasello, M, Hare, B, & Agnetta, B (1999), "Chimpanzees, *Pan troglodytes*, follow gaze direction geometrically," *Animal Behaviour*, 58, 769-77.

Tomasello, M, Kruger, A C, & Ratner, H H (1993), "Cultural learning," *Behavioral and Brain Sciences*, 16, 495-552.

Tulving, E (1972), "Episodic and semantic memory," in E Tulving and W Donaldson (eds), *Organization of Memory* (New York: Academic Press), 381-403.

Tulving, E (2002), "Episodic memory: From mind to brain," *Annual Review of Psychology*, 53, 1-25.

Udell, M A R, Dorey, N R, & Wynne, C D L (2008), "Wolves outperform dogs in following human social cues," *Animal Behaviour*, 76(6), 1767-73.

van Schaik, C P (1983), "Why are diurnal primates living in groups?" *Behaviour*, 87, 120-47.

van Schaik, C P, Ancrenaz, M, Borgen, G, Galdikas, B M F, Knott, C D, Singleton, I, Suzuki, A, Utami, S S, & Merrill, M (2003), "Orangutan cultures and the evolution of material culture," *Science*, 299, 102-5.

van Schaik, C P, Fox, E A, & Sitompul, A F (1996), "Manufacture and use of tools in wild Sumatran orangutans. Implications for human evolution," *Naturwissenschaften*, 83, 186-8.

Viranyi, Z, Gacsi, M, Kubinyi, E, Topal, J, Belenyi, B, Ujfalussy, D, & Miklosi, A (2008), "Comprehension of human pointing gestures in young human-reared wolves (*Canis lupus*) and dogs (*Canis familiaris*)," *Animal Cognition*, 11(3), 373-87.

Visalberghi, E & Limongelli, L (1994), "Lack of comprehension of cause-effect relationships in tool-using capuchin monkeys (Cebus apella)," *Journal of Comparative Psychology*, 103, 15-20.

Visalberghi, E, Spagnoletti, N, Ramos da Silva, E D, Andrade, F R, Ottoni, E, Izar, P, & Fragaszy, D (2009), "Distribution of potential suitable hammers and transport of hammer tools and nuts by wild capuchin monkeys," *Primates*, 50(2), 95-104.

Voronov, L N, Bogoslovskaya, L G, & Markova, E G (1994), "A comparative study of the morphology of forebrain in corvidae in view of their trophic specialization (in Russian)," *Zoologičeskij žurnal*., 73, 82-96.

Wallman, J (1990), *Aping Language* (Cambridge: Cambridge University Press).

Warneken, F, Hare, B, Melis, A P, Hanus, D, & Tomasello, M (2007), "Spontaneous altruism by chimpanzees and young children," *PLoS Biology*, 5, e184.

Warneken, F & Tomasello, M (2006), "Altruistic helping in human infants and young chimpanzees," *Science*, 311, 1301-3.

Warner, R R (1988), "Traditionality of mating-site preferences in a coral reef fish," *Nature*, 335, 719-21.

Warren, J M (1973), "Learning in vertebrates," in D A Dewsbury & D A Rethlingshafer (eds), *Comparative Psychology: A Modern Survey* (New York: McGraw Hill), 471-509.

Watts, D P & Mitani, J C (2001), "Boundary patrols and intergroup encounters in wild chimpanzees," *Behaviour*, 138, 299-327.

Watve, M, Thakar, J, Kale, A, Puntambekar, S, Shaikh, I, Vaze, K, Jog, M, & Paranjape, S (2002), "Bee-eaters (Merops orientalis) respond to what a predator can see," *Animal Cognition*, 5(4), 253-9.

Whiten, A (1998), "Imitation of the sequential structure of actions by chimpanzees (*Pan troglodytes*)," *Journal of Comparative Psychology*, 112, 270-81.

Whiten, A & Byrne, R W (1988a), "The manipulation of attention in primate tactical deception," in R W Byrne & A Whiten (eds), *Machiavellian Intelligence: Social Expertise and the Evolution of Intellect in Monkeys, Apes and Humans* (Oxford: Clarendon Press), 211-23.〔藤田和生・山下博志・友永雅己（監訳）(2004)『マキャベリ的知性と心の理論の進化論：ヒトはなぜ賢くなったか』ナカニシヤ出版〕

Whiten, A & Byrne, R W (1988b), "Tactical deception in primates," *Behavioral and Brain Sciences*, 11, 233-73.

Whiten, A & Byrne, R W (1991), "The emergence of metapresentation in human ontogeny and primate phylogeny," in A Whiten (ed.), *Natural Theories of Mind: Evolution, Development and Simulation of Everyday Mindreading* (Oxford: Basil Blackwell), 267-81.

Whiten, A, Goodall, J, McGrew, W C, Nishida, T, Reynolds, V, Sugiyama, Y, Tutin, C E G, Wrangham, R W, & Boesch, C (1999), "Cultures in chimpanzees," *Nature*, 399, 682-5.

Whiten, A, Goodall, J, McGrew, W C, Nishida, T, Reynolds, V, Sugiyama, Y, Tutin, C E G, Wrangham, R W, & Boesch, C (2001), "Charting cultural variation in chimpanzees," Behaviour, 138, 1481-516.

Whiten, A, Spiteri, A, Horner, V, Bonnie, K E, Lambeth, S P, Schapiro, S J, & de Waal, F B M (2007), "Transmission of multiple traditions within and between chimpanzee groups," *Current Biology*, 17(12), 1038-43.

Wich, S A & de Vries, H (2006), "Male monkeys remember which group members have given alarm calls," *Proceedings of the Royal Society of London B: Biological Sciences*, 273(1587), 735-40.

Wicker, B, Keysers, C, Plailly, J, Royet, J, Gallese, V, & Rizzolatti, G (2003), "Both of us disgusted in my insula: The common neural basis of seeing and feeling disgust," *Neuron*, 40(3), 655-64.

Wilcox, S & Jackson, R (2002), "Jumping spider tricksters: Deceit, predation, and cognition," in M Bekoff, C Allen, & G M Burghardt (eds), *The Cognitive Animal: Empirical and Theoretical Perspectives on Animal Cognition* (Cambridge, MA: MIT Press), 27-33.

Wilkinson, A, Mandl, I, Bugnyar, T, & Huber, L (2010), "Gaze following in the redfooted tortoise (Geochelone carbonaria)," *Animal Cognition*, 13(5), 765-9.

Willems, E P & Hill, R A (2009), "Predator-specific landscapes of fear and resource distribution: Effects on spatial range use," *Ecology*, 90(2), 546-55.

Wrangham, R (2009), *Catching Fire. How Cooking Made us Human* (New York: Basic Books).〔依田卓巳（訳）(2010)『火の賜物：ヒトは料理で進化した』NTT 出版〕

Young, R M (1978), "Strategies and structure of a cognitive skill," in G Underwood (ed), *Strategies of Information Processing* (New York: Academic Press).

Young, R M & O'Shea, T (1981), "Errors in children's subtraction," *Cognitive Science*, 5, 153-77.

Zacks, J M (2004), "Using movement and intentions to understand simple events," *Cognitive Science*, 28(6), 979-1008.

Zacks, J M, Kumar, S, Abrams, R A, & Mehta, R (2009), "Using movement and intentions to understand human activity," *Cognition*, 112(2), 201-16.

Zacks, J M, Tversky, B, & Iyer, G (2001), "Perceiving, remembering, and communicating structure in events," *Journal of Experimental Psychology: General*, 130(1), 29-58.

Zentall, T R & Akins, C K (1996), "Imitative learning in male Japanese quail (*Coturnix japonica*) using the two-action method," *Journal of Comparative Psychology*, 110, 316-20.

Zuberbühler, K (2000a), "Causal cognition in a non-human primate: Field playback experiments with Diana monkeys," *Cognition*, 76, 195-207.

Zuberbühler, K (2000b), "Causal knowledge of predators' behaviour in wild Diana monkeys," *Animal Behaviour*, 59, 209-20.

Zuckerman, S (1932), *The Social Life of Monkeys and Apes* (London: Kegan, Paul, Trench, Trubner).